作って学ぶ Next.js/React Webサイト構築

エビスコム 著

■サポートサイトについて

本書で解説している作例のソースコードや特典 PDF は、下記のサポートサイトから入手できます。

https://book.mynavi.jp/supportsite/detail/9784839980177.html

はじめに

HTML & CSS に加えて、React の知識が求められるようになってきたのを感じます。

Web デザインという目線で考えても、Figma などを扱う上で React を理解しているほうが何かと便利だったりします。CSS にも React の存在を感じるようになってきました。React で実現していたことを目指していたり、React のような環境で使うことを想定しているものも登場してきています。
そして、Web 制作という環境でも存在感を増してきた **Next.js**。そろそろ無視できない存在になってきましたが、これも React ベースのフレームワークです。

React の知識があったほうが良いのは間違いありません。

ただ、React を理解するためには、JavaScript という壁があります。JavaScript をしっかりと学び、経験を積んだ上で、その必要性から React を学び、そして、Next.js へつなげて行くのが本来のルートでしょう。では、そのルートを進むために JavaScript の経験を積むとしたら、現状では何が最適なのでしょうか？
React の環境が簡単に整って、サイトが簡単に構築でき、SG（静的生成）や SSR（サーバーサイドレンダリング）を手軽に試せて、API まで簡単に用意できる。学ぶ環境としても、経験を積む環境としても、そして実務のための環境としてもバランスよく整っている Next.js。ならば、わざわざ回り道をする必要もなく、Next.js が使えるようになることを目指しても良いのでは？ と書き始めたのがこの本です。

本書では、HTML & CSS に JavaScript も使ってきたものの、React にはちょっと手を出しきれなかった方が、実際にブログを作成しながら、Next.js を使ってサイトを構築できるようになることを目指しています。Next.js の基本的な機能が理解できることはもちろん、React の基本も実際のサイトの構築を通して見えてくるように構成しています。
サイトを構築する上で重要な CSS に関しても、Next.js が標準でサポートしている CSS Modules や styled-jsx を使いながら、React での CSS の扱いをしっかりと解説しています。

Next.js が使えるようになってしまえば、そこからの選択肢は一気に広がります。この本をそこまでの、ガイドとして使っていただければ幸いです。

Next.jsで構築するWebサイト

本書では Next.js を使用して、次のようなブログサイトをステップ・バイ・ステップで構築していきます。Next.js、React、JavaScript、CSS Modules、styled-jsx の活用方法や設定をわかりやすく見ていくため、ミニマルでシンプルなデザインにしてあります。Figma のデザインデータとして、デザインシステム（コンポーネント＆デザイントークン）もセットで用意していますので、実装時の参考にしてください。記事データの管理にはヘッドレス CMS の microCMS を利用します。

Design System デザインシステム

コンポーネント

繰り返し使う構成要素を Figma のコンポーネントとして用意したものです。

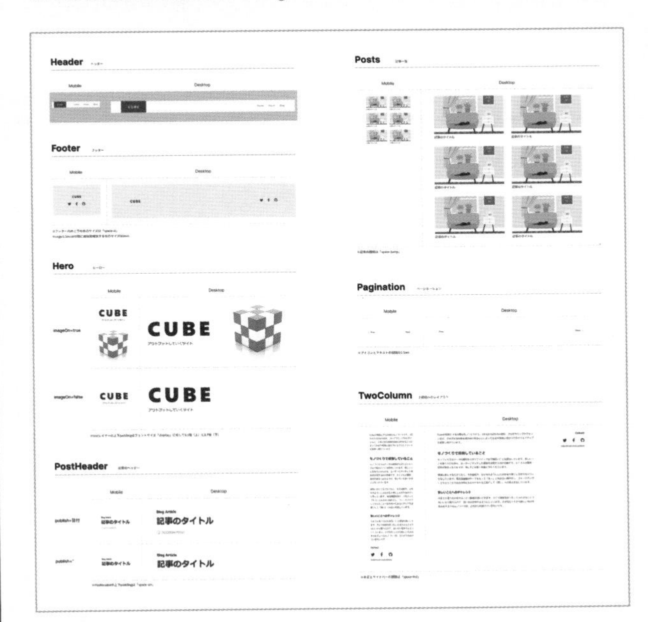

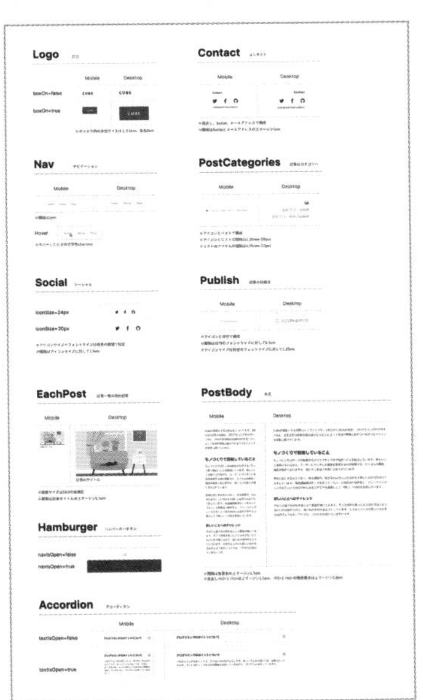

デザイントークン（色、タイポグラフィ、スペース、アイコン、コンテナ）

サイト全体で使用する色やフォントサイズなどの基本的な設定をまとめたものです。

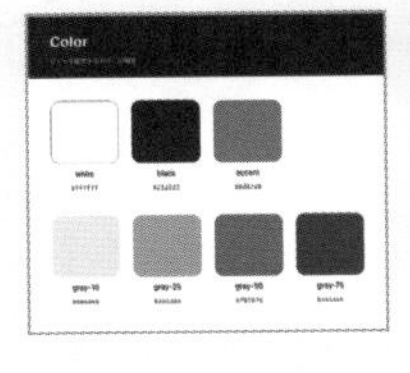

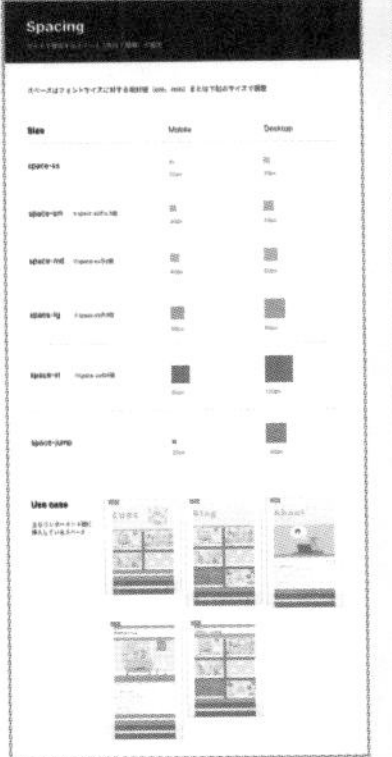

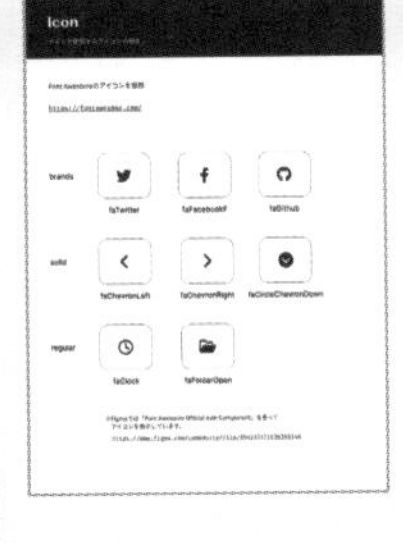

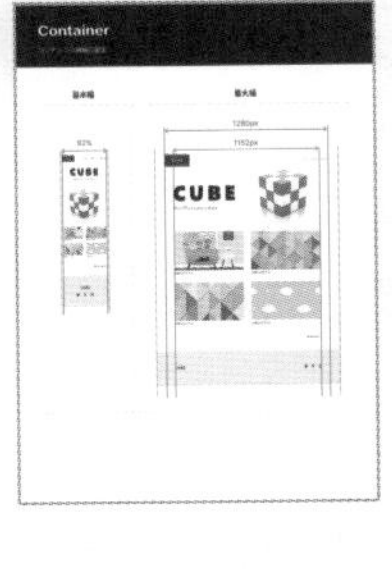

制作ステップ

ブログサイトはゼロから構築していきます。Chapter 1 〜 6 では基本的なページや React コンポーネントの作成、Chapter 7 〜 9 ではヘッドレス CMS からの外部データの取得や表示、Chapter 10 では React Hooks（フック）を使ったカスタマイズを行い、サイトを完成させます。

Chapter 1	React と JSX	Chapter 7	外部データの利用
Chapter 2	コンポーネント	Chapter 8	記事データの表示
Chapter 3	CSS Modules とスタイル	Chapter 9	動的なルーティング
Chapter 4	レイアウトのスタイル	Chapter 10	React Hooks（フック）
Chapter 5	画像とアイコン		
Chapter 6	メタデータ		

ページ構成

制作ステップごとに次のようにページを構成しています。

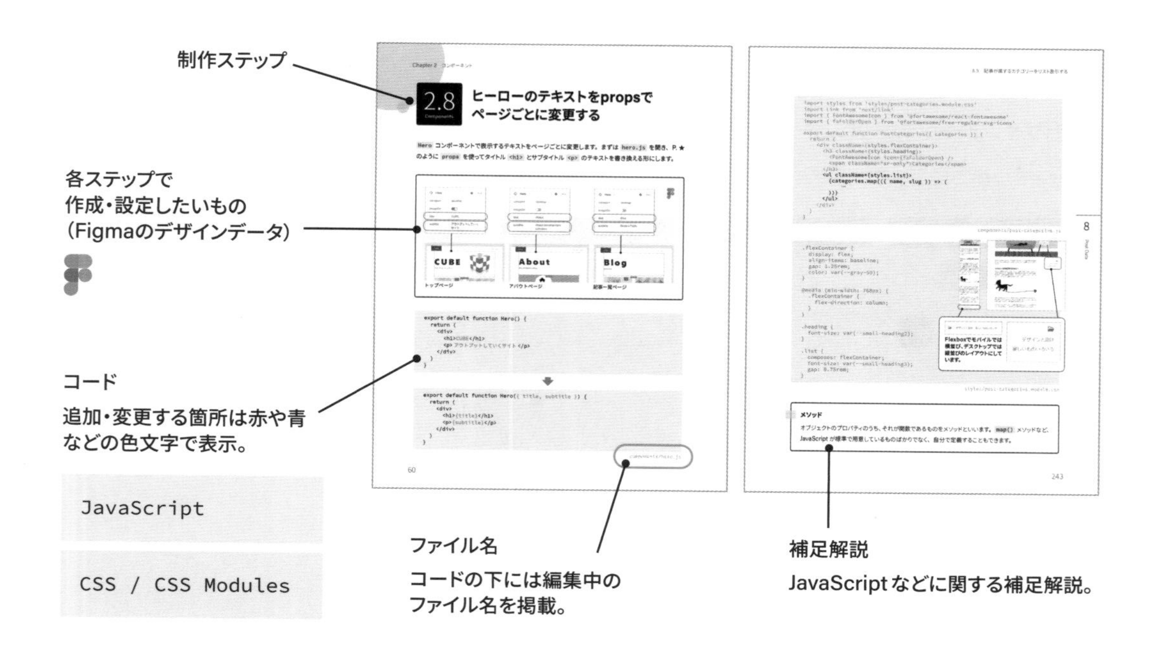

ダウンロードデータ

本書で作成するNext.jsのプロジェクトデータ、Figmaのデザインデータ、使用する画像素材、microCMSのコンテンツデータなどは、ダウンロードデータに収録してあります。詳しい収録内容や使い方については、ダウンロードデータ内のreadmeを参照してください。

プロジェクトデータ

デザインデータ

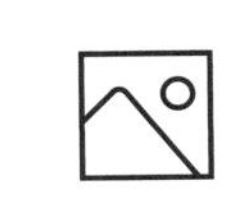

画像素材

コンテンツデータ

セットアップPDF

サポートサイト
https://book.mynavi.jp/supportsite/detail/9784839980177.html

GitHub
https://github.com/ebisucom/next-react-website/

セットアップPDF

本書はNext.jsによるサイト構築の解説をメインとしています。そのため、付随する開発環境の準備などについては「セットアップPDF（setup.pdf）」にまとめ、ダウンロードデータに同梱しています。必要に応じて利用してください。

セットアップPDFの主な内容

- アカウントの作成（GitHub、microCMS、Vercel、Netlify、Figma）
- 開発環境の準備（Node.js、git）
- サイトの公開と更新
- microCMSによるコンテンツの管理
- エディタ（Visual Studio Code）
- Figmaとデザインデータの使い方

Contents

もくじ

Chapter 1 React と JSX 15

1.1 **React が必要になってきている理由** 16
なぜ React なのか? 16
React でページを作成するとは? 18
■ DOM(ドキュメントオブジェクトモデル:Document Object Model) 18
React 要素と JSX 19
React の環境構築 20
■ コンパイラー&トランスパイラー 20
■ バンドラー 20
■ API 20
■ AST(抽象構文木:abstract syntax tree) 21

1.2 **Next.js による Web サイト構築** 22

1.3 **Next.js のプロジェクトを作成する** 23
■ npx 24
■ npm 24
■ Next.js CLI(コマンドラインインターフェース) 25

1.4 **プロジェクトのファイル構成を確認する** 27
public 28
pages 28
■ package.json 29
■ パッケージ 29

1.5 **ページとなるファイルの中身を確認する** 30
ファイルの中身を書き換える 31
■ モジュール 31
■ import / export 31

1.6 **JSX のルールを確認する** 32
最上位の要素は 1 つにする 32
■ <React.Fragment> と <> の違い 34
要素は閉じる 35
class は className と書く 35
style 属性の値は {{}} の中に書く 36
式(Expression)は {} の中に書く 36
■ 式(Expression) 37
複数行で書く場合は () に入れる 37

1.7 **JSX でトップページの構成要素を記述する** 38
■ let / const による変数の宣言 40
■ 参照 40
■ スコープ 40
■ ブロックスコープ 40

Chapter 2 コンポーネント 41

2.1 **コンポーネントを使う** 42
コンポーネントの種類とその構造 42

2.2 **コンポーネントの props** 44
■ 分割代入 46
■ スプレッド構文 46
props.children で子要素を渡す 46
props に関する注意 47

2.3 コンポーネントを作る......48
どうコンポーネントに分けるか......48
Header、Hero、Footer コンポーネントを作成する......49
作ったコンポーネントをインポートして使う......50

2.4 絶対パスでインポートできるようにする......51
■ エイリアスの設定......52

2.5 ヘッダーとフッターを Layout コンポーネントで管理する......53
Layout コンポーネントを作成する......54
Layout コンポーネントに置き換える......54

2.6 カスタム App コンポーネントで Layout を全ページに入れる......56
Layout コンポーネントを全ページに入れる......57

2.7 ページを増やす......58

2.8 ヒーローのテキストを props でページごとに変更する......60

2.9 ヒーローの画像を props でオンにする......62
■ 論理属性（boolean attributes）......64
■ デフォルト引数......64
■ 論理積（&&）と論理和（||）......65

2.10 next/link の Link コンポーネントでページ間のリンクを設定する......66
リンクを設定する箇所......67
Logo コンポーネントを作成する......67
Nav コンポーネントを作成する......68
ロゴとナビゲーションメニューを表示する......69
■ データ型（プリミティブ型とオブジェクト）......70

Chapter 3 CSS Modules とスタイル......71

3.1 スタイルの適用方法......72
■ CSS のスコープ......72
どの方法でどうスタイリングするか......73

3.2 CSS Modules の使い方......74
個別にクラスを指定できないケース......76
固有のクラスが指定されているケース......77
合成（Composition）......78
■ クラス名の表記について......81
■ ID とアニメーション名......81

3.3 グローバルスタイルを設定する......82
CSS 変数（デザイントークン）の設定を追加する......83
基本設定を追加する......86
■ システムフォントを使った表示......86
リセットの設定を追加する......87

3.4 コンポーネントのスタイルを設定する......88
見た目のスタイルを設定する......88
レイアウトのスタイルを設定する......88
CSS Modules のファイルを用意する......89

3.5 ヒーローのテキストのスタイルを設定する......90

3.6 ロゴのスタイルを props で切り替える......92
■ 条件演算子（三項演算子）......95
■ ドット表記法とブラケット表記法......95

3.7 ナビゲーションメニューとリンクのスタイルを指定する......96
モバイル環境でリンク先にアクセスしたときの表示......98
■ Sass（.scss / .sass）を使用する......100

Chapter 4 レイアウトのスタイル 101

4.1 共通したレイアウトのスタイルを用意する 102
- 共通したレイアウトを抽出する 102
- レイアウトの実装に必要な CSS を書き出す 104
- レイアウト用の CSS を共有できる形で用意する 105

4.2 共通のスタイルでヘッダーのレイアウトを整える 106

4.3 共通のスタイルでヒーローのレイアウトを整える 108

4.4 共通のスタイルでフッターのレイアウトを整える 110

4.5 Container コンポーネントで横幅を整える 112
- Container コンポーネントを作成する 112
- ヘッダーとフッターの横幅を整える 114
- ヘッダーの最大幅を大きくする 115
- メインコンテンツの横幅を整える 117
- ■ メインコンテンツの横幅を Layout コンポーネントでまとめて指定する場合 119

4.6 PostBody コンポーネントで本文のレイアウトを整える 120
- PostBody コンポーネントを作成する 120
- ■ フクロウセレクタで間隔を調整する仕組み 123

4.7 Contact コンポーネントでコンタクト情報を管理する 125
- Contact コンポーネントを作成する 125

4.8 3つのコンポーネントで2段組みのレイアウトを構成する 128
- 3つのコンポーネントを作成する 129
- 2段組みのスタイルを適用する 132
- サイドバーの中身を右揃えにする 133
- サイドバーをスクロールに合わせて固定表示する 134
- ■ TwoColumn のサブコンポーネントとしてメインとサイドバーを管理する場合 135
- ■ Web フォントを最適化して使う 136

Chapter 5 画像とアイコン 137

5.1 Next.js での画像の扱い 138
- <img /> をそのまま使う場合 138
- next/image を使う場合 138

5.2 next/image による画像の最適化 139
- レスポンシブイメージのコードを生成する 139
- API とセットで機能するレスポンシブイメージのコード 140
- レイアウトモードに応じたレスポンシブイメージのコード 141
- レイアウトシフト対策 145
- next/image のレイアウトシフト対策の仕組み 146
- 遅延読み込み 148
- LCP（Largest Contentful Paint）対策 149

5.3 Image コンポーネントの基本的な使い方 150
- ローカルの画像をインポートして表示する 151

5.4 Image コンポーネントの主なパラメータ 152
- layout - レイアウトモードを指定する 152
- sizes - レスポンシブイメージの選択条件を指定する 154
- ■ レスポンシブイメージの画像セットのサイズ構成 156
- ■ レスポンシブイメージの画像フォーマット 156
- quality - クオリティを指定する 157
- priority - 優先的に読み込む 157
- unoptimized - 最適化しない 157
- placeholder - ブラー 158

5.5 アバウトページに画像を表示する......160
画像を用意する......160
画像を表示する......161
画像を優先的に読み込ませる......162
プレースホルダとしてブラー画像を表示する......163

5.6 ヒーローの画像を表示する......164
画像を用意する......164
画像を表示する......165
sizes 属性を指定する......167
優先読み込みとブラー画像の設定を行う......169

5.7 Font Awesome のアイコンを使えるようにする......170
Font Awesome をインストールする......170
Next.js 用の設定を追加する......171

5.8 Font Awesome の基本的な使い方......172
使いたいアイコンを探す......172
アイコンを個別にインポートして使用する......173
■ 異なるパッケージから同じアイコンのバリエーションをインポートする場合......174
アイコンをグローバルにインポートして使用する......175
アイコンのサイズと色をカスタマイズする......176

5.9 アイコンを使ってソーシャルリンクメニューを作成する......178
Social コンポーネントを作成する......178

5.10 アイコンのサイズ（フォントサイズ）を props で指定できるようにする......182
■ CSS 変数の値を使用する var() 関数......184

Chapter 6 メタデータ......185

6.1 Web ページに入れたいメタデータ......186
next.js が標準で挿入するメタデータ......186
追加したいメタデータ......186

6.2 Head コンポーネントでメタデータを追加する......188

6.3 Meta コンポーネントでメタデータを管理する......189

6.4 サイトに関する情報を共有できる形で用意する......191
■ テンプレートリテラル......192
ページタイトルが未指定な場合の処理を指定する......193

6.5 ページタイトル以外のメタデータを追加する......194
ページの説明を追加する......194
■ Null 合体演算子（??）......194
ページの URL を追加する......196
サイトに関する情報とアイコン画像を追加する......197
OGP 画像を追加する......198

6.6 カスタム Document コンポーネントで <html> に lang を入れる......200

Chapter 7 外部データの利用 201

7.1 外部データを使ったページ作成の方法 202
SG と SSR（静的生成とサーバーサイドレンダリング）......202
プリレンダリングのタイミング 203
getStaticProps と getServerSideProps 204
データの流れ 204
Dynamic Routes（動的なルーティング）......205
getStaticPaths 206

7.2 どの方法でどのようにサイトを構成するかを検討する 209
Jamstack 209

7.3 microCMS からデータを取得するための準備 210

7.4 非同期処理 212
Promise 213
async / await 216
コールバック関数 217
client のエラー 217

7.5 ブログのページ構成と必要なデータ 218
ページ構成 218
必要なデータ 218
microCMS で管理しているデータ 219
URL にスラッグを使用する理由 219

7.6 記事ページに必要なデータを取得する関数を用意する 220
getPostBySlug(slug) を作成する 220
API プレビュー 221
作成した関数で記事データを取得して表示する 222
関数とアロー関数 224

Chapter 8 記事データの表示 225

8.1 PostHeader コンポーネントで記事のヘッダーを作成する 226
PostHeader コンポーネントを作成する 226
スタイルを指定する 228

8.2 投稿日の表記とマークアップを整える 230
date-fns の使い方 230
変換処理を行うコンポーネントの作成 231

8.3 アイキャッチ画像を next/image で最適化して表示する 232

8.4 記事の本文を表示する 234
html-react-parser の使い方 237
html-react-parser で画像を next/image に置き換える 237
変換処理を行うコンポーネントの作成 238

8.5 記事が属するカテゴリーをリスト表示する 240
PostCategories コンポーネントを作成する 241
カテゴリーをリストにする 241
リストのスタイルを整える 242
メソッド 243

8.6 記事ページにメタデータを追加する 244
html-to-text の使い方 244
テキストを切り出す関数の作成 245

Chapter 9 動的なルーティング 247

9.1 アイキャッチ画像 eyecatch の代替画像とブラー画像を用意する 248
ローカルの代替画像を用意する 249
プレースホルダのブラー画像を用意する 250

9.2 Dynamic Routes で記事ページを生成する 252
[slug].js を用意する 252
getStaticPaths を用意する 252

9.3 すべての記事ページを生成する 254
getAllSlugs() を作成する 254
作成した関数ですべての記事のスラッグを指定する 255

9.4 ページネーションを追加する 257
前後の記事のタイトルとスラッグを取り出す関数を作成する 257
関数を使って前後の記事のタイトルとスラッグを取り出す 259
ページネーションのコンポーネントを作成する 260
ページネーションのコンポーネントでリンクを表示する 262
ページネーションの表示を整える 263
■ fallback を 'blocking' に設定して最新 5 件の記事ページだけを静的生成する 264
■ On-demand ISR で任意のタイミングでページを再構築する 266

9.5 記事一覧を作成する 268
getAllPosts() を作成する 268
getAllPosts() ですべての記事データを取得する 269
記事一覧のコンポーネントを作成する 270

9.6 記事一覧に next/image でアイキャッチ画像を追加する 272
代替画像とブラー画像を追加する 273
■ for...of 273
記事一覧のレイアウトを整える 274
アイキャッチ画像を切り抜いて高さを揃える 275

9.7 トップページに記事一覧を表示する 276

9.8 ページネーションによる遷移で画像のブラー表示を機能させる 278
■ マウントとアンマウント 281
■ React Developer Tools で React の処理を確認する 281

9.9 Dynamic Routes でカテゴリーページを生成する 282
getAllCategories() を作成する 282
指定したスラッグのカテゴリーページを生成する 284
すべてのカテゴリーページを生成する 286

9.10 カテゴリーページに記事一覧を表示する 287
getAllPostsByCategory(catID) を作成する 287
作成した関数を使って記事一覧を表示する 288

9.11 カテゴリーページにメタデータを追加する 290

Chapter 10 React Hooks（フック）……291

10.1 React Hooks（フック）……292

10.2 useState の使い方……293
- state の宣言……293
- state の更新……294

10.3 useState を使って ハンバーガーメニューを作成する……295
- ボタンを追加する……295
- メニューの開閉の状態を管理する state を用意する……296
- ボタンクリックで state を更新する……298
- state に応じてメニューを開閉する……299
- リンクをクリックしたらメニューを閉じる……300
- ボタンをハンバーガーの形にする……302
- <body> に CSS を適用する……305
- ■ 論理否定（!）……305
- ■ 配列やオブジェクトを扱う state の更新……306
- ■ styled-jsx……308

10.4 useRef の使い方……310
- ref オブジェクトの作成……310
- ref オブジェクトと ref 属性……310

10.5 useState と useRef を使って アコーディオンを作成する……311
- Accordion コンポーネントを作成する……311
- アコーディオンを開いたときの表示を整える……314
- アコーディオンの 開閉の状態を管理する state を用意する……315
- state に応じてアコーディオンを開閉する……316
- useRef を使ってテキストの高さを取得する……316
- 開いたあとの画面幅の変化にも対応する……319
- ■ React による再レンダリング……322
- ■ DOM に用意されたプロパティやメソッド……324
- ■ useRef で scrollHeight の初期値を指定する……325

10.6 useEffect の使い方……326
- 副作用とは……326
- useEffect の機能……326

10.7 useEffect を使って Google アナリティクスを設定する……328
- グローバル サイトタグのインストール……328
- ■ 環境変数をクライアント側で使用する……329
- ページの遷移を認識させる……332
- ■ イベントリスナー……333
- ■ 404 ページをカスタマイズする……333

Appendix……334

A 静的サイトジェネレーターとして出力する……334
- next export でサポートされる機能／されない機能……334
- next/image のローダー……335
- ローカルの画像の扱い……336

B サイトマップを作成する……339
- next-sitemap のインストールと 静的なサイトマップの生成……339
- 動的なサイトマップの生成……341

C _app.js のレイアウトを ページごとにカスタマイズする……343

サイトを構成する React コンポーネント……346

索引……348

Chapter 1

React と JSX

Next.js/React

1.1 Reactが必要になってきている理由

React & JSX

なぜReactなのか？

React というのは、何なのでしょうか？　公式サイトには「ユーザインターフェース構築のための JavaScript ライブラリ」とあります。React がどんなもので、その機能を理解している方であれば、その通りだと思えるでしょう。
しかし、これから React を学ぼうとしている方はどうでしょうか。JavaScript を簡単に記述できるようにした jQuery のようなものを想像しますか？　React をベースをとしたフレームワークを使ってアプリやサイトを構築するなんて話を考えると、ちょっと違うような気もしてきます。いまひとつ、ピンとこないのです。

なぜ React が現在の Web 制作でこんなにも必要とされるようになったかを考えてみます。

Web ページ・Web サイトはどんどんリッチな構成になり、アプリに近づいています。リッチになればなるほど、HTML & CSS だけで実現するのは不可能になり、JavaScript が必須になります。
しかし、これまでの HTML & CSS ＋ JavaScript の構成では、HTML（DOM：Document Object Model）の操作には API を使わなければならず、HTML & CSS と JavaScript の間には明確な壁が存在します。現在求められるリッチなページを実現するためには、この壁がとてもわずらわしいのです。

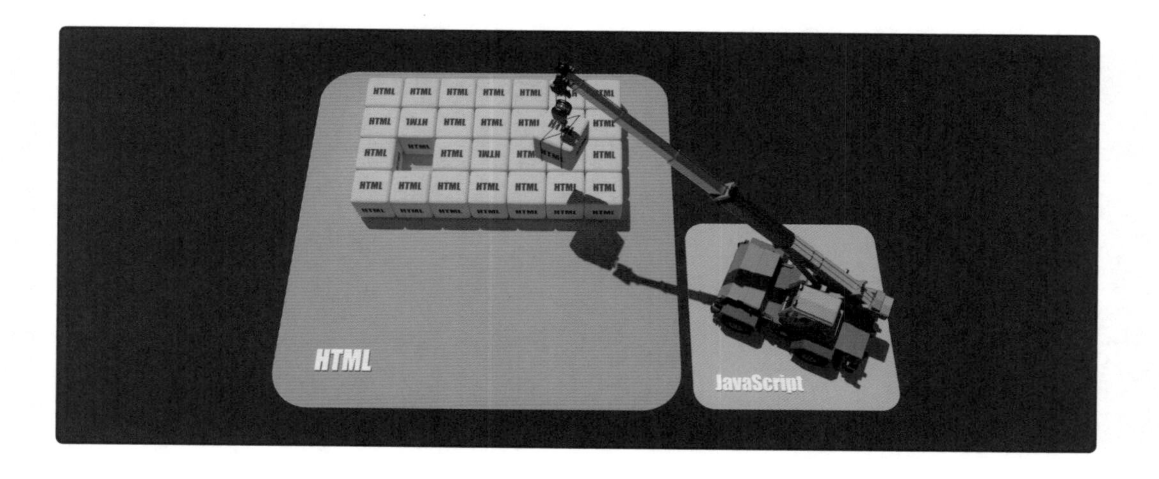

そこで React です。React を使うことで HTML & CSS と JavaScript の位置関係が大きく変わります。

React は HTML & CSS を JavaScript の中に取り込みました。そのため、HTML & CSS をオブジェクト、JavaScript の一部として扱えます。つまり、HTML & CSS に JavaScript を加えて Web ページ・Web サイトを制作していた環境が、**JavaScript を使って制作する環境へと大きく変わる**ことになります。

これまでの感覚のままだと戸惑うポイントです。この環境では、**主体は JavaScript** なのです。

もちろん、これまで使ってきた HTML & CSS に関する知識が役に立たなくなるわけではありません。しかし、JavaScript の一部として扱われることで、そのままというわけにはいけませんし、新しくできることも増えます。そのため、見直す必要はあります。
そして、JavaScript と HTML & CSS の距離がなくなったこの環境は、現在求められているリッチなページの制作にとても便利で快適なのです。

もちろん、React が備えるさまざまな機能も使えます。代表的な機能はこの本の中でも解説していきます。

Reactでページを作成するとは?

React を使って、JavaScript でページを作成するとはどういうことか確認しておきましょう。流れとしては、非常にシンプルです。表示したい HTML を用意します。

```
const element = _reactJsxRuntime.jsx('h1', {
  children: 'Hello, world!',
})
```

AST

そして、ページ上に用意されている DOM へレンダリングします。

```
ReactDOM.render(element, document.getElementById('root'))
```

すると、React DOM で処理され、その結果がブラウザ上の DOM へ反映されます。

```
<div id="root">
  <h1>Hello, world!</h1>
</div>
```

もちろん、要素を変更すれば、表示も更新されます。その際、React DOM の中で要素の変化の差分を検知して必要な部分だけを更新してくれます。API を使って面倒な DOM の操作をする必要はありません。

DOM（ドキュメントオブジェクトモデル：Document Object Model）

ウェブ文書のためのプログラミングインターフェースです。文書をノードとオブジェクトで表現するデータ表現であるとともに、プログラムが文書構造、スタイル、内容にアクセスするための API でもあります。
オブジェクトのツリー状の構造をしているため、DOM ツリーと呼ばれますが、文法をベースとして構築されたツリー構造であり、要素間の関係に焦点を当てている AST（P.21）とはその構成が異なります。

❖ React要素とJSX

React の中で扱われる HTML は React 要素として扱われます。そして、React 要素は AST（抽象構文木：abstract syntax tree）化した HTML をもとにオブジェクトとして生成します。

つまり、React でページを作るためには、そのページの HTML を AST の形で用意しなければなりません。しかし、先程の `<h1>Hello, world!</h1>` でさえ、このコードです。この形でページを構成していくのは現実的ではありません。

```
const element = _reactJsxRuntime.jsx('h1', {
  children: 'Hello, world!',
})
```

JS

そこで、用意されたのが **JSX** です。JSX を利用すると、上のコードは次のように書き換えることができ、一気にわかりやすくなります。

```
const element = <h1>Hello, world!</h1>
```

JSX

JSX（JavaScript Syntax Extension）は HTML のように見えますが、JavaScript の構文の拡張です。そのため、独自のルールを持っています。
さらに、構文の拡張ではあるものの、JavaScript のコードとして実行することもできません。あくまでもコードを書きやすくするためのツールなのです。JavaScript として実行するためには、**コンパイルして、JavaScript のコードを生成しなければなりません。**

Reactの環境構築

React を使うためには、レンダリング先の準備に、JSX をコンパイルする環境を用意し、さらに JavaScript によるページ制作ですからバンドラーも整えなければなりません。このあたりを自前で整えようとすると、React を始めるために学ばなければならないことがまた増えることになります。

そのため、React の環境を手軽に整えることのできるものがいろいろと登場してきました。その代表的な存在が、React ベースのフレームワークである **Next.js** です。次のステップでは Next.js について見ていきます。

コンパイラー＆トランスパイラー

プログラミング言語をコンピュータが実行できるものへ変換することをコンパイルといい、そのためのプログラムがコンパイラーです。
プログラムをあるプログラミング言語から他のプログラミング言語へと変換することをトランスパイルといい、そのためのプログラムがトランスパイラーです。

JSX から JavaScript への変換は、React の公式ドキュメントではコンパイルとなっています。

バンドラー

もともとは、HTTP サーバーへの接続を減らすため、複数の JavaScript を 1 ファイルにまとめる（バンドルする）ためのものでした。現在では、JavaScript で使われるモジュールを依存関係を処理しつつバンドルするだけでなく、CSS や画像ファイルなどもまとめることができます。

API

アプリケーション・プログラミング・インターフェース（Application Programming Interface）の略称で、システムやサービスを利用するアプリケーションを開発・プログラミングするためのインターフェースです。Web サービスからデータを取得する際に利用するものといったイメージが強くなっていますが、Node.js で用意されている関数やオブジェクトも API です。

AST（抽象構文木：abstract syntax tree）

AST は HTML やプログラムコードの構造を表現するために広く使われているデータ構造です。たとえば、

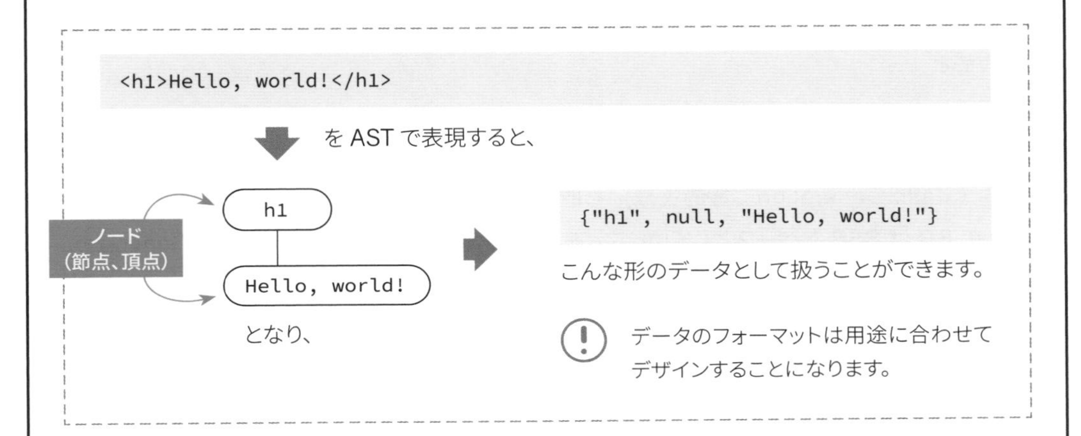
<h1>Hello, world!</h1>
を AST で表現すると、
ノード
（節点、頂点）
h1
Hello, world!
となり、
{"h1", null, "Hello, world!"}
こんな形のデータとして扱うことができます。
データのフォーマットは用途に合わせてデザインすることになります。

もう少し要素を増やして、属性を追加してみましょう。

```
<div class="contents">
    <h1>Hello</h1>
    <p> こんにちは </p>
    <footer>by CUBE</footer>
</div>
```

を AST で表現すると、

div
h1　p　footer
Hello　こんにちは　by CUBE

となり、

```
{"div", {class: "contents"},
   [{"h1", null, "Hello"},
    {"p", null, " こんにちは "},
    {"footer", null, "by CUBE"}]}
```

こんなデータにできます。

属性なども含めて構造が明確になるため、HTML の処理などで非常に便利なデータ構造です。

1.2 Next.jsによるWebサイト構築

Next.js は Vercel が開発している、Web アプリや Web サイトを構築するための React ベースのフレームワークです。

SSR（Server Side Rendering：サーバーサイドレンダリング）をメインとしたフレームワークでしたが、**SG**（Static Generation：静的生成）も取り込み、ページ単位で自由に選択できます。また、Next.js の **SG** は **SSR** をベースとしていることもあり、一般的な **SSG**（Static Site Generator：静的サイトジェネレーター）が実現する **SG** よりも柔軟な対応が可能になっています。

ただし、**SSR** をベースとしていることから、Node.js によるサーバーが必要です。そのため、デプロイ先を選ぶことになります。**SSG** として使うこともできますが、Next.js の重要な機能の多くが使えなくなるため、オススメしません。

> SSG として使う方法は Appendix A（P.334）で紹介します。

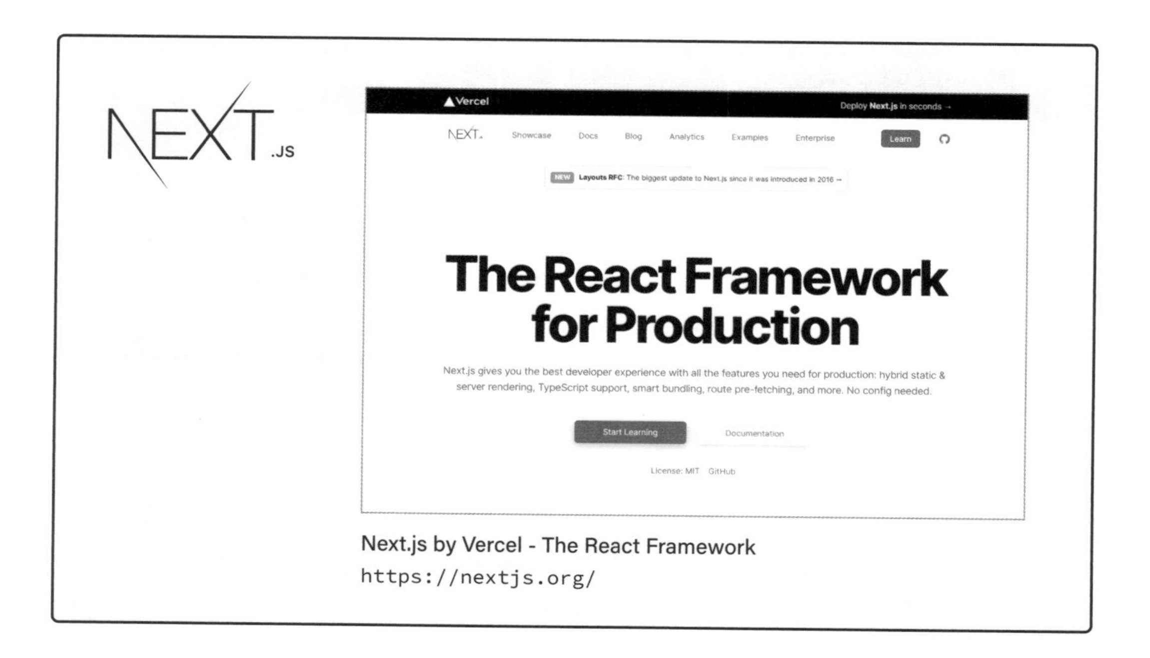

Next.js by Vercel - The React Framework
`https://nextjs.org/`

1.3 Next.jsのプロジェクトを作成する

React & JSX

Next.js でプロジェクトを作成すれば、React の環境はもちろん、Next.js の便利な機能が使える環境が整います。プロジェクトの作成はコマンド 1 つです。面倒なことは Next.js にまかせて、React を使ったサイト構築を始めましょう。

```
$ npx create-next-app blog
```

ここでは、`blog` というプロジェクト名でプロジェクトを用意しています。`npx` は Node.js とセットでインストールされているパッケージランナーです。

> 開発環境の準備（Node.js のインストール＆セットアップ）については、本書のダウンロードデータ（P.7）に収録したセットアップ PDF を参照してください。

> `create-next-app` のオプションに関してはこちらを参照してください。
> https://nextjs.org/docs/api-reference/create-next-app

必要なものがダウンロードされ、次のように表示されれば準備完了です。

```
Success! Created blog at /home/xxx/blog
Inside that directory, you can run several commands:

  npm run dev
    Starts the development server.

  npm run build
    Builds the app for production.

  npm start
    Runs the built app in production mode.

We suggest that you begin by typing:

  cd blog
  npm run dev
```

指示に従ってプロジェクトのディレクトリに移動し、Next.js を開発モードで起動します。

```
$ cd blog
$ npm run dev
```

URL が表示されますので、この URL をブラウザで開いてください。

```
ready - started server on 0.0.0.0:3000, url: http://localhost:3000
```

右のように無事にページが表示されれば、プロジェクトの準備は完了です。React を使ったサイト構築を始めます。

終了させるときは Ctrl + C を入力します。

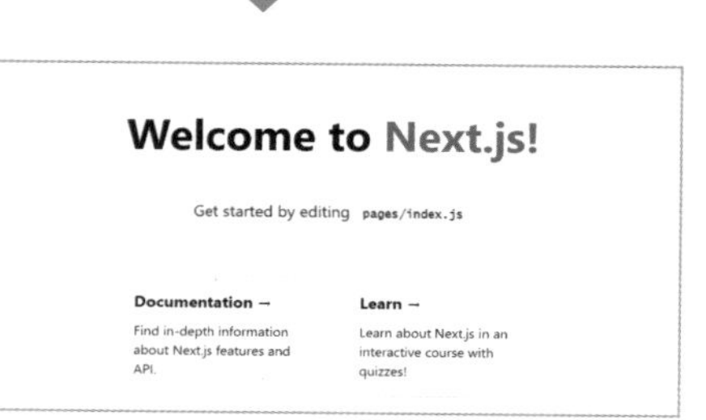

http://localhost:3000

npx

`npx` は本来はローカルにインストールされている JavaScript のパッケージを実行するためのものです。しかし、ローカルにないパッケージ（ここでは `create-next-app` ）を指定した場合には、一時的にグローバル環境にダウンロードした上で実行し削除してくれます。

npm

パッケージの管理システムが `npm` です。 `npm` は

- パッケージのデータベースとしてのレジストリ
- そのレジストリをメンテナンスするための Web サイト
- レジストリを利用するための CLI（コマンドラインインターフェース）

から構成されています。ここでは、CLI の機能である、npm scripts を使って、`package.json` （次ページ）の `scripts` プロパティに設定されているコマンドを実行しています。

Next.js CLI（コマンドラインインターフェース）

Next.js に用意されている CLI の重要なものを確認しておきます。

コマンドは、`package.json` に `scripts` として登録されているものを次のような形で実行します。

```
$ npm run dev
```

もしくは、npx を使って次のような形で実行します。

```
$ npx next dev
```

```
{
  "name": "blog",
  "private": true,
  "scripts": {
    "dev": "next dev",
    "build": "next build",
    "start": "next start",
    "lint": "next lint"
  },
  "dependencies": {
  …
```

package.json

`scripts` に登録されているものは編集してカスタマイズできます。

開発モード

```
next dev
```

Next.js の開発モードで作成中のアプリケーションを起動します。`Ctrl+C` で終了します。標準では `http://localhost:3000` でプレビューにアクセスできます。コードを編集すると、保存のタイミングで処理され、変更が反映されます。

Port 番号を変更したい場合は `-p` を、作業環境の IP アドレスを表示したい場合は `-H` を使い、次のような形で指定できます。

```
next dev -p 4000 -H 192.168.0.55
```

ビルド

```
next build
```

ビルドして、アプリケーションとして出力します。ビルド結果なども表示されます。

```
> next build

info  - Checking validity of types
info  - Creating an optimized production build
info  - Compiled successfully
info  - Collecting page data
info  - Generating static pages (3/3)
info  - Finalizing page optimization

Page                                       Size     First Load JS
┌ ○ /                                      6.25 kB        81.2 kB
├   └ css/149b18973e5508c7.css             655 B
├   /_app                                  0 B            74.9 kB
├ ○ /404                                   193 B          75.1 kB
└ λ /api/hello                             0 B            74.9 kB
+ First Load JS shared by all              74.9 kB
  ├ chunks/framework-1f10003e17636e37.js   45 kB
  ├ chunks/main-fc7d2f0e2098927e.js        28.7 kB
  ├ chunks/pages/_app-69da446bea935969.js  493 B
  ├ chunks/webpack-69bfa6990bb9e155.js     769 B
  └ css/27d177a30947857b.css               194 B

λ  (Server)  server-side renders at runtime (uses getInitialProps or getServerSideProps)
○  (Static)  automatically rendered as static HTML (uses no initial props)
```

ビルドしたときに表示されるビルド結果。

本番モード（Production）

```
next start
```

ビルドしたものを使って、本番環境でアプリケーションを起動します。開発モードで起動したアプリケーションはプレビュー用の動作となっているため、たとえば、CSS の適用順が本番環境と異なるといった場合があります。そのため、最終的な確認はこの本番環境で行う必要があります。

開発モードと同様に、Port 番号や IP アドレスを指定することもできます。

1.4 プロジェクトのファイル構成を確認する

React & JSX

作成したプロジェクトのファイル構成を確認しておきます。ディレクトリの構成は以下のようになっており、これが基本構成となります。

`package.json` を確認すると、`next` と `react` のパッケージがインストールされていることが確認できます。また、Next.js 用の `eslint` もインストールされていますので、エディタの環境を整えれば文法チェックも可能です。

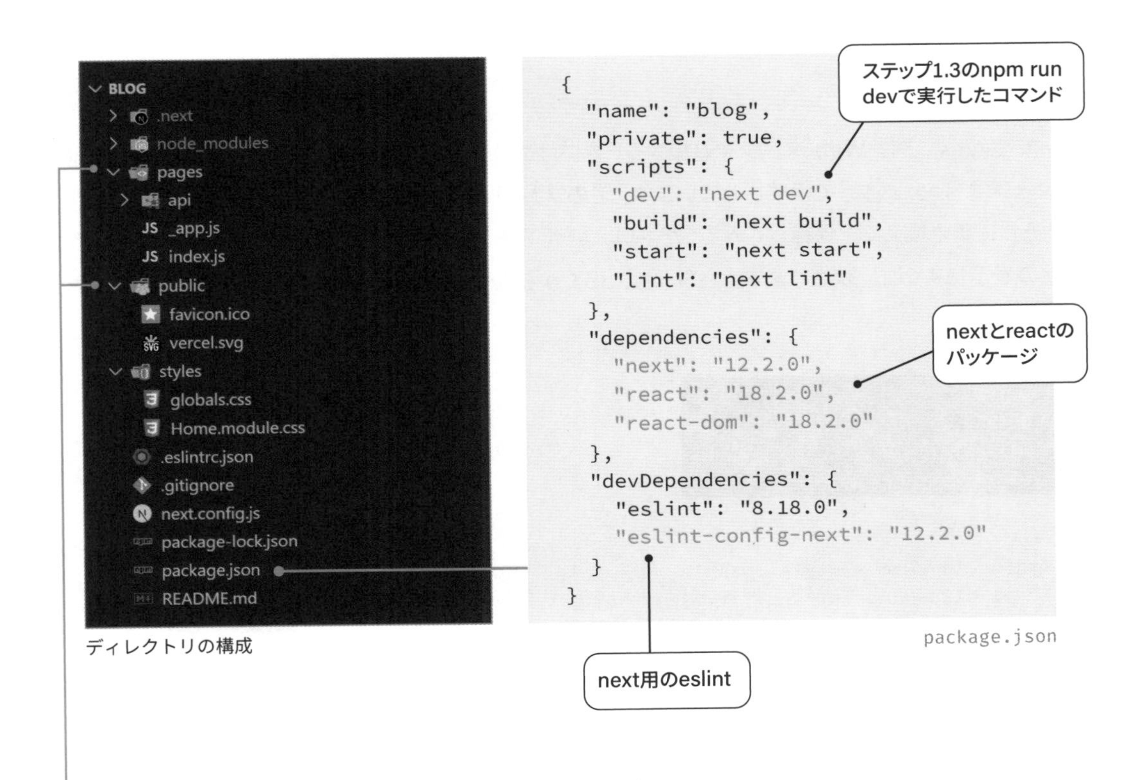

ディレクトリの構成

package.json

いくつかのディレクトリが用意されていますが、この中で重要なのが `public` と `pages` です。それぞれの役割を確認しておきます。

public

まずは `public` です。このディレクトリに置いたファイルにはブラウザからアクセスできます。たとえば、ここに用意されている SVG ファイル `vercel.svg` には `http://localhost:3000/vercel.svg` でアクセスします。
ここにディレクトリを作成すれば、URL にも反映されます。

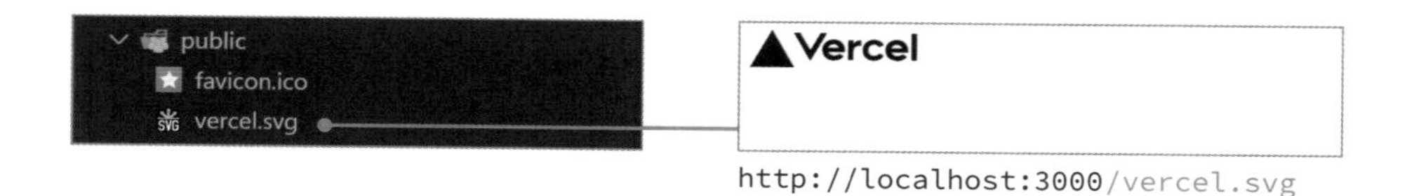

pages

続いて `pages` です。Web ページを追加するときにはこのディレクトリを使います。先ほど表示したトップページは `index.js` で構成されています。このファイルをエディタで開き、「Welcome to」を「ようこそ」に書き換えて、保存してみてください。開発モードで Next.js を起動していますので、ブラウザ上の表示にすぐに反映されます。もちろん、JSX から JavaScript にコンパイルした結果が反映されます。

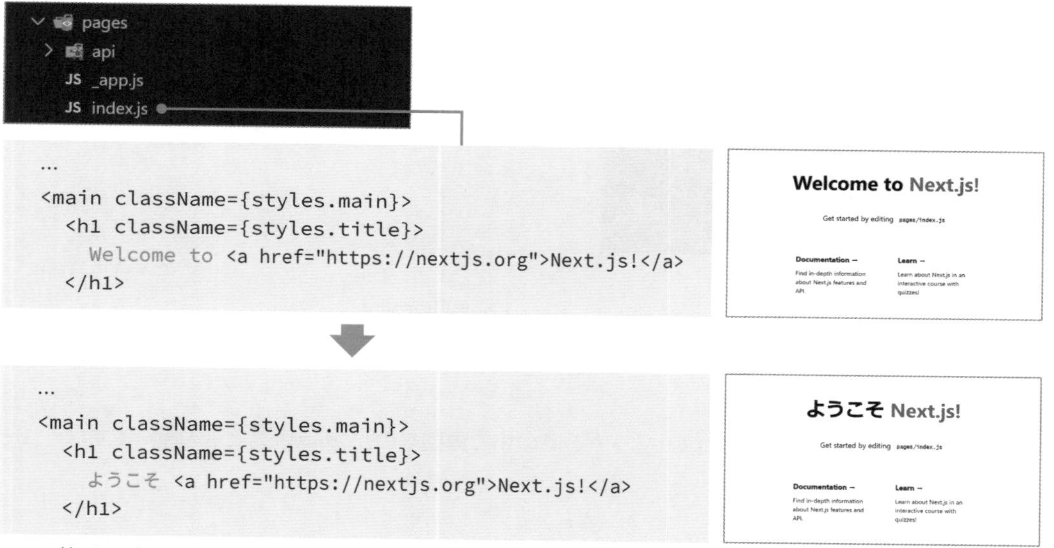

pages/index.js

http://localhost:3000

続けて、`index.js` をコピーして `about.js` を作成してみます。これでページが増えました。`http://localhost:3000/about` にアクセスすれば、増えたページを開くことができます（もちろん、中身はindex.jsのままです）。

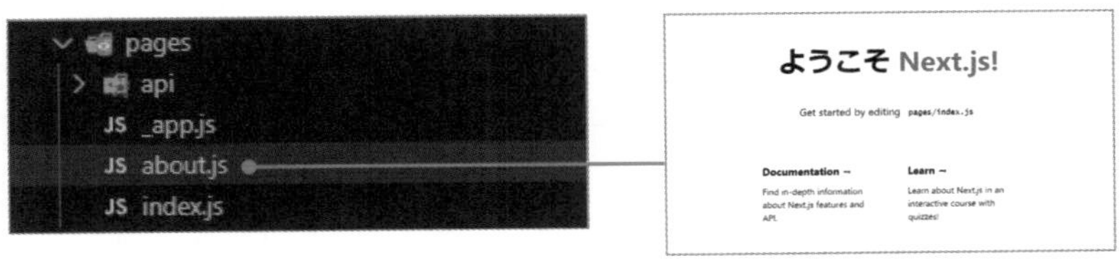

Next.jsには「file-system based router」という機能が用意されています。これにより、`pages` ディレクトリ内にページを構成するファイルを用意することで、そのファイル名をURLとしたページを作成できます。もちろん、ディレクトリ構成も反映されます。

package.json

プロジェクトのルートディレクトリにある `package.json` はNode.jsのプロジェクトの設定ファイルです。プロジェクトの名前やバージョン、説明などの情報に加えて、プロジェクトが依存するパッケージの情報など、さまざまな情報を管理するのに使われています。

パッケージ

Node.jsにはビルトインモジュールが用意されていますが、それ以外の機能を自前で用意するのは効率がよくありません。そこで、活用したいのがパッケージです。パッケージをインストールすることで、そこに含まれるモジュールを利用できます。

プロジェクトにインストールされているパッケージが `package.json` にリストアップされます。

ページとなるファイルの中身を確認する

ページとなるファイルの中身も確認しておきます。中身はシンプルで、React コンポーネントをデフォルトエクスポートしています。このエクスポートされたコンポーネントが Next.js のルーターシステムでページとして表示されます。

デフォルトエクスポートなため、1 モジュール（ファイル）に 1 つとなり、ファイル名との紐付けも問題ありません。

```
import Head from 'next/head'
import Image from 'next/image'
import styles from '../styles/Home.module.css'

export default function Home() {
  return (
    <div className={styles.container}>
      …
      <main className={styles.main}>
        <h1 className={styles.title}>
          ようこそ <a href="https://nextjs.org">Next.js!</a>
        </h1>
      …
    </div>
  )
}
```

Reactコンポーネントを
デフォルトエクスポート

pages/index.js

つまり、Next.js でページを作成するというのは、この**ページとなるコンポーネント（この書籍では他のコンポーネントと区別するため「ページコンポーネント」と呼びます）を作成すること**です。

React コンポーネントに関しては Chapter 2「コンポーネント」で解説していきます。

ファイルの中身を書き換える

以上でReact環境が整いましたので、ページの作成を始めましょう。まずは `index.js` の中身をばっさりと削除して、次のように書き換えます。ここでは、本書で作成するブログサイトのサイト名「CUBE」を `<h1>` でマークアップしたJSXコードを記述しています。

```
export default function Home() {
  return <h1>CUBE</h1>
}
```

pages/index.js

exportの前に記述されていたimportもばっさり削除

CUBE

トップページの表示

次のステップではこれに書き足しながらJSXのルールを確認していきます。なお、先ほどコピーした `about.js` はあとから作り直しますので削除しておいてください。

モジュール

プログラムを分割し、必要なときにインポートして使えるようにしたのがモジュールで、ファイル単位での管理となります。
ファイルの外部からアクセス可能にする変数や関数には `export` を使ってラベル付けをします。
`import` を使って他のモジュールからインポートすることで、その機能を使うことができます。

import／export

`export` には、名前付きエクスポートとデフォルトエクスポートがあります。名前付きエクスポートは1モジュールに複数設定できるのに対して、デフォルトエクスポートは1モジュールに1つという制限があります。
`import` にも、名前付きインポートとデフォルトインポートがあります。名前付きインポートでは、指定したモジュールから名前を指定してインポートします。デフォルトインポートではインポートの対象が明確なため、名前を自由に指定できます。

JSXのルールを確認する

P.19 で確認したように、JSX は HTML そのものではなく、独自のルールを持っています。ここではそんな JSX のルールを確認していきます。なお、`index.js` に書き足す形でルールを確認していきますが、最終的に確認用に追加したものは削除し、ステップ 1.7（P.39）のような JSX コードにします。

最上位の要素は1つにする

要素を追加してみます。しかし、エラーになります。JSX のルールである「最上位の要素は 1 つでなければばならない」に反しているためです。React 要素は AST の形で扱われていますが、React ではその最上位が 1 つであることを要求します。

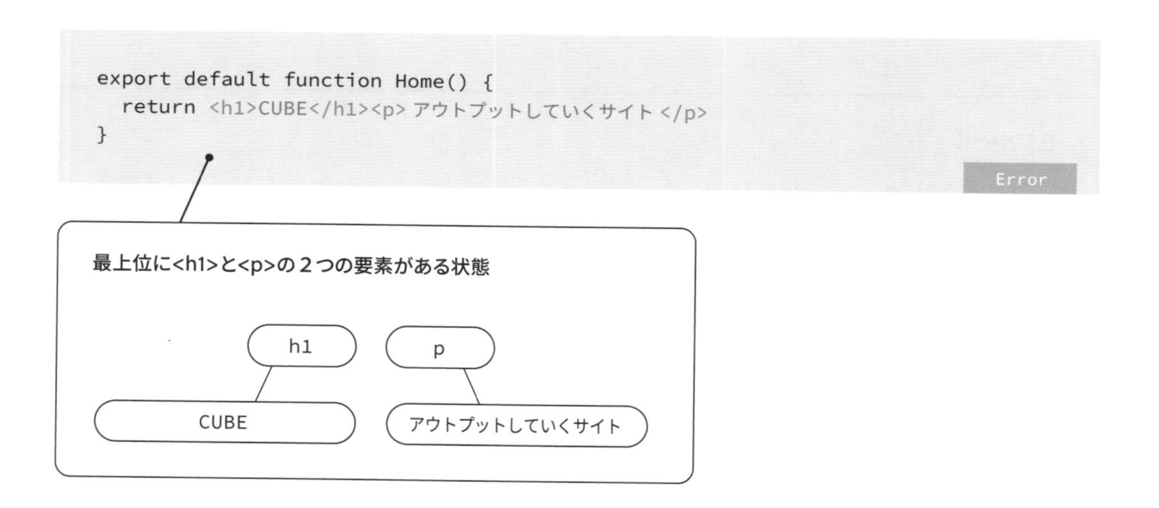

そのため、たとえば `<div>` ～ `</div>` で囲うとエラーが消えます。

```
export default function Home() {
  return (
    <div>
      <h1>CUBE</h1>
      <p> アウトプットしていくサイト </p>
    </div>
  )
}
```

No Error

最上位が 1 つの要素<div>だけの状態

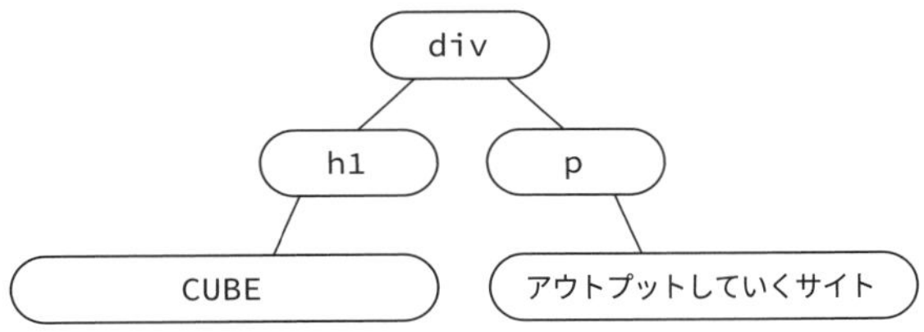

div
h1
p
CUBE
アウトプットしていくサイト

変数に代入する場合

変数に代入するような場合でも同様です。最上位の要素が 1 つでない場合はエラーになりますので注意が必要です。

```
export default function Home() {
  const test = <h1>CUBE</h1><p> アウトプットしていくサイト </p>
…
```

Error

```
export default function Home() {
  const test = (
    <div>
      <h1>CUBE</h1>
      <p> アウトプットしていくサイト </p>
    </div>
  )
…
```

No Error

<div>を追加したくない場合

最上位の要素を 1 つにするためとはいえ、`<div>` を追加したくない場合もあります。そのような場合、`React.Fragment` を使うことができます。`<React.Fragment>` 〜 `</React.Fragment>` は `<>` 〜 `</>` に置き換えることも可能です。

importが必要です

```
import React from 'react'

export default function Home() {
  return (
    <React.Fragment>
      <h1>CUBE</h1>
      <p> アウトプットしていくサイト </p>
    </React.Fragment>
  )
}
```

No Error

または

```
export default function Home() {
  return (
    <>
      <h1>CUBE</h1>
      <p> アウトプットしていくサイト </p>
    </>
  )
}
```

No Error

<React.Fragment>と<>の違い

`<React.Fragment>` の短い記法が `<>` です。
わざわざ React をインポートしなければならない `<React.Fragment>` は不要に思えますが、`key` 属性が必要な場合は `<React.Fragment>` でなければなりません。`key` 属性に関しては P.241 を参照してください。

要素は閉じる

HTML では閉じる必要がない要素でも、JSX では必ず閉じなければなりません。 たとえば、以下のように `<hr>` を追加すると、エラーになります。 `<hr />` に書き換えるとエラーは解消されます。 `<img>` なども同様ですので注意してください。

```
export default function Home() {
  return (
    <div>
      <h1>CUBE</h1>
      <hr>
      <p> アウトプットしていくサイト </p>
    </div>
  )
}
```

Error

```
export default function Home() {
  return (
    <div>
      <h1>CUBE</h1>
      <hr />
      <p> アウトプットしていくサイト </p>
    </div>
  )
}
```

No Error

classはclassNameと書く

HTML の感覚で `class` を使うと Warning が表示されるため、 `className` と記述します。現在の React では `class` でも機能してしまいますが、Warning の扱いです。
なぜなら React では `class` と `className` は区別され、内部的な扱いも異なります。多くのコンポーネントが `className` を使っているため、トラブルの原因となることから `class` の使用は推奨されていません。

```
export default function Home() {
  return (
    <div class="hero">
      <h1>CUBE</h1>
      <p> アウトプットしていくサイト </p>
    </div>
  )
}
```

Warning

```
export default function Home() {
  return (
    <div className="hero">
      <h1>CUBE</h1>
      <p> アウトプットしていくサイト </p>
    </div>
  )
}
```

No Error

style属性の値は{{}}の中に書く

`style` 属性の値を HTML のまま記述するとエラーになります。

```
export default function Home() {
  return (
    <div>
      <h1 style="color:red; font-size:48px;">CUBE</h1>
      <p> アウトプットしていくサイト </p>
    </div>
  )
}
```
Error

`style` 属性の値は文字列ではなく、キャメルケース（camelCase）のプロパティを持ったオブジェクトとして指定する必要があります。

```
export default function Home() {
  return (
    <div>
      <h1 style={{ color: 'red', fontSize: '80px' }}>
        CUBE
      </h1>
      <p> アウトプットしていくサイト </p>
    </div>
  )
}
```
No Error

式（Expression）は{}の中に書く

JavaScript の式（Expression）は `{}` で囲うことで、JSX の中で使えます。もちろん、変数だけではなく関数や条件分岐なども使えます。

```
export default function Home() {
  const subtitle = 'アウトプットしていくサイト'

  return (
    <div>
      <h1>CUBE</h1>
      <p>{subtitle}</p>
    </div>
  )
}
```

No Error

式（Expression）

JavaScript では、評価の結果として値を得ることができるコードを「式」と呼びます。

複数行で書く場合は()に入れる

ここまでにも使っていますが、要素を複数行に分けて記述する場合には () に入れるというポイントもあります。必須ではありませんがトラブル回避のためにオススメします。

```
export default function Home() {
  return (
    <div>
      <h1>CUBE</h1>
      <p>アウトプットしていくサイト</p>
    </div>
  )
}
```

()で囲んでいます

No Error

・・・

このあたりを意識しておけば、あとは HTML の感覚で問題ないでしょう。他にも、属性まわりで細かいルールがありますが、必要になったところで対応していけば問題ありません。
ただし、書いているコードは HTML とは異なる「JSX」、「JavaScript」のコードだということを意識しておくのは必要です。

1.7 JSXでトップページの構成要素を記述する

JSX のルールの確認ができましたので、`index.js` にトップページの構成要素を記述していきます。Figma のデザインデータを参照すると、トップページは次のような構成になっています。

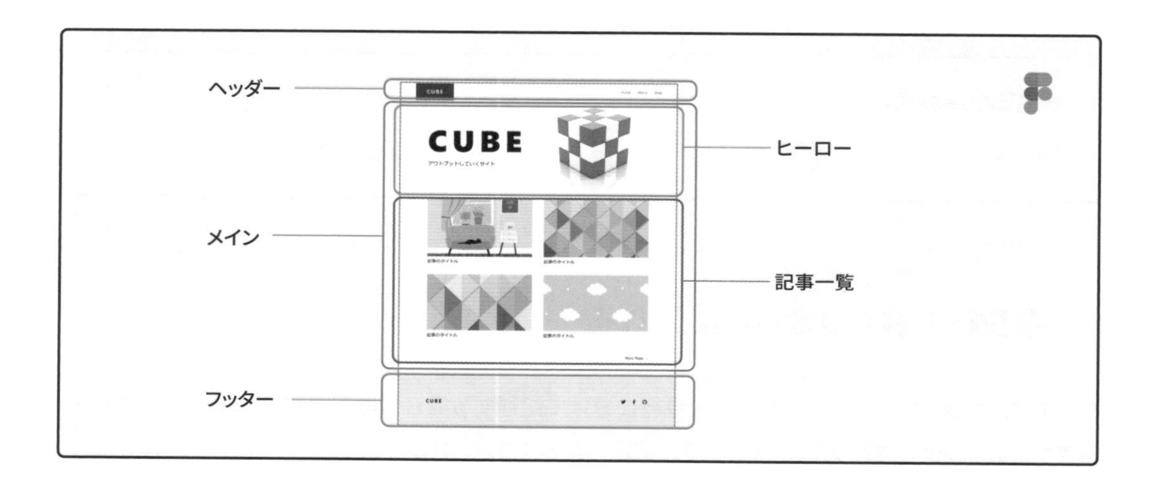

ここではヘッダー、ヒーロー、フッターを次のように記述します。記事一覧はデータベースの準備が必要なため、ステップ 9.5 で追加します。

- ヘッダーとフッターには仮のテキスト (HEADER、FOOTER) を記述し、<header>、<footer> でマークアップします。
- ヘッダーとフッター以外はメインコンテンツとして <main> でマークアップします。
- ヒーローはタイトル（サイト名）を <h1>、サブタイトルを <p> でマークアップし、<div> でグループ化します。画像はステップ 5.6 で追加します。

```
export default function Home() {
  return (
    <>
      <header>HEADER</header>

      <main>
        <div>
          <h1>CUBE</h1>
          <p> アウトプットしていくサイト </p>
        </div>
      </main>

      <footer>FOOTER</footer>
    </>
  )
}
```

pages/index.js

HEADER

CUBE

アウトプットしていくサイト

FOOTER

トップページの表示

余計な <div> を増やさないように、構成要素全体（ヘッダー、メイン、フッター）は React.Fragment の <> ～ </> で囲んでいます。

また、従来の Web 制作であれば CSS を的確に当てるため、この段階で各要素にユニークなクラス名を付けるところです。しかし、ここではクラス名は指定しません。ページの構成要素はコンポーネントに分け、スコープされる形で CSS を当てていくためです。

• • •

以上で、React を使ったページ制作の導入は完了です。次の章ではコンポーネントについて見ていきます。

let ／ constによる変数の宣言

`let` はブロックスコープのローカル変数を宣言します。宣言の際、値を代入して初期化できます。再宣言はできません。

`const` は再宣言、再代入のできない変数を宣言します。スコープは `let` と同様のブロックスコープです。再代入できませんので宣言の際に初期化子が必要です。 `const` は**値への読み取り専用の参照**を作成することで、これを実現しています。

また、値が不変であることは保証しません。たとえば、 `const` で宣言した変数の中身がオブジェクトの場合、オブジェクトへの参照は読み取り専用のため変更できませんが、オブジェクトのプロパティに対しては作用しませんので、プロパティの値は変更できます。

! `var` は再宣言ができてしまい安全ではないため、現在では使いません。

参照

JavaScript では変数はその値を直接扱うわけではなく、メモリ上の値を参照しています。

スコープ

変数や式が見える範囲をスコープといいます。JavaScript では、子スコープから親スコープへアクセスすることはできますが、その逆はできません。

ブロックスコープ

`{}` で囲んだ範囲はブロックと呼ばれ、ブロックスコープを作成します。ブロック内で宣言した変数はブロックスコープ内でのみ参照できます。

```
export default function Home() {
  const subtitle = 'アウトプットしていくサイト'

  return (
    <div>
      <h1>CUBE</h1>
      <p>{subtitle}</p>
    </div>
  )
}
```

ブロック

Chapter

2

コンポーネント

Next.js/React

2.1 Components コンポーネントを使う

React には「コンポーネント」という概念があります。コンポーネントを利用することで、JSX を細かく分割し、再利用可能な部品として扱えるようになります。
Next.js ではページがコンポーネントそのものです。また、React を使いこなしていく上でも、コンポーネントは非常に重要な存在です。そこで、ページ制作を進める前に、コンポーネントについて確認しておきます。

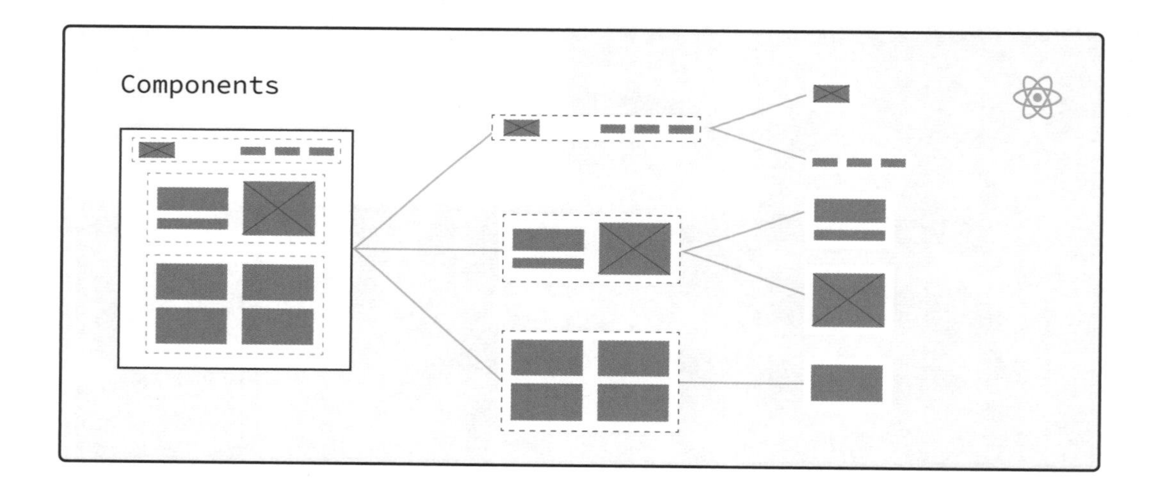

コンポーネントの種類とその構造

React のコンポーネントは、関数を使って定義する関数コンポーネントと、Class を使って定義するクラスコンポーネントがあります。
React の多くの機能を使うためにはクラスコンポーネントを使う必要がありましたが、そうした機能を関数コンポーネントで扱うために Hooks（フック：接続するための関数）が導入されたため、現在では関数コンポーネントが主流となっています。

関数コンポーネントは非常にシンプルで、React 要素を返す関数として定義することができます。

たとえば、以下のコードでは `EachPost` というコンポーネントを定義しています。ここで注意しなければならないのは、コンポーネントの名前は**必ず大文字から始めなければならない**という点です。

EachPostコンポーネントを定義

```
function EachPost() {
  return (
    <article>
      <a href="post.html">
        <h3> 記事のタイトル </h3>
      </a>
    </article>
  )
}
```

そして、このコンポーネントは `<EachPost />` として要素のように扱えます。 `EachPost` コンポーネントを使ってみると次のようになります。コンポーネントは何回でも使えます。

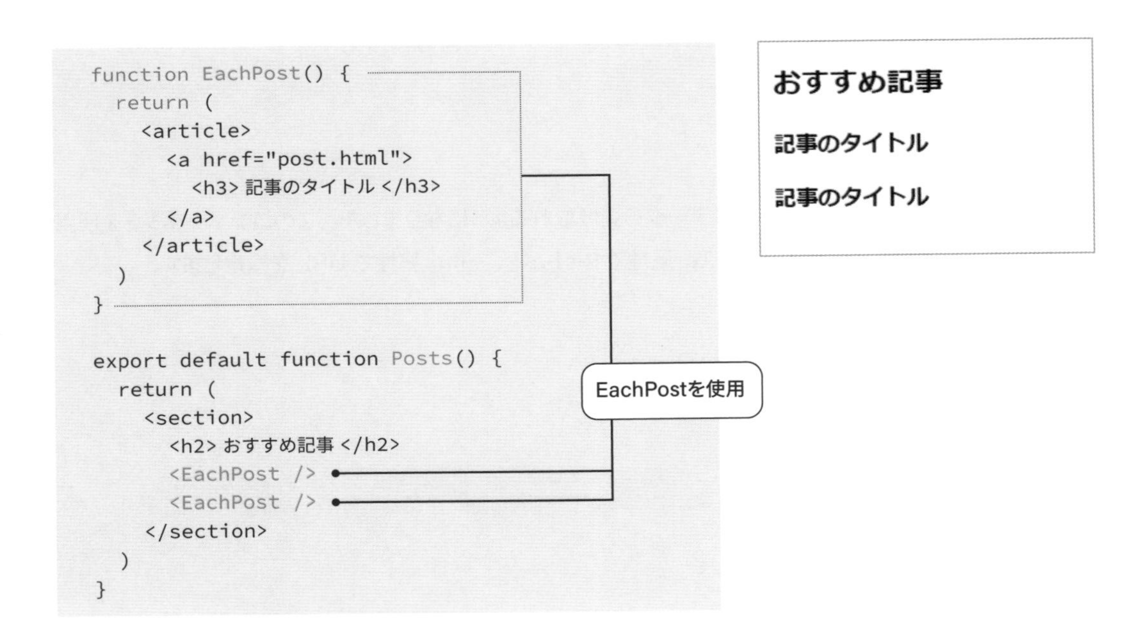

なお、ここでは `EachPost` を `Posts` コンポーネントで使っています。この場合、`Posts` が親コンポーネント、 `EachPost` が子コンポーネントとなります。

コンポーネントのprops

コンポーネントは props （「プロパティ」の意味）というオブジェクトを受け取り、属性と子要素を扱うことができます。この機能を使ってコンポーネントを書き換えます。

たとえば、前ページの EachPost コンポーネントでタイトルと URL を書き換える形にすると、次のようになります。右のように、分割代入を使ってスッキリと書くこともできます。

```
function EachPost(props) {
  return (
    <article>
      <a href={props.url}>
        <h3>{props.title}</h3>
      </a>
    </article>
  )
}
```

または

```
function EachPost({ title, url }) {
  return (
    <article>
      <a href={url}>
        <h3>{title}</h3>
      </a>
    </article>
  )
}
```

これで、 EachPost コンポーネントはデータを受け取れるようになりました。このコンポーネントを使用する際には、 <EachPost /> の title 属性でタイトルを、 url 属性で URL を指定します。

```
export default function Posts() {
  return (
    <section>
      <h2> おすすめ記事 </h2>
      <EachPost title=" スケジュール管理と猫の理論 " url="/blog/schedule" />
      <EachPost title=" 音楽が呼び起こす美味しいものの記憶 " url="/blog/music" />
    </section>
  )
}
```

```
{ title: ' スケジュール管理と猫の理論 ', url: '/blog/schedule' }
```

1つ目の EachPost が受け取る props の中身

```
{ title: ' 音楽が呼び起こす美味しいものの記憶 ', url: '/blog/music' }
```

2つ目の EachPost が受け取る props の中身

生成されるコードには属性で指定したタイトルと URL が挿入され、次のような表示になります。

おすすめ記事

スケジュール管理と猫の理論

音楽が呼び起こす美味しいものの記憶

```
<section>
  <h2> おすすめ記事 </h2>
  <article>
    <a href="/blog/schedule"><h3> スケジュール管理と猫の理論 </h3></a>
  </article>
  <article>
    <a href="/blog/music"><h3> 音楽が呼び起こす美味しいものの記憶 </h3></a>
  </article>
</section>
```

属性を使わずに `props` のオブジェクトを用意して、スプレッド構文を使って直接コンポーネントに渡すこともできます。

```
export default function Posts() {
  const props1 = { title: '記事のタイトル1', url: 'post1.html' }
  const props2 = { title: '記事のタイトル2', url: 'post2.html' }

  return (
    <section>
      <h2> おすすめ記事 </h2>
      <EachPost {...props1} />
      <EachPost {...props2} />
    </section>
  )
}
```

❗ P.56 の `_app.js` でページコンポーネントに `pageProps` を渡しているのは、こちらの方法です。

2

Components

分割代入

分割代入 (Destructuring assignment) 構文を使うと、配列の値やオブジェクトのプロパティを直接変数に代入することができます。たとえば、以下のようにして `title` や `url` へ直接代入できます。オブジェクトの分割代入では、変数名とプロパティ名は一致している必要があります。

```
const props = { title: '記事のタイトル1', url: 'post1.html' }
const { url, title } = props
```

スプレッド構文

スプレッド構文 `...` を使うと、配列やオブジェクトの要素を展開して渡すことができます。

props.childrenで子要素を渡す

子要素は `props.children` として受け取ることができます。これを使って、受け取った子要素を `<div>` でマークアップする `Decoration` コンポーネントを定義すると次のようになります。`<div>` には文字色を赤くする CSS を適用しています。

```
function Decoration(props) {
  return (
    <div style={{ color: 'red' }}>
      {props.children}
    </div>
  )
}
```

または

```
function Decoration({ children }) {
  return (
    <div style={{ color: 'red' }}>
      {children}
    </div>
  )
}
```

`Decoration` コンポーネントは次のような形で使います。`<Decoration>` 〜 `</Decoration>` の子要素が `<div>` でマークアップされ、文字の色が変わります。

```
export default function Hero() {
  return (
    <Decoration>
      <h1>CUBE</h1>
      <p> アウトプットしていくサイト </p>
    </Decoration>
  )
}
```

CUBE

アウトプットしていくサイト

```
<div style="color: red">
  <h1>CUBE</h1>
  <p> アウトプットしていくサイト </p>
</div>
```

子要素は props として扱うというのは React を扱っていく上で重要なポイントです。

P.54 で `Layout` コンポーネント作るときに使うのが、この `props.children` です。

propsに関する注意

最後に props に関する注意をまとめておきます。

- props は読み取り専用のオブジェクトです。
- props をコンポーネントの中で書き換えることはできません。

また、コンポーネントの属性や子要素として渡されるものですから、親コンポーネントから子コンポーネントへの一方通行です。

コンポーネントを作る

ここからは、コンポーネントを活用してページ制作を進めていきます。

どうコンポーネントに分けるか

Web ページの構成要素をどうコンポーネントに分けるかについては、さまざまな考え方があります。ただし、細かく分けすぎると保守性が低くなりますし、大きくまとめすぎると再利用性が低くなります。

本書で作成するブログサイトの場合、「**繰り返し使うもの**」であることを目安に分けていきます。デザインデータでは繰り返し使うものが Figma のコンポーネントになっていますので、参考にしてください。たとえば、トップページの**ヘッダー**と**フッター**は全ページで使用されています。**ヒーロー**はテキストの内容を変え、画像をオン／オフしてトップ、アバウト、記事一覧ページで使用されています。そのため、ヘッダー、ヒーロー、フッターをコンポーネントにしていきます。

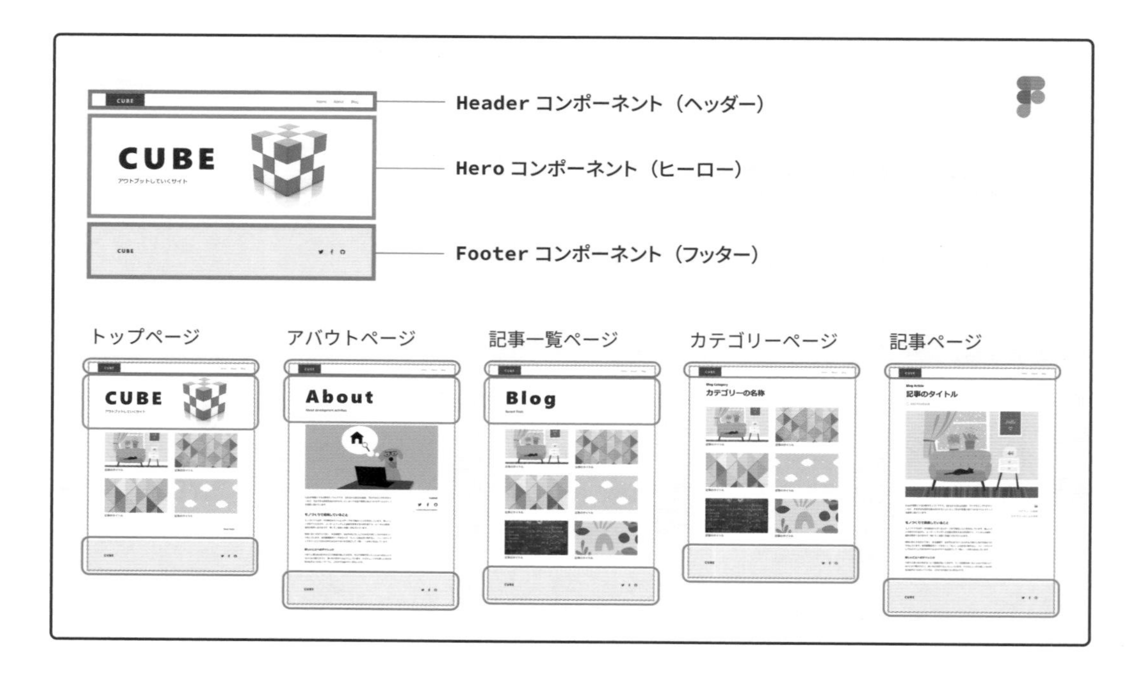

Header、Hero、Footerコンポーネントを作成する

ヘッダー、ヒーロー、フッターは `Header`、`Hero`、`Footer` コンポーネントとして作成します。これらはページコンポーネントにするわけではないため、`pages` や `public` と同じ階層（ルートディレクトリ内）に `components` ディレクトリを作成し、その中に各コンポーネント用のファイルを用意します。ここではコンポーネント名と揃えて、`header.js`、`hero.js`、`footer.js` というファイル名で用意しています。

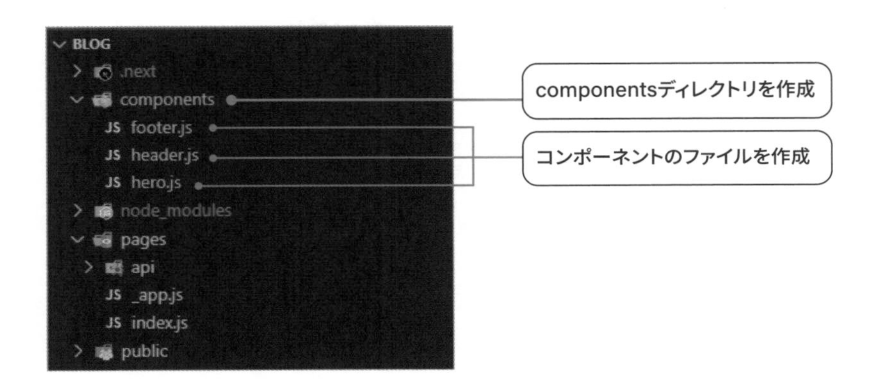

各ファイルには `index.js` に記述したヘッダー、ヒーロー、フッターの JSX コードを記述し、デフォルトエクスポートします。

```
export default function Home() {
  return (
    <>
      <header>HEADER</header>

      <main>
        <div>
          <h1>CUBE</h1>
          <p> アウトプットしていくサイト </p>
        </div>
      </main>

      <footer>FOOTER</footer>
    </>
  )
}
```

pages/index.js

```
export default function Header() {
  return <header>HEADER</header>
}
```

components/header.js

```
export default function Hero() {
  return (
    <div>
      <h1>CUBE</h1>
      <p> アウトプットしていくサイト </p>
    </div>
  )
}
```

components/hero.js

```
export default function Footer() {
  return <footer>FOOTER</footer>
}
```

components/footer.js

❖ 作ったコンポーネントをインポートして使う

作成したコンポーネントはモジュール（ファイル）を `import` して使います。`index.js` に記述したヘッダー、ヒーロー、フッターを `Header`、`Hero`、`Footer` コンポーネントに置き換えると次のようになります。

```
import Header from '../components/header'
import Hero from '../components/hero'
import Footer from '../components/footer'

export default function Home() {
  return (
    <>
      <Header />

      <main>
        <Hero />
      </main>

      <Footer />
    </>
  )
}
```

pages/index.js

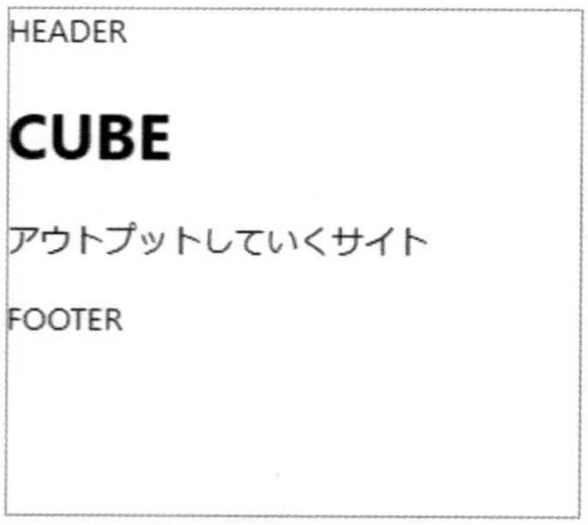

HEADER

CUBE

アウトプットしていくサイト

FOOTER

トップページの表示
（表示は変化しません）

なお、`import` は相対パスで指定しなければなりません。ファイルの位置が変わるとパスも修正しなければならないため、手間がかかり、わかりにくくなります。そのため、本書では絶対パスで指定できるようにして作業を進めていきます。

2.4 Components 絶対パスでインポートできるようにする

モジュールや画像を絶対パスでインポートできるようにします。そのためには、ルートディレクトリに `jsconfig.json` を追加し、次のように設定を記述します。開発モードを起動したままの場合は、再起動します。

BLOG
- .next
- components
- node_modules
- pages
- public
- styles
- .eslintrc.json
- .gitignore
- jsconfig.json
- next.config.js
- package.json
- README.md
- yarn.lock

jsconfig.jsonを作成

```
{
  "compilerOptions": {
    "baseUrl": "."
  }
}
```

jsconfig.json

`index.js` を開き、`import` を絶対パスに書き換えます。以上で、設定は完了です。このあと作成していくコンポーネントでも、`import` は絶対パスで記述していきます。

```
import Header from 'components/header'
import Hero from 'components/hero'
import Footer from 'components/footer'

export default function Home() {
  return (
    <>
      …
    </>
  )
}
```

pages/index.js

HEADER

CUBE

アウトプットしていくサイト

FOOTER

トップページの表示
（表示は変化しません）

エイリアスの設定

インポートのパスについては、エイリアスの設定もできます。その場合、`jsconfig.json` に `paths` オプションを追加します。なお、baseUrl とセットでなければなりません。

```
{
  "compilerOptions": {
    "baseUrl": ".",
    "paths": {
      "@/components/*": ["components/*"]
    }
  }
}
```

jsconfig.json

これで、次のようにインポートできるようになります。

```
import Header from '@/components/header'
import Hero from '@/components/hero'
import Footer from '@/components/footer'

export default function Home() {
  return (
    <>
      …
    </>
  )
}
```

pages/index.js

2.5 Components ヘッダーとフッターを Layoutコンポーネントで管理する

構築するブログサイトは全ページにヘッダーとフッターが入り、間に各ページのコンテンツが表示される構造になっています。このような場合、ヘッダーとフッターを `Layout` コンポーネントで管理する形にすると、繰り返し使いやすくなります。

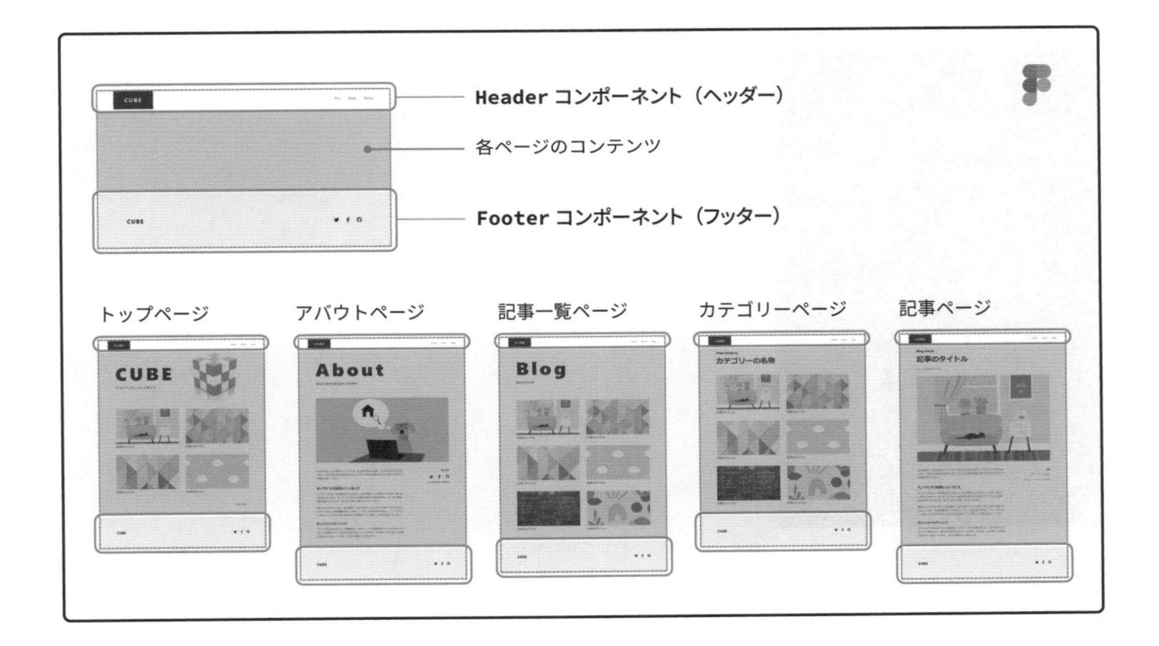

トップページの JSX を確認すると、各ページのコンテンツに相当するのは `Hero` コンポーネントの `<Hero />` のみです。

それ以外の赤字部分は全ページに共通する構造部分です。`<main>` は各ページのコンテンツと考えることもできますが、ヘッダーとフッターの間に入るコンテンツはすべて「メインコンテンツ」として扱うため、ここでは `<main>` も共通部分とします。そして、共通部分は `Layout` コンポーネントにします。

```
…
export default function Home() {
  return (
    <>
      <Header />

      <main>
        <Hero />
      </main>

      <Footer />
    </>
  )
}
```

pages/index.js

❖ Layoutコンポーネントを作成する

`components` ディレクトリ内に `layout.js` を追加し、`Layout` コンポーネントを作成します。`layout.js` には全ページに共通するヘッダーとフッターを記述します。

各ページのコンテンツは P.46 のように `props.children` として受け取り、`<main>` でマークアップします。

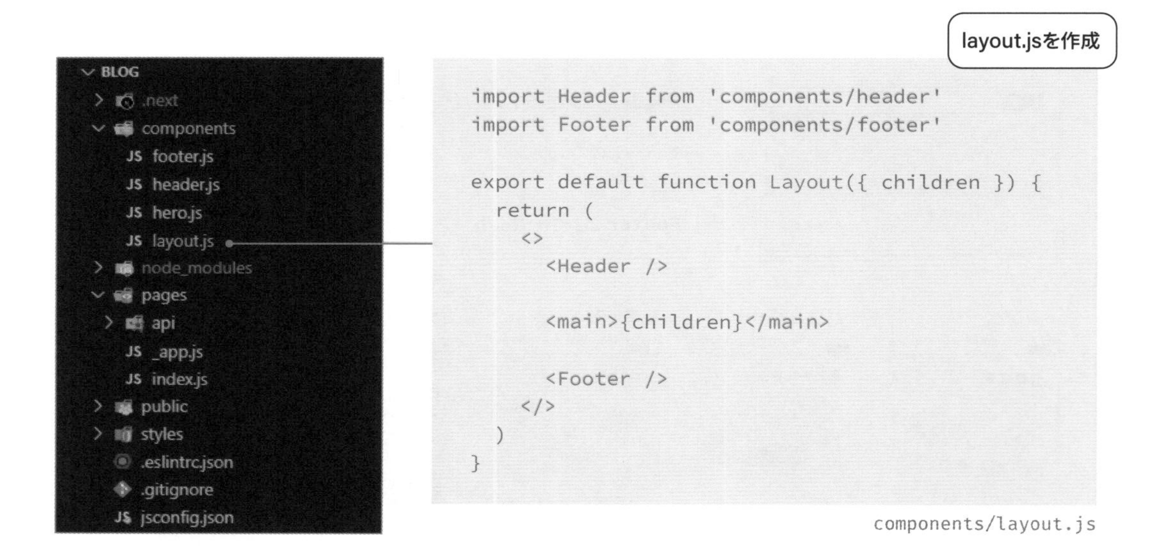


```
import Header from 'components/header'
import Footer from 'components/footer'

export default function Layout({ children }) {
  return (
    <>
      <Header />

      <main>{children}</main>

      <Footer />
    </>
  )
}
```

components/layout.js

❖ Layoutコンポーネントに置き換える

トップページのヘッダーとフッターを `Layout` コンポーネントで表示します。まずは `index.js` を開き、`Layout` コンポーネントに記述した部分を削除します。

その上で `Layout` コンポーネントをインポートし、トップページコンテンツであるヒーロー `<Hero />` を `<Layout>` ～ `</Layout>` で囲みます。

```
import Header from 'components/header'
import Hero from 'components/hero'
import Footer from 'components/footer'

export default function Home() {
  return (
    <>
      <Header />

      <main>
        <Hero />
      </main>

      <Footer />
    </>
  )
}
```

Layoutコンポーネントに記述した部分を削除

トップページの表示
（表示は変化しません）

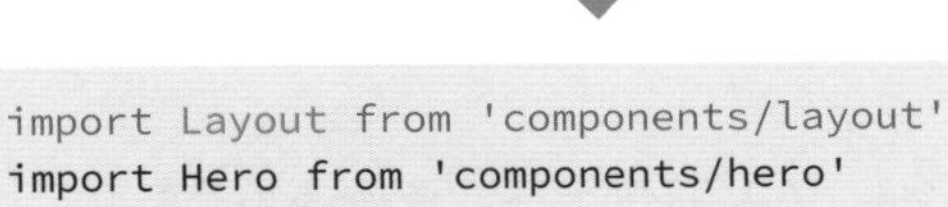

```
import Layout from 'components/layout'
import Hero from 'components/hero'

export default function Home() {
  return (
    <Layout>
      <Hero />
    </Layout>
  )
}
```

Layoutコンポーネントをインポートしてコンテンツを囲みます

pages/index.js

以上で、 `Layout` コンポーネントの設定は完了です。ただ、これを各ページで使ってもいいのですが、Next.js には同じコンポーネントを全ページに適用する機能が用意されています。次のステップではその機能を利用した設定を行います。

2.6 Components カスタムAppコンポーネントでLayoutを全ページに入れる

Next.js では、`Layout` コンポーネントのように全ページに反映させたいものは `App` コンポーネントを使います。

`App` コンポーネントはページの初期化に使われるコンポーネントで、ページコンポーネントの親コンポーネントです。
ただし、`App` コンポーネントを直接カスタマイズすることはできません。`App` コンポーネントをオーバライドするための「カスタム App コンポーネント」を用意し、それをカスタマイズします。プロジェクトの `pages` ディレクトリ直下に `_app.js` を作成すると、そのファイルが「カスタム App コンポーネント」として扱われます。

`_app.js` には以下のように記述しておきます。カスタム App コンポーネントの基本形です。

```
function MyApp({ Component, pageProps }) {
  return <Component {...pageProps} />
}

export default MyApp
```

pages/_app.js

この設定は下記ページからコピーできます。
https://nextjs.org/docs/advanced-features/custom-app

コードは非常にシンプルで、`Component` に `pageProps` を渡しています。ページを表示する際には、この `Component` としてページコンポーネントが渡されます。

そこで、`Layout` コンポーネントをここに追加し、全ページに入れてしまいます。

Layoutコンポーネントを全ページに入れる

`_app.js` に `Layout` コンポーネントを追加し、`<Component />` を `<Layout>` ～ `</Layout>` で囲みます。すると、トップページの上下にヘッダーとフッターが追加されます。

```
import Layout from 'components/layout'

function MyApp({ Component, pageProps }) {
  return (
    <Layout>
      <Component {...pageProps} />
    </Layout>
  )
}

export default MyApp
```

pages/_app.js

HEADER
HEADER

CUBE

アウトプットしていくサイト

FOOTER
FOOTER

_app.js の Layout コンポーネントで追加されたヘッダーとフッター

トップページの `index.js` に記述した `Layout` コンポーネントは削除します。`index.js` は `Hero` コンポーネントのみを記述したスッキリとしたコードになります。

```
import Layout from 'components/layout'
import Hero from 'components/hero'

export default function Home() {
  return (
    <Layout>
      <Hero />
    </Layout>
  )
}
```

```
import Hero from 'components/hero'

export default function Home() {
  return <Hero />
}
```

pages/index.js

HEADER

CUBE

アウトプットしていくサイト

FOOTER

不要なヘッダーとフッターが削除されます

以上で設定は完了です。次のステップではページを増やして表示を確認します。

2.7 ページを増やす

ページを増やし、すべてのページにヘッダーとフッターが挿入されることを確認します。ここではトップページと同じ `Hero` コンポーネントを使うアバウトページと記事一覧ページを作成します。

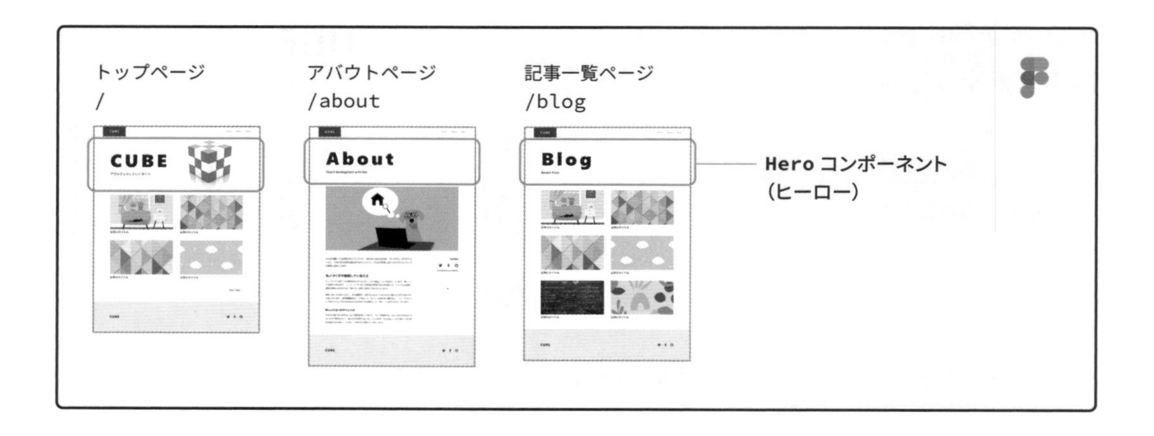

アバウトページの URL は `/about` にするため、`pages` ディレクトリ内に `about.js` を追加して作成します。

ブログの記事一覧ページの URL は `/blog` にします。ただし、`blog.js` は使用せず、`blog` ディレクトリを用意し、その中に `index.js` を追加して作成します。これで、`/blog` 以下の URL にしたいブログ関連のページ（一覧、カテゴリー、記事の個別ページ）のファイルは `blog` ディレクトリでまとめて管理できるようになります。

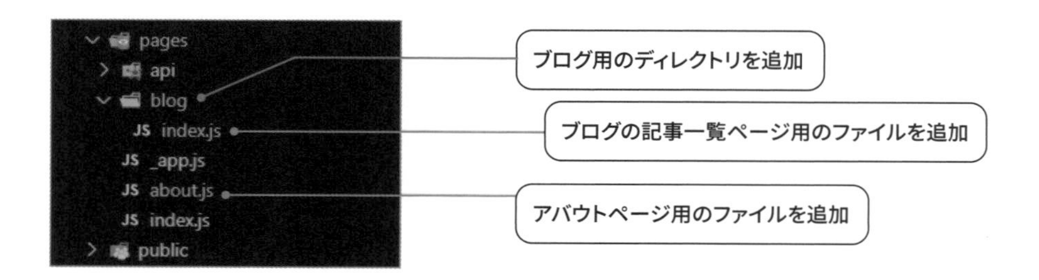

`about.js` と `blog/index.js` にトップページと同じ設定を記述します。ページコンポーネント名は `About` と `Blog` にしています。

```
import Hero from 'components/hero'

export default function About() {
  return <Hero />
}
```

pages/about.js

HEADER

CUBE

アウトプットしていくサイト

FOOTER

http://localhost:3000/about

```
import Hero from 'components/hero'

export default function Blog() {
  return <Hero />
}
```

pages/blog/index.js

HEADER

CUBE

アウトプットしていくサイト

FOOTER

http://localhost:3000/blog

それぞれのURLにアクセスすると、トップページと同じように `Hero` コンポーネントでヒーローが表示され、`_app.js` の `Layout` コンポーネントによってヘッダーとフッターが挿入されることがわかります。

次のステップでは `Hero` コンポーネントで表示するテキストをページごとに変えていきます。

> ❗ カスタムAppコンポーネント `_app.js` を使うと共通の設定が適用され、すべてのページのレイアウトが揃います。特定のページのレイアウトだけ変更する方法についてはAppendix C（P.343）を参照してください。

2.8 ヒーローのテキストをpropsでページごとに変更する

`Hero` コンポーネントで表示するテキストをページごとに変更します。まずは `hero.js` を開き、P.44のように `props` を使ってタイトル `<h1>` とサブタイトル `<p>` のテキストを書き換える形にします。

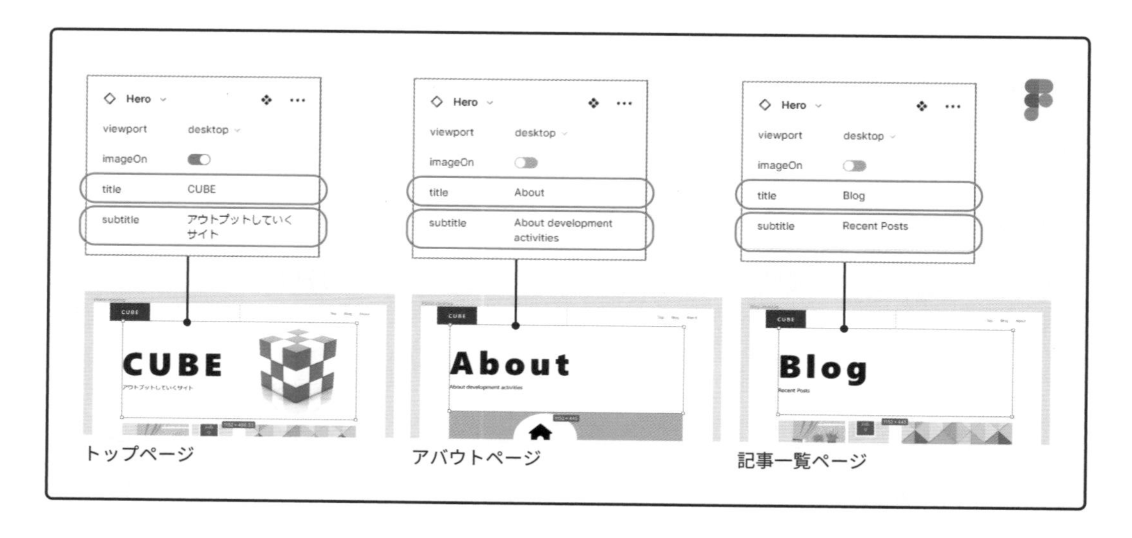

トップページ　アバウトページ　記事一覧ページ

```
export default function Hero() {
  return (
    <div>
      <h1>CUBE</h1>
      <p> アウトプットしていくサイト </p>
    </div>
  )
}
```

↓

```
export default function Hero({ title, subtitle }) {
  return (
    <div>
      <h1>{title}</h1>
      <p>{subtitle}</p>
    </div>
  )
}
```

components/hero.js

トップページ、アバウトページ、記事一覧ページで使用している `<Hero />` に `title` と `subtitle` 属性を追加し、タイトルとサブタイトルを指定します。

```
import Hero from 'components/hero'

export default function Home() {
  return (
    <Hero
      title="CUBE"
      subtitle="アウトプットしていくサイト"
    />
  )
}
```

pages/index.js

HEADER
CUBE
アウトプットしていくサイト
FOOTER

トップページ
http://localhost:3000

```
import Hero from 'components/hero'

export default function About() {
  return (
    <Hero
      title="About"
      subtitle="About development activities"
    />
  )
}
```

pages/about.js

HEADER
About
About development activities
FOOTER

アバウトページ
http://localhost:3000/about

```
import Hero from 'components/hero'

export default function Blog() {
  return (
    <Hero
      title="Blog"
      subtitle="Recent Posts"
    />
  )
}
```

pages/blog/index.js

HEADER
Blog
Recent Posts
FOOTER

記事一覧ページ
http://localhost:3000/blog

ページごとに、指定したタイトルとサブタイトルが表示されます。以上で、`props` でテキストを変更する設定は完了です。

2.9 ヒーローの画像をpropsでオンにする

トップページのヒーローでは画像を表示します。そのため、`Hero` コンポーネントに画像をオンにするスイッチを追加します。

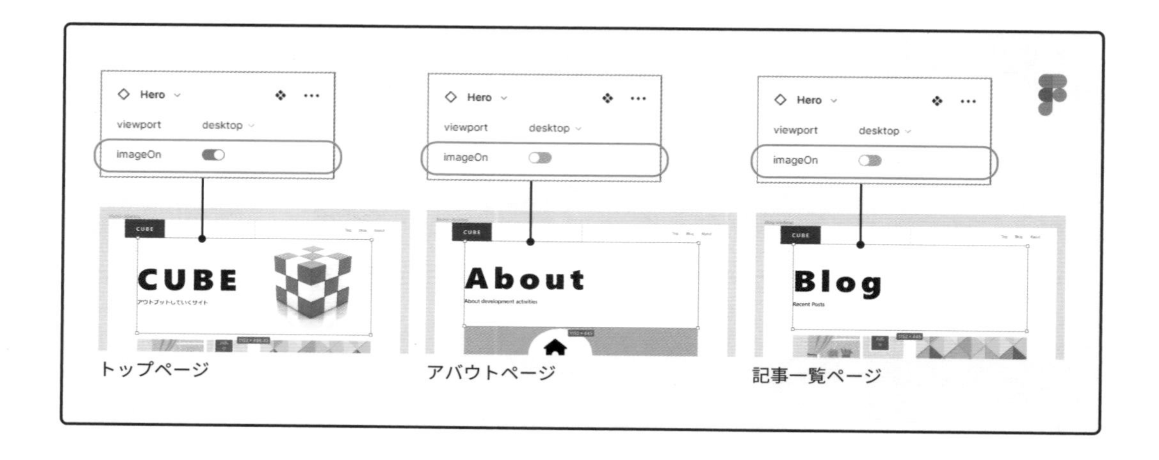

トップページの `index.js` を開き、画像をオンにするスイッチとして `<Hero />` に `imageOn` 属性を論理属性として追加します。

```
import Hero from 'components/hero'

export default function Home() {
  return (
    <Hero
      title="CUBE"
      subtitle="アウトプットしていくサイト"
      imageOn
    />
  )
}
```

pages/index.js

続けて、Hero コンポーネントを編集します。hero.js を開き、imageOn が true の場合は画像のコードを返します。画像の設定はステップ 5.6（P.164）で行いますので、ここでは ［画像］ というテキストを <figure> でマークアップしたものを返すようにしています。

さらに、トップページ以外では画像をオンにしないため、imageOn の初期値は false と指定しています。


```
export default function Hero({ title, subtitle, imageOn = false }) {
  return (
    <div>
      <h1>{title}</h1>
      <p>{subtitle}</p>
      {imageOn && <figure>［画像］</figure>}
    </div>
  )
}
```

components/hero.js

各ページを確認すると、imageOn 属性を追加したトップページのヒーローだけで画像が表示されます。以上で、Hero コンポーネントの設定は完了です。

論理属性（boolean attributes）

HTML の属性のひとつで、属性があればその値が true となり、なければ false となります。

```
<input type="text" required />
```

HTML の論理属性の例

デフォルト引数

関数の引数を指定しなかった場合や、`undefined` を渡した場合、引数の値は `undefined` となります。しかし、デフォルト引数が指定されていれば、その値が引数の値となります。

```
<Hero />
```

関数コンポーネント Hero の imageOn 引数を指定しなかった場合

```
export default function Hero({ title, subtitle, imageOn = false }) {
  return (
    <div>
      <h1>{title}</h1>
      <p>{subtitle}</p>
      {imageOn && <figure> [画像] </figure>}
    </div>
  )
}
```

デフォルト引数のfalseがimageOnの値となります。

論理積（&&）と論理和（||）

```
item = expr1 && expr2
```

論理積 `&&` は、`expr1` の評価が `true` の場合は `expr2` を返し、それ以外の場合は `expr1` を返します。

```
item = expr1 || expr2
```

論理和 `||` は、`expr1` の評価が `true` の場合は `expr1` を返し、それ以外の場合は `expr2` を返します。

JSX では条件付きレンダーとして使います。boolean が返ってきても、boolean は React 要素にはならないため、何も表示されません。
JavaScript では、`null`、`NaN`、`0`、空文字列 (`""` または `''` または ` `` ` )、`undefined` も `false` と評価します。ただし、`0` や `NaN` は表示されますので注意が必要です。

```
export default function Hero({ title, subtitle, imageOn = false }) {
  return (
    <div>
      <h1>{title}</h1>
      <p>{subtitle}</p>
      {imageOn && <figure> [画像] </figure>}
    </div>
  )
}
```

- imageOn が「true」の場合 ⟶ <figure> [画像] </figure> が返され、画像が表示されます。
- imageOn が「false」の場合 ⟶ 「false」が返され、何も表示されません。

2.10 Components next/linkのLinkコンポーネントでページ間のリンクを設定する

ページ間のリンクを用意し、トップ、アバウト、記事一覧ページにアクセスできるようにします。

Next.js では `next/link` の `Link` コンポーネントを使ってリンクを設定します。それにより、高速なページ遷移や、バックグラウンドでのページのプリフェッチ（先読み）などを実現します。

ブログサイトに設定していく前に、基本的な `Link` の使い方を確認しておきます。リンクを設定するためには、次のように `Link` をインポートし、`<Link>` ～ `</Link>` で `<a>` をラップします。リンク先は `<Link>` の `href` 属性で指定します。ここではトップページ `/` にリンクしています。

```
import Link from 'next/link'

export default function Test() {
  return (
    <Link href="/">
      <a> トップページを開く </a>
    </Link>
  )
}
```

`className` などの属性は `<Link>` ではなく、`<a>` に指定します。

```
import Link from 'next/link'

export default function Test() {
  return (
    <Link href="/">
      <a className="link-item"> トップページを開く </a>
    </Link>
  )
}
```

また、外部サイトにリンクする場合、`<Link>` は使用せず、HTML と同じように `<a>` のみを使います。

❖ リンクを設定する箇所

ブログサイトでは、ヘッダーとフッター内にある「ロゴ」と「ナビゲーションメニュー」にページ間のリンクを設定します。ロゴは `Logo` コンポーネント、ナビゲーションメニューは `Nav` コンポーネントとして作成します。

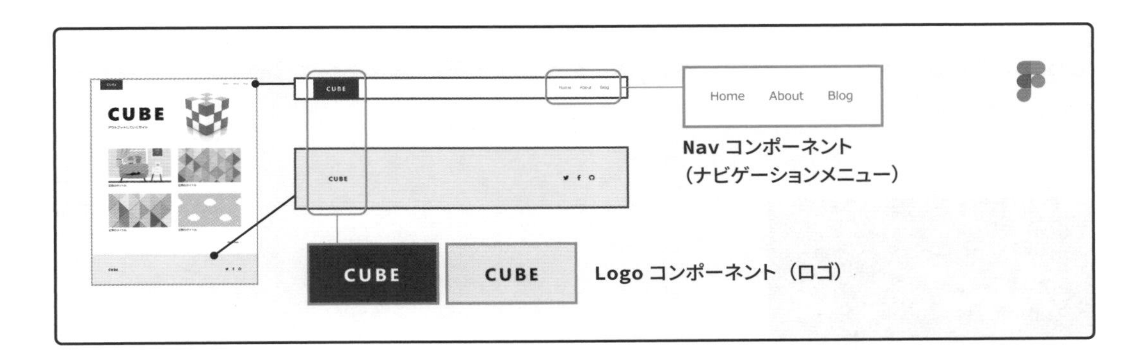

❖ Logoコンポーネントを作成する

`Logo` コンポーネントを作成するため、 `components` ディレクトリに `logo.js` を追加し、次のように設定します。ここではロゴとしてサイト名「CUBE」を記述し、`next/link` の `<Link>` でトップページ `/` へのリンクを設定しています。

BLOG
- .next
- components
  - footer.js
  - header.js
  - hero.js
  - layout.js
  - logo.js
- node_modules

logo.jsを作成

```
import Link from 'next/link'

export default function Logo() {
  return (
    <Link href="/">
      <a>CUBE</a>
    </Link>
  )
}
```

components/logo.js

❖ Navコンポーネントを作成する

続けて、`components` ディレクトリに `nav.js` を追加し、`Nav` コンポーネントを作成します。ここではナビゲーションメニューを構成する「Home」、「About」、「Blog」の３つの項目を用意し、`next/link` の `<Link>` でトップページ `/`、アバウトページ `/about`、記事一覧ページ `/blog` へのリンクを設定しています。

３つのリンクはリストとして `<ul>` と `<li>` で、全体はナビゲーションとして `<nav>` でマークアップしています。

nav.jsを作成

```
import Link from 'next/link'

export default function Nav() {
  return (
    <nav>
      <ul>
        <li>
          <Link href="/">
            <a>Home</a>
          </Link>
        </li>
        <li>
          <Link href="/about">
            <a>About</a>
          </Link>
        </li>
        <li>
          <Link href="/blog">
            <a>Blog</a>
          </Link>
        </li>
      </ul>
    </nav>
  )
}
```

components/nav.js

ロゴとナビゲーションメニューを表示する

ヘッダーにロゴとナビゲーションメニューを、フッターにロゴを表示します。

そのため、ヘッダー `header.js` には `Logo` と `Nav` コンポーネントをインポートし、`<header>` 内に挿入します。フッター `footer.js` には `Logo` コンポーネントをインポートし、`<footer>` 内に挿入します。

```
import Logo from 'components/logo'
import Nav from 'components/nav'

export default function Header() {
  return (
    <header>
      <Logo />
      <Nav />
    </header>
  )
}
```

components/header.js

```
import Logo from 'components/logo'

export default function Footer() {
  return (
    <footer>
      <Logo />
    </footer>
  )
}
```

components/footer.js

これで全ページにロゴとナビゲーションメニューが表示されます。リンクが機能することを確認したら、設定は完了です。次の章では CSS で表示を整えていきます。

CUBE

- Home
- About
- Blog

CUBE

アウトプットしていくサイト

[画像]

CUBE

トップページ

CUBE

- Home
- About
- Blog

About

About development activities

CUBE

アバウトページ

CUBE

- Home
- About
- Blog

Blog

Recent Posts

CUBE

記事一覧ページ

データ型（プリミティブ型とオブジェクト）

JavaScript で扱えるデータ型は 8 種類、2 タイプに分類できます。

プリミティブ型（基本型）

作成したら書き換えることができない**イミュータブル（immutable）**の特性を持っています。そのため、変数の値を変更すると、その変数が参照している値が変更されるのではなく、新しい値がメモリ上に作成され、作成された値を参照しなおします。プリミティブ型は以下の 7 種類です。

null	null 値（値が存在しないこと）を意味するデータ型です。
undefined（未定義）	値が未定義であることを意味するデータ型です。
Boolean（真偽値）	true か false を値とするデータ型です。
String（文字列）	文字列を値とするデータ型です。
Symbol（シンボル）	インスタンスが固有で不変となるデータ型です。
Number（数値）	整数または浮動小数点数を値とするデータ型です。
BigInt（長整数）	精度が自由な整数値を値とするデータ型です。

オブジェクト（複合型）

プリミティブ型以外のデータで、複数のプリミティブ型やオブジェクトから構成されます。値の作成後にその値を書き換えられる**ミュータブル（mutable）**の特性を持ちます。オブジェクトを構成しているものをプロパティと呼びます。

JavaScript では、配列、関数などもオブジェクトです。

Chapter

3

CSS Modules とスタイル

Next.js/React

3.1 CSS Modules スタイルの適用方法

React で利用できるスタイリングには、大きく４つの方法があります。いずれの方法も Next.js で利用できるため、どのように使っていくかを検討します。

グローバルスタイル

外部 CSS ファイルを用意してスタイルを適用する方法です。従来の Web 制作で利用されてきた方法と同じで、サイト内のすべての要素が適用対象になります。Next.js では `_app.js` にインポートして適用します。

```
import 'styles/sample.css'

function MyApp({ Component, pageProps }) {
…
```

_app.js

```
body {
  margin: 0;
  font-family: sans-serif;
  …
}
```

sample.css

CSS Modules（CSSモジュール）

コンポーネントごとに外部 CSS ファイルを用意してスタイルを適用する方法です。スタイルはコンポーネントレベルでスコープされます。Next.js では `～.module.css` というファイル名で CSS を用意します。

```
import styles from 'styles/sample.module.css'

export default function Sample() {
  return (
    <h3 className={styles.title}>
      記事のタイトル
    </h3>
  )
}
```

sample.js

```
.title {
  color: green;
  font-size: 2em;
}
```

sample.module.css

> **CSSのスコープ**
>
> CSS におけるスコープは、その CSS が影響を及ぼす範囲のことを指します。

CSS-in-JS

コンポーネントごとにJavaScript内にスタイルを記述して適用する方法です。スタイルはコンポーネントレベルでスコープされます。
styled-componentsやemotionなど、さまざまなライブラリでCSS-in-JSを実現できますが、Next.jsでは「styled-jsx」がビルトインサポートされています。

```
export default function Sample() {
  return (
    <h3>
      記事のタイトル
      <style jsx>{`
        h3 {
          color: green;
          font-size: 2em;
        }
      `}</style>
    </h3>
  )
}
```

sample.js

インラインスタイル

P.36のようにstyle属性でスタイルを記述し、適用する方法です。当該要素のみが適用対象になりますが、メディアクエリや疑似要素セレクタなどは使用できません。
Next.jsの公式ドキュメントにも書かれているように、最もシンプルなCSS-in-JSの1つと考えることができます。

```
export default function Sample() {
  return (
    <h3
      style={{
        color: 'green',
        fontSize: '2em',
      }}
    >
      記事のタイトル
    </h3>
  )
}
```

sample.js

どの方法でどうスタイリングするか

本書のブログサイトではNext.jsがビルトインサポートしている機能を利用して、

- **グローバルスタイル**でサイト全体に適用したい設定（CSS変数、リセットなど）を管理
- **CSS Modules**でコンポーネントごとのスタイルを管理
- 必要に応じて**styled-jsx**や**インラインスタイル**を補助的に使用

することを考えます。そのため、CSS Modulesの基本的な使い方を確認してからスタイリングの設定を始めます。

3.2 CSS Modulesの使い方

CSS Modules はクラス名によってローカルスコープを実現する CSS システムです。まずは、このシステムがどのように機能しているかを確認しておきましょう。制作中のブログサイトの CSS の設定はステップ 3.3（P.82）から行います。

CSS Modules では外部 CSS ファイルを `~.module.css` というファイル名で用意し、スタイルの設定を記述します。コンポーネントではこのファイルをインポートし、スタイルを適用します。
たとえば、`hero.module.css` として、次のようなクラス名をセレクタとした CSS を用意します。

```
.text {
  padding: 20px;
  border: solid 2px currentColor;
  color: darkblue;
}

.title {
  font-size: 80px;
}

.subtitle {
  font-size: 20px;
}
```

hero.module.css

そして、このファイルを `styles` としてコンポーネントにインポートします（`styles` でなくても問題ありません）。

```
import styles from 'styles/hero.module.css'
```

すると、`styles` は次のようなオブジェクトになります。

```
{
  text: 'hero_text__07Jr6',
  title: 'hero_title__Xtz8n',
  subtitle: 'hero_subtitle__6gcIF'
}
```

各プロパティのキーはセレクタとして指定したクラス名です。値は、そのクラス名を元にファイル名とハッシュを追加して生成された**ローカルなクラス名**です。

このローカルなクラス名を使うことで、他のコンポーネントで使われているクラス名を考慮する必要がなくなるとともに、クラス名によるローカルスコープが実現されます。ローカルなクラス名には元のクラス名をキーとしてアクセスできますので、次のようにして適用したい CSS のクラス名を指定します。

ここでは、<div> に `.text`、<h1> に `.title`、<p> に `.subtitle` の CSS を適用するように指定しています。

```
export default function Hero() {
  return (
    <div className={styles.text}>
      <h1 className={styles.title}>CUBE</h1>
      <p className={styles.subtitle}>
        アウトプットしていくサイト
      </p>
    </div>
  )
}
```

CSS が適用される際には、クラス名がローカルなクラス名に置き換えて適用されます。

CUBE
アウトプットしていくサイト

```
<div class="hero_text__07Jr6">
  <h1 class="hero_title__Xtz8n">CUBE</h1>
  <p class="hero_subtitle__6gcIF">
    アウトプットしていくサイト
  </p>
</div>
```

```
.hero_text__07Jr6 {
  padding: 20px;
  border: solid 2px currentColor;
  color: darkblue;
}

.hero_title__Xtz8n {
  font-size: 80px;
}

.hero_subtitle__6gcIF {
  font-size: 20px;
}
```

このように、CSS Modules では**クラス名によるセレクタが起点となる**ことを意識する必要があります。

個別にクラスを指定できないケース

CMS から取得したブログ記事などのように、個別の要素にクラス名を指定するのが難しいケースもあります。クラス名を指定できない要素に CSS を適用する場合、クラス名を指定した親要素を起点としたローカルスコープの中で CSS を適用します。

たとえば、<h1> と <p> にクラス名を指定できない場合、クラス名を指定した親要素の <div> を起点に CSS を適用します。ここでは <div> に `text` というクラス名を指定し、<h1> と <p> に適用したい CSS は `.text h1`、`.text p` で指定しています。

```
import styles from 'styles/hero.module.css'

export default function Hero() {
  return (
    <div className={styles.text}>
      <h1>CUBE</h1>
      <p>
        アウトプットしていくサイト
      </p>
    </div>
  )
}
```

```
.text {
  padding: 20px;
  border: solid 2px currentColor;
  color: darkblue;
}

.text h1 {
  font-size: 80px;
}

.text p {
  font-size: 20px;
}
```

クラス名以外は通常の CSS と変わらず、グローバルの扱いです。そのため、クラス名によるローカルスコープが必要になります。

CUBE
アウトプットしていくサイト

```
<div class="hero_text__07Jr6">
  <h1>CUBE</h1>
  <p>
    アウトプットしていくサイト
  </p>
</div>
```

```
.hero_text__07Jr6 {
  padding: 20px;
  border: solid 2px currentColor;
  color: darkblue;
}

.hero_text__07Jr6 h1 {
  font-size: 80px;
}

.hero_text__07Jr6 p {
  font-size: 20px;
}
```

固有のクラスが指定されているケース

CMS から取得したブログ記事などには、固有のクラス名が指定されているケースもあります。こうした固有のクラス名に対して CSS を適用しようとしても、そのままではローカルなクラス名が生成されてしまい、CSS が適用できません。
たとえば、<h1> に固有のクラス名 `title` が指定されている場合、`.text .title` で CSS を適用しようとしても次のようになります。

```
...
export default function Hero() {
  return (
    <div className={styles.text}>
      <h1 className="title">CUBE</h1>
    </div>
  )
}
```

```
.text .title {
  font-size: 80px;
}
```

```
<div class="hero_text__07Jr6">
  <h1 class="title">CUBE</h1>
</div>
```

```
.hero_text__07Jr6 .hero_title__Xtz8n {
  font-size: 80px;
}
```

<h1 class="title"> に適用されない

そのため、ローカルスコープの中のクラス名は `:global` や `:global()` を使って、ローカルなクラス名を生成させず、グローバルの扱いにする必要があります。

```
...
export default function Hero() {
  return (
    <div className={styles.text}>
      <h1 className="title">CUBE</h1>
    </div>
  )
}
```

```
.text :global .title {
  font-size: 80px;
}
```

または

```
.text :global(.title) {
  font-size: 80px;
}
```

```
<div class="hero_text__07Jr6">
  <h1 class="title">CUBE</h1>
</div>
```

```
.hero_text__07Jr6 .title {
  font-size: 80px;
}
```

<h1 class="title"> に適用される

Next.jsでは、_app.js以外でのグローバルCSSの提供を制限しています。これは、CSS Modulesに関しても同様で、スコープを構成しないセレクタではCSSを適用できません。Webpackのcss-loaderの設定でCSS_modulesの処理モードとしてpureが設定されているためです。

❖ 合成（Composition）

CSS Modules には、スタイルを合成する機能があります。たとえば、スタイルのバリエーションは `composes:` を使って次のように設定します。

```
.text {
  padding: 20px;
  border: solid 2px currentColor;
  color: darkblue;
}

.textPastel {
  composes: text;
  color: lightpink;
}
```

枠で囲み、色をダークブルーにするスタイル

色をパステル調のピンクにするスタイル

このファイルをインポートすると次のようなオブジェクトが生成されます。`textPastel` には 2 つのクラスが含まれていることが確認できます。ひとつは、`composes:` で取り込んでいるクラスのものです。

```
{
  text: 'hero_text__07Jr6',
  textPastel: 'hero_textPastel___63JZ hero_text__07Jr6'
}
```

2 つのクラス名

この 2 つのクラス名によって適用される CSS は次のようになります。もとのクラスのスタイル＋αという構成になっており、新しいクラス名には、追加された CSS が割り当てられています。

```
.hero_text__07Jr6 {
  padding: 20px;
  border: solid 2px currentColor;
  color: darkblue;
}

.hero_textPastel___63JZ {
  color: lightpink;
}
```

実際に、<div> に `.text` または `.textPastel` の CSS を適用すると次のようになります。

```
…
export default function Hero() {
  return (
    <div className={styles.text}>
      …
    </div>
  )
}
```

CUBE
アウトプットしていくサイト

```
<div class="hero_text__07Jr6">
  …
</div>
```

```
…
export default function Hero() {
  return (
    <div className={styles.textPastel}>
      …
    </div>
  )
}
```

CUBE
アウトプットしていくサイト

```
<div class="hero_textPastel___63JZ
hero_text__07Jr6">
  …
</div>
```


CSS Modules の合成機能は、クラス名を列挙する非常にシンプルなものです。そのため、`composes:` の対象となるのは、それよりも前にあるクラス名でなければなりません。また、複数のクラス名から取り込み、合成することもできます。

```
.text {
  padding: 20px;
  border: solid 2px currentColor;
  color: darkblue;
}

.color {
  color: lightpink;
}

.textPastelDotted {
  composes: text color;
  border-style: dotted;
}
```

textとcolorクラスをcomposes

他の CSS Modules のファイルから読み込むこともできます。

```
.text {
  padding: 20px;
  border: solid 2px currentColor;
  color: darkblue;
}
```

text.module.css

```
.textPastel {
  composes: text from "./text.module.css";
  color: lightpink;
}
```

ただし、複数のファイルから読み込む際に、読み込み順による CSS の優先順位は保証されません。CSS Modules のファイルの中で明確にする必要があります。

```
.text {
  padding: 20px;
  border: solid 2px currentColor;
  color: darkblue;
}
```

text.module.css

```
.color {
  color: lightpink;
}
```

color.module.css

```
.textPastelDotted {
  composes: text from "./text.module.css";
  composes: color from "./color.module.css";
  border-style: dotted;
}
```

```
.text {
  padding: 20px;
  border: solid 2px currentColor;
  color: darkblue;
}
```

text.module.css

```
.color {
  composes: text from "./text.module.css";
  color: lightpink;
}
```

color.module.css

```
.textPastelDotted {
  composes: color from "./color.module.css";
  border-style: dotted;
}
```

クラス名の表記について

CSS Modules ではキャメルケース（camelCase）のクラス名が推奨されています。ケバブケース（kebab-case）のクラス名を使用する場合は以下のように記述して適用します。

```
<div className={styles.textPastel}> …
```

キャメルケース

```
<div className={styles['text-pastel']}> …
```

ケバブケース

IDとアニメーション名

CSS Modules では ID とアニメーション名でもローカルスコープが構成されます。ID はクラス名と同じように使います。

```
<div id={styles.special}> … </div>
```

```
#special { … }
```

hero.module.css

```
<div id="hero_special__8d9Xj"> … </div>
```

```
#hero_special__8d9Xj { … }
```

アニメーション名は次のようになります。

```
.text {
  padding: 20px;
  border: solid 2px currentColor;
  color: darkblue;
  animation: slideIn 3s;
}

@keyframes slideIn {
  from { … }
  to { … }
}
```

hero.module.css

```
.hero_text__07Jr6 {
  padding: 20px;
  border: solid 2px currentColor;
  color: darkblue;
  animation: hero_slideIn__nyakd 3s;
}

@keyframes hero_slideIn__nyakd {
  from { … }
  to { … }
}
```

グローバルスタイルを設定する

ここからはブログサイトのデザインを設定していきます。まずは、グローバルスタイルの設定から始めます。

グローバルスタイルにはサイト全体に適用したい基本的な CSS の設定を記述していきます。スコープをかける必要はないため、CSS Modules ではなく通常の CSS ファイルを用意します。
ここでは、`styles` ディレクトリ内に `globals.css` というファイルを用意して設定していきます。`styles` ディレクトリ内にある他のファイルは削除します。

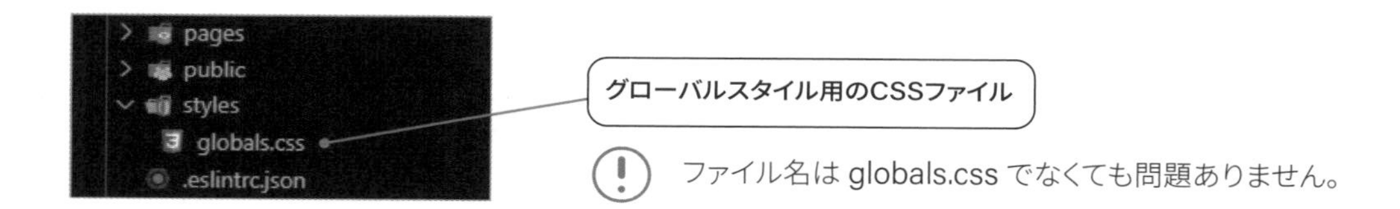

ファイル名は globals.css でなくても問題ありません。

Next.js では、グローバルスタイルは P.56 で用意したカスタム App コンポーネントの `_app.js` にインポートして適用します。次のように `import` の記述を追加します。他のコンポーネントにインポートすることは許されていませんので注意が必要です。

```
import 'styles/globals.css'
import Layout from 'components/layout'

function MyApp({ Component, pageProps }) {
  return (
    <Layout>
      <Component {...pageProps} />
    </Layout>
  )
}

export default MyApp
```

pages/_app.js

続けて、`globals.css` を開いて記述済みの設定を削除し、ブログサイト用の設定を記述していきます。ここではサイト全体で使用するCSS変数（デザイントークン）、基本設定、リセットの設定を追加していきます。

❖ CSS変数（デザイントークン）の設定を追加する

まずは、デザインデータに用意されたカラー（色）、タイポグラフィ（フォントサイズ）、スペース（余白・間隔）の値をCSS変数（カスタムプロパティ）として追加します。`globals.css` に記述した変数はすべてのコンポーネントのCSSから参照できるようになります。

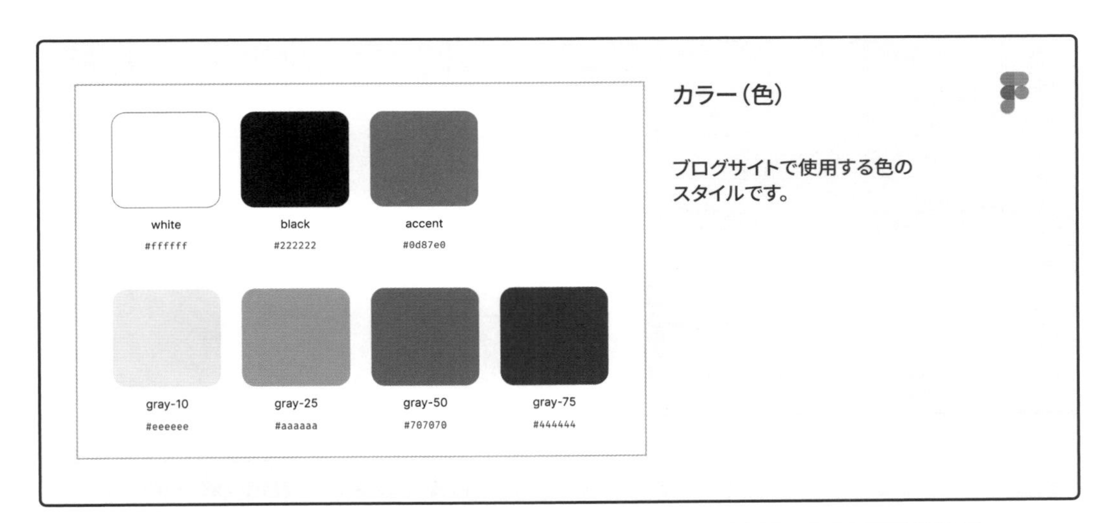


```
:root {
  /* カラー（色）*/
  --white: #ffffff;
  --gray-10: #eeeeee;
  --gray-25: #aaaaaa;
  --gray-50: #707070;
  --gray-75: #444444;
  --black: #222222;
  --accent: #0d87e0;
}
```

サイト全体で使用する変数の設定はHTMLのルート要素<html>に適用。

色の値を追加。変数名はデザインデータに合わせて指定しています。

styles/globals.css

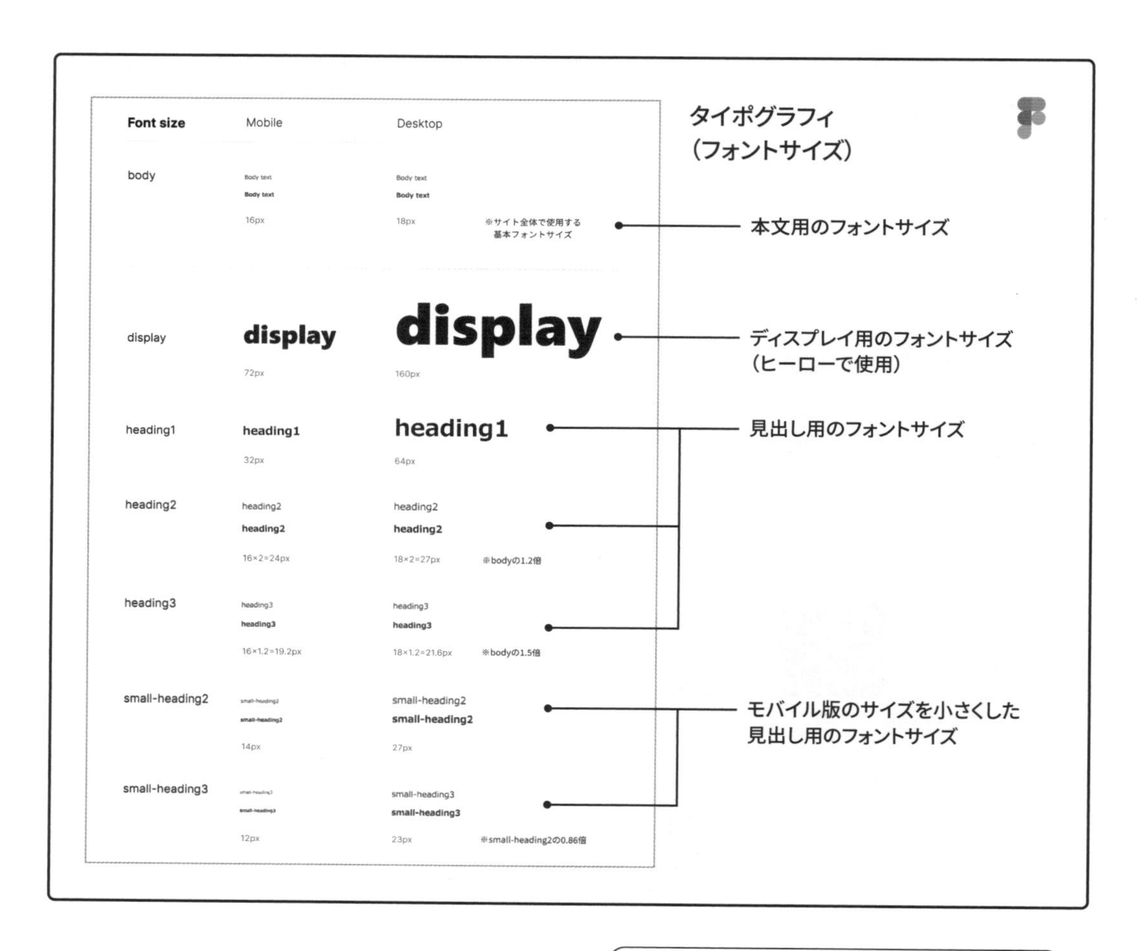

モバイル用とデスクトップ用のフォントサイズを、可変なサイズ（Fluidタイポグラフィ）としてCSS関数のclamp()を使って指定。画面幅に合わせてメディアクエリなしでフォントサイズが変わるようにします。

```
:root {
  …
  --black: #222222;

  /* タイポグラフィ（フォントサイズ）*/
  --body: clamp(1rem, 0.95rem + 0.2vw, 1.125rem); /* 16-18px */
  --display: clamp(4.5rem, 1.83rem + 11.34vw, 10rem); /* 72-160 */
  --heading1: clamp(2rem, 1.3rem + 3vw, 4rem); /* 32-64px */
  --heading2: calc(var(--body) * 1.5); /* 24-27px */
  --heading3: calc(var(--body) * 1.2); /* 19.2-21.6px */
  --small-heading2: clamp(0.875rem, 4vw - 1rem, 1.6875rem); /* 14-27px */
  --small-heading3: calc(var(--small-heading2) * 0.86); /* 12-23px */
}
```

styles/globals.css

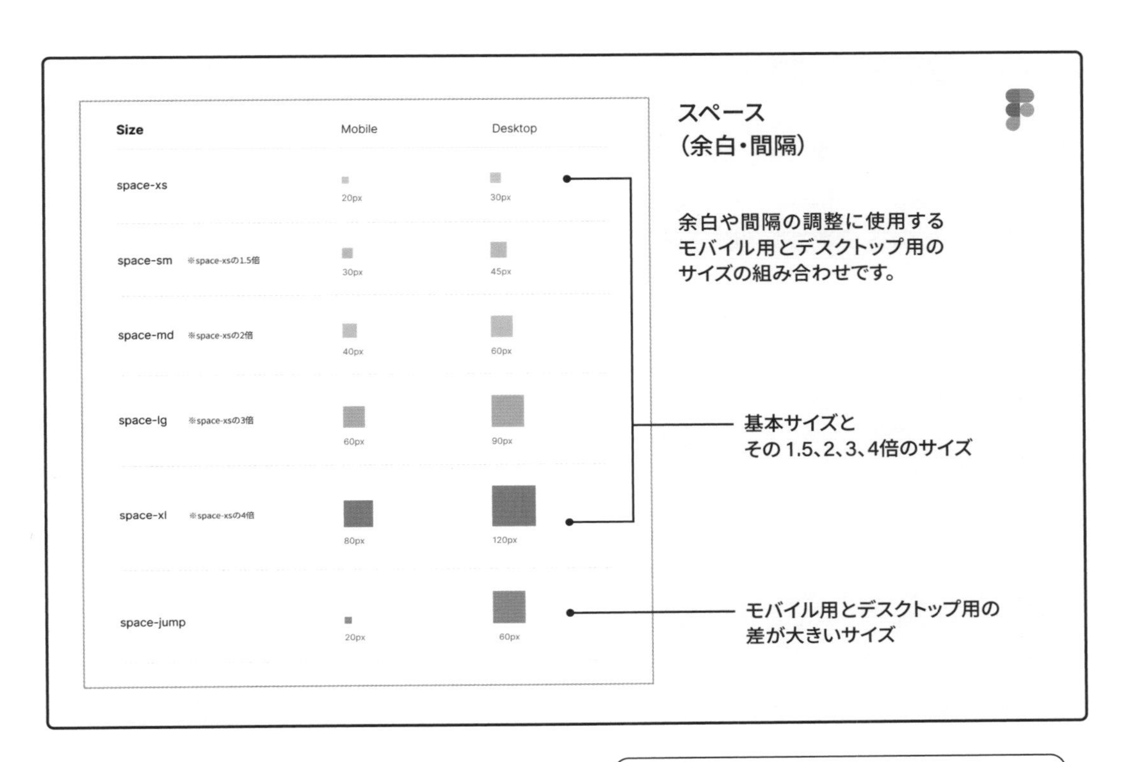


```
:root {
  …
  --small-heading3: calc(var(--small-headir

  /* スペース（余白・間隔）*/
  --space-xs: clamp(1.25rem, 1rem + 0.98vw, 1.875rem); /* 20-30px */
  --space-sm: calc(var(--space-xs) * 1.5); /* 30-45px */
  --space-md: calc(var(--space-xs) * 2); /* 40-60px */
  --space-lg: calc(var(--space-xs) * 3); /* 60-90px */
  --space-xl: calc(var(--space-xs) * 4); /* 80-120px */
  --space-jump: clamp(1.25rem, 0.35rem + 3.8vw, 3.75rem); /* 20-60px */
}
```

フォントサイズと同じように、モバイル用とデスクトップ用のサイズを可変なサイズとしてCSS関数のclamp()を使って指定。画面幅に合わせて、メディアクエリなしでサイズが変わるようにします。

styles/globals.css

clamp()で指定する可変サイズの値は一次関数の式を使って算出します。下記のようなジェネレーターを使用してclamp()の値を取得することもできます。

```
https://clamp.font-size.app/
https://royalfig.github.io/fluid-typography-calculator
https://modern-fluid-typography.vercel.app/
https://min-max-calculator.9elements.com/
```

基本設定を追加する

基本的なスタイルの設定を追加します。<body> には基本的なテキストの色、フォントファミリー、フォントサイズを、<h1>、<h2>、<h3> には見出しのフォントサイズを指定します。色とフォントサイズは最初に設定した CSS 変数で指定しています。

```
:root {
  …
  --space-jump: clamp(1.25rem, 0.35rem + 3.8vw, 3.75rem); /* 20-60px */
}

/* 基本設定 */
body {
  color: var(--black);
  font-family: -apple-system, BlinkMacSystemFont, 'Segoe UI', Helvetica, Arial, sans-serif;
  font-size: var(--body);
}

h1 {
  font-size: var(--heading1);
}

h2 {
  font-size: var(--heading2);
}

h3 {
  font-size: var(--heading3);
}
```

フォントファミリーはOSにインストールされたシステムフォントを使うように指定。Webフォントを使う方法についてはP.136を参照してください。

styles/globals.css

システムフォントを使った表示

このサンプルで使用しているフォントファミリーの組み合わせは、GitHub などでも使用されているスタンダードなものです。Windows や macOS 環境では、右の図のような表示になります。

Windows環境
欧文：Segoe UI
和文：メイリオ

macOS環境
欧文：San Francisco
和文：ヒラギノ角ゴ

リセットの設定を追加する

コンポーネントごとのスタイルを効率よく指定していくため、ブラウザが標準で適用するマージンなどのスタイルをリセットする設定を追加します。ここでは必要最小限の設定を追加しています。

```
…
h3 {
  font-size: var(--heading3);
}

/* リセット */
body, h1, h2, h3, p, figure, ul {
  margin: 0;
  padding: 0;
  list-style: none;
}

*, *::before, *::after {
  box-sizing: border-box;
}

a {
  color: inherit;
  text-decoration: none;
}
```

主要要素のマージン、パディング、リストマークを削除。

横幅にパディングを含めて処理するように指定。

リンクの色を親要素に揃え、下線を削除。

styles/globals.css

以上で、グローバルスタイルの設定は完了です。要素間の余白やリストマークなどがなくなり、グローバルスタイルで指定したCSSが適用されたことがわかります。

次のステップからコンポーネントのスタイルを設定していきます。

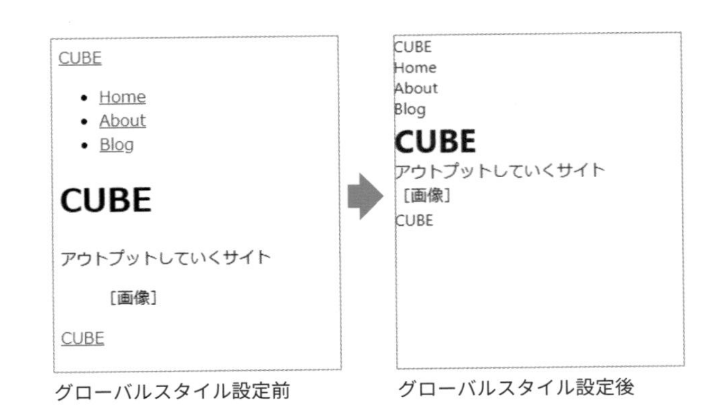

グローバルスタイル設定前　グローバルスタイル設定後

コンポーネントのスタイルを設定する

グローバルスタイルの設定ができたら、各コンポーネントのスタイルを設定していきます。このとき、コンポーネントの保守性や再利用性を高くするため、「見た目」と「レイアウト」のスタイルを分けて設定していきます。

❖ 見た目のスタイルを設定する

まず、この章では各コンポーネントの色やフォントサイズなどを調整し、見た目のスタイルを設定します。

❖ レイアウトのスタイルを設定する

次の章（Chapter 4）ではコンポーネントの配置、位置揃え、全体の横幅など、レイアウトのスタイルを設定します。

CSS Modulesのファイルを用意する

コンポーネントの見た目やレイアウトの設定には CSS Modules を使います。ここではコンポーネントごとに 1 つの `.module.css` ファイルを用意し、設定を管理します。このファイルはコンポーネントと同じディレクトリに置くこともできますが、ファイル数が多くなるため `styles` ディレクトリに置くことにします。

そこで、次のように `styles` ディレクトリ内に既存コンポーネントと同じファイル名で、対になる `.module.css` ファイルを追加します。必要になった段階で個々のファイルを追加しながら作業を進めても問題はありません。

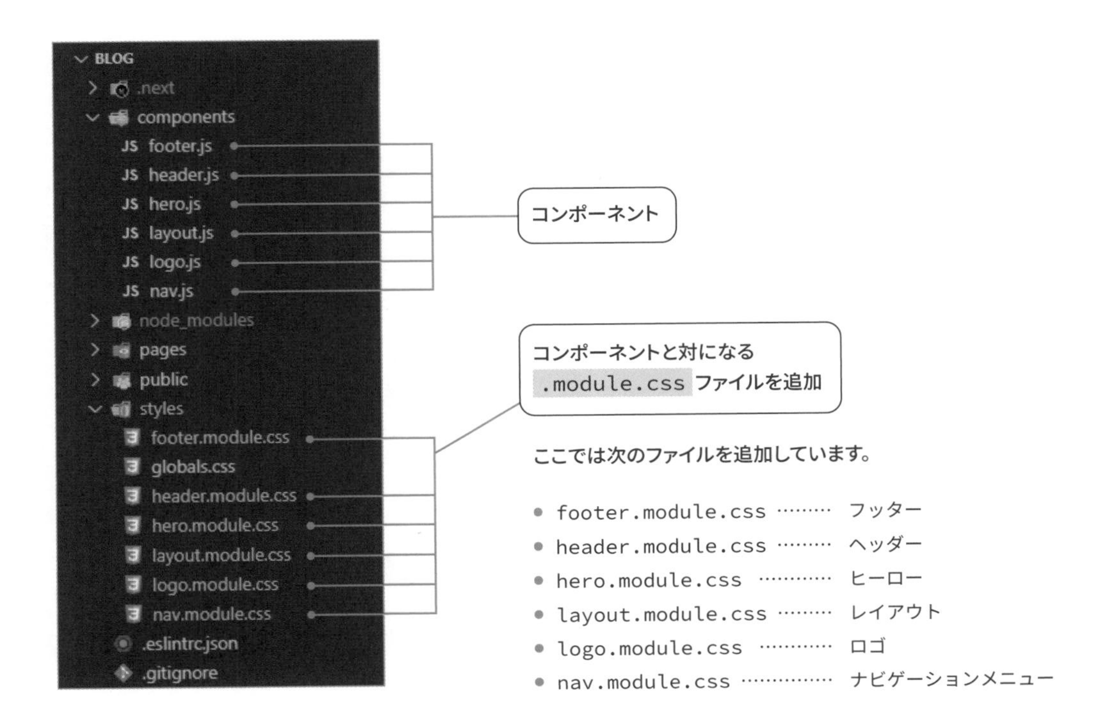

ここでは次のファイルを追加しています。

- `footer.module.css` ……… フッター
- `header.module.css` ……… ヘッダー
- `hero.module.css` ………… ヒーロー
- `layout.module.css` ……… レイアウト
- `logo.module.css` ………… ロゴ
- `nav.module.css` …………… ナビゲーションメニュー

以上で準備は完了です。次のステップからコンポーネントごとに見た目のスタイルを設定していきます。なお、細かなスタイルの設定に関しては Figma のデザインデータを参考にしてください。

3.5 ヒーローのテキストのスタイルを設定する

`Hero` コンポーネントで作成したヒーローのテキストのスタイルを整えます。ここではタイトルとサブタイトルのフォントサイズなどを指定し、テキストグループの上下にパディングを挿入します。

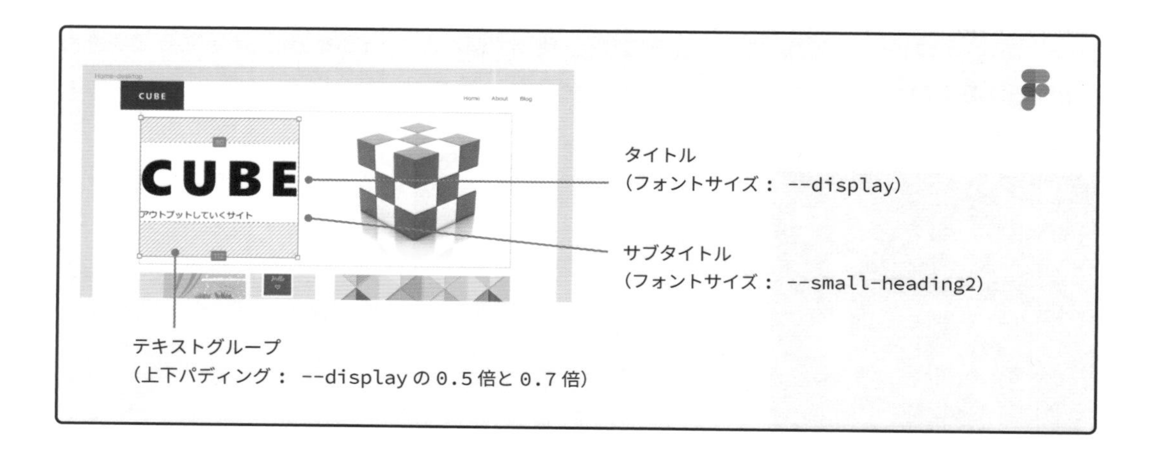

そのため、 `hero.js` に `hero.module.css` をインポートし、 `className` 属性でタイトル <h1> に `.title` 、サブタイトル <p> に `.subtitle` の設定を適用します。さらに、タイトルとサブタイトルはテキストグループとして <div> で囲み、 `.text` の設定を適用します。

```
import styles from 'styles/hero.module.css'

export default function Hero({ title, subtitle, imageOn = false }) {
  return (
    <div>
      <div className={styles.text}>
        <h1 className={styles.title}>{title}</h1>
        <p className={styles.subtitle}>{subtitle}</p>
      </div>
      {imageOn && <figure> [画像] </figure>}
    </div>
  )
}
```

components/hero.js

`hero.module.css` には `.title`、`.subtitle`、`.text` の設定を用意します。グローバルスタイルで用意した変数は CSS 関数の `var()` で指定して使います。

```
.text {
  padding-top: calc(var(--display) * 0.5);
  padding-bottom: calc(var(--display) * 0.7);
}

.title {
  font-size: var(--display);
  font-weight: 900;
  letter-spacing: 0.15em;
}

.subtitle {
  font-size: var(--small-heading2);
}
```

上下パディングを指定。

フォントサイズ、太さ、字間を指定。

フォントサイズを指定。

styles/hero.module.css

これで、ヒーローのテキストの表示が整います。変数で指定したフォントサイズは可変な Fluid タイポグラフィにしてあるため、画面幅に合わせて次のようにテキストのサイズが変わります。

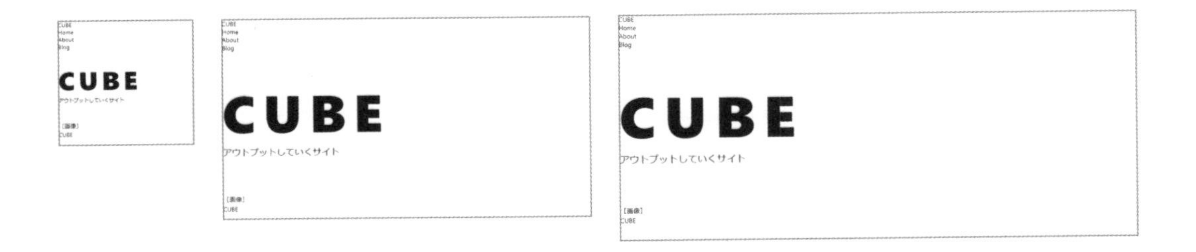

もちろん、同じ Hero コンポーネントを使用しているアバウトページとブログページでも表示が整います。以上で、ヒーローのテキストの設定は完了です。

ロゴのスタイルをpropsで切り替える

ロゴのスタイルを整えていきます。まず、`Logo` コンポーネントで作成したロゴは、ヘッダーとフッターの２箇所で使用しています。表示している内容は同じですが、スタイルについてはテキストだけを表示した「基本スタイル」と、黒いボックスで装飾した「ボックススタイル」の２タイプに分かれます。

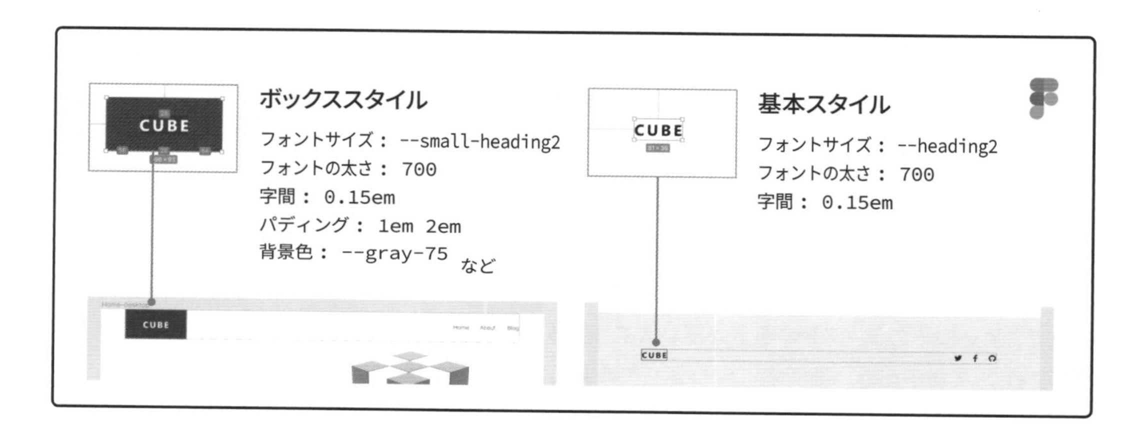

`logo.module.css` には基本スタイルの設定を `.basic` で、ボックススタイルの設定を `.box` で用意します。フォントの太さと字間は共通しているため、`.box` は `.basic` を composes して構成しています。

```
.basic {
  font-size: var(--heading2);
  font-weight: 700;
  letter-spacing: 0.15em;
}

.box {
  composes: basic;
  display: inline-block;
  padding: 1em 2em;
  background-color: var(--gray-75);
  color: var(--white);
  font-size: var(--small-heading2);
}
```

basicクラスをcomposes

styles/logo.module.css

`Logo` コンポーネントの標準のスタイルは「基本スタイル」とし、必要に応じて「ボックススタイル」をオンにできるようにします。

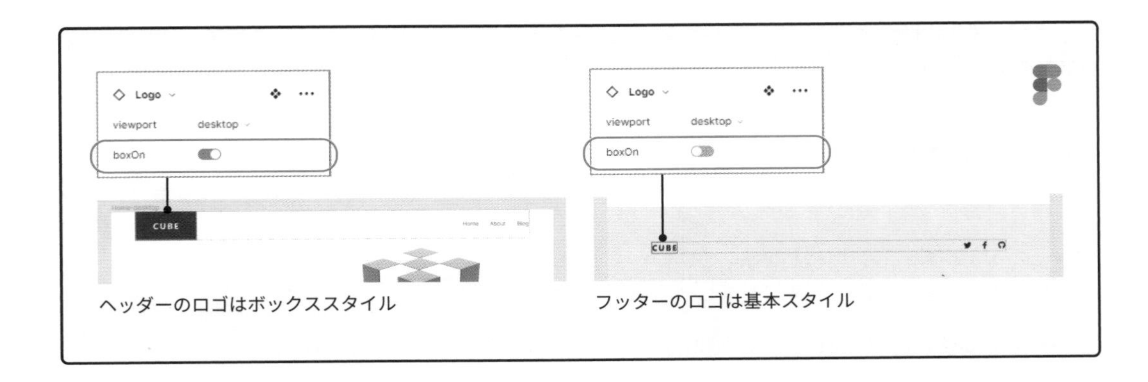

ヘッダーのロゴはボックススタイル

フッターのロゴは基本スタイル

ここではヘッダーのロゴを「ボックススタイル」にしたいので、`header.js` を開き、ボックススタイルをオンにするスイッチとして `<Logo />` に `boxOn` 属性を論理属性として追加します。

```
import Logo from 'components/logo'
import Nav from 'components/nav'

export default function Header() {
  return (
    <header>
      <Logo boxOn />
      <Nav />
    </header>
  )
}
```

components/header.js

続けて、 `Logo` コンポーネントを編集します。 `logo.js` に `logo.module.css` をインポートし、 `className` 属性でリンク <a> にスタイルの設定を適用します。

適用するスタイルは `boxOn` スイッチによって切り替えます。ここでは、`boxOn` が `true` の場合はボックススタイル `.box` を、 `false` の場合は基本スタイル `.basic` を適用するように指定します。

なお、 `boxOn` の初期値は `false` と指定しています。

```
import Link from 'next/link'
import styles from 'styles/logo.module.css'

export default function Logo({ boxOn = false }) {
  return (
    <Link href="/">
      <a className={boxOn ? styles.box : styles.basic}>CUBE</a>
    </Link>
  )
}
```

components/logo.js

これで、ヘッダーのロゴが「ボックススタイル」、フッターのロゴが「基本スタイル」で表示されます。以上で、ロゴのスタイルの設定は完了です。

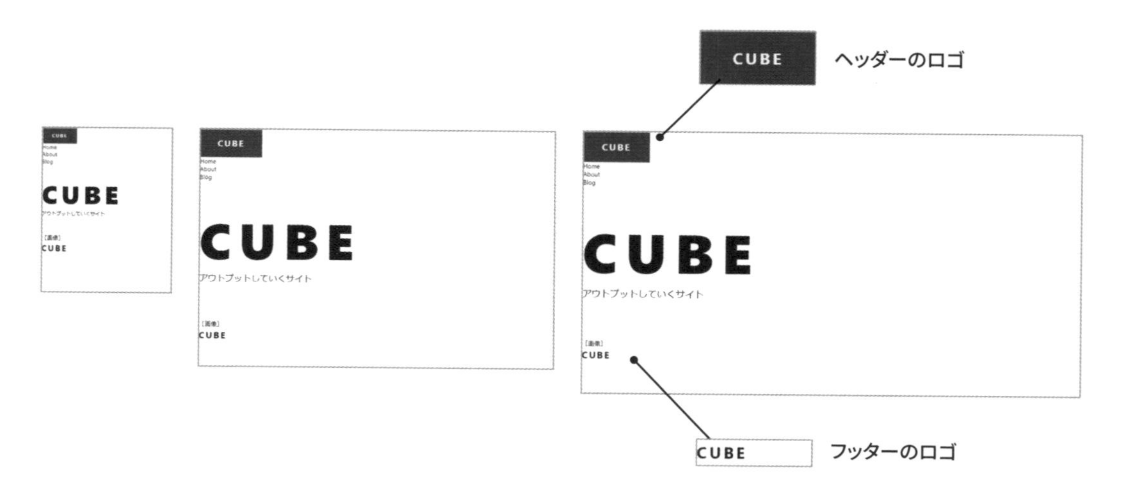

条件演算子（三項演算子）

```
item = condition ? exprIfTrue : exprIfFalse
```

このような形で使われます。`condition` を評価し、`true` の場合は `exprIfTrue` を、`false` の場合は `exprIfFalse` を返します。If-Else の代替として使われます。

JSX では条件付きレンダーとして使います。たとえば、`lang` が `ja` なら「こんにちは」、それ以外なら「Hello」を返す場合は次のように指定します。

```
const Hello = ({ lang }) => (
  <div>{lang === 'ja' ? <p> こんにちは </p> : <p>Hello</p>}</div>
)
```

ドット表記法とブラケット表記法

オブジェクトのプロパティにはドット表記法またはブラケット表記法を使ってアクセスできます。

```
<a className={styles.box}>
```

ドット表記法

```
<a className={styles[box]}>
```

ブラケット表記法

ブラケット表記法を使うと、props でクラス名を直接受け取り、キーとして指定することも可能です。

```
<Logo styleType="box" />
```

```
import Link from 'next/link'
import styles from 'styles/logo.module.css'

export default function Logo({ styleType }) {
  return (
    <Link href="/">
      <a className={styles[styleType]}>CUBE</a>
    </Link>
  )
}
```

components/logo.js

ナビゲーションメニューとリンクのスタイルを指定する

`Nav` コンポーネントで作成したナビゲーションメニューとリンクのスタイルを整えていきます。ここではリンクを横並びにし、カーソルを重ねたら文字色がアクセントカラーに変わるようにします。

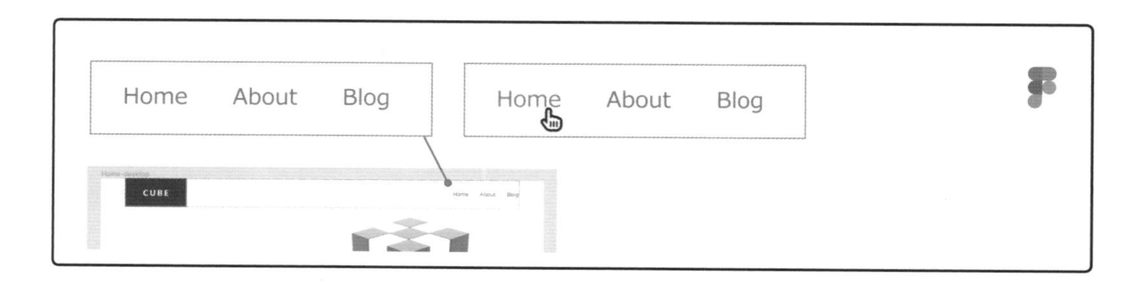

`nav.js` に `nav.module.css` をインポートします。３つのリンクを横並びにしたいので、<nav> ではなく <ul> に `.list` の設定を適用します。<ul> の子要素 <li> や <a> については、個別にクラス名を指定するのは手間がかかります。そのため、P.76 のように親要素 <ul> の `.list` を起点としたローカルスコープの中で適用することを考えます。

```
import Link from 'next/link'
import styles from 'styles/nav.module.css'

export default function Nav() {
  return (
    <nav>
      <ul className={styles.list}>
        <li>
          <Link href="/">
            <a>Home</a>
          </Link>
        </li>
        <li>
          …
        </li>
        <li>
          …
        </li>
      </ul>
    </nav>
  )
}
```

リストの親要素<ul>にクラス名を指定

components/nav.js

`nav.module.css` では `.list` をフレックスコンテナにして、Flexbox で子要素を横並びにします。リンクにカーソルを重ねたときのホバースタイルは `.list a:hover` で指定し、`.list` 内の <a> に適用します。

```
.list {
  display: flex;
  gap: 2em;
}

.list a:hover {
  color: var(--accent);
}
```

子要素を横並びにして間隔を2emに指定。

ホバー時の文字色をアクセントカラーに指定。

styles/nav.module.css

これで、ナビゲーションメニューの表示が整います。カーソルを重ねると `:hover` の設定が適用され、青色になることも確認しておきます。

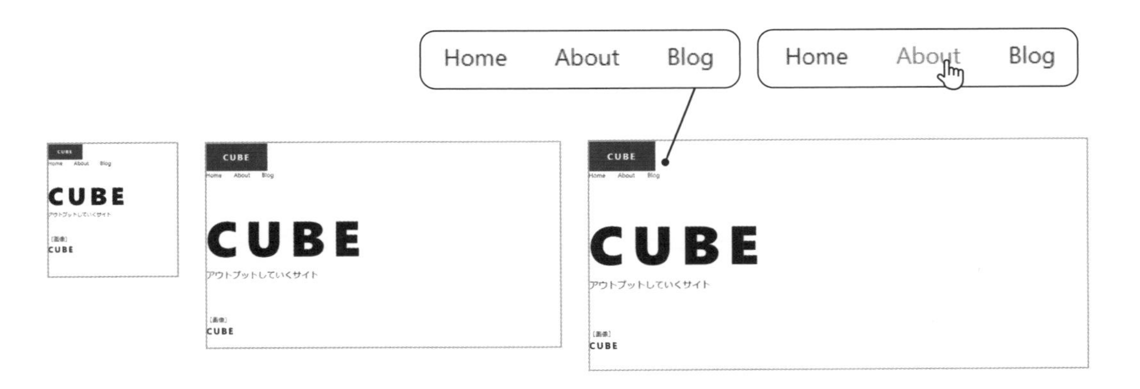

ただし、デスクトップ環境での表示に問題はありませんが、モバイル環境では期待と異なる表示になります。

❖ モバイル環境でリンク先にアクセスしたときの表示

モバイル環境でリンクをタップし、リンク先にアクセスしたときの表示を確認します。

期待される表示

リンクをタップしたときにホバースタイルが適用され、リンク先の表示によって解除されることが期待されます。

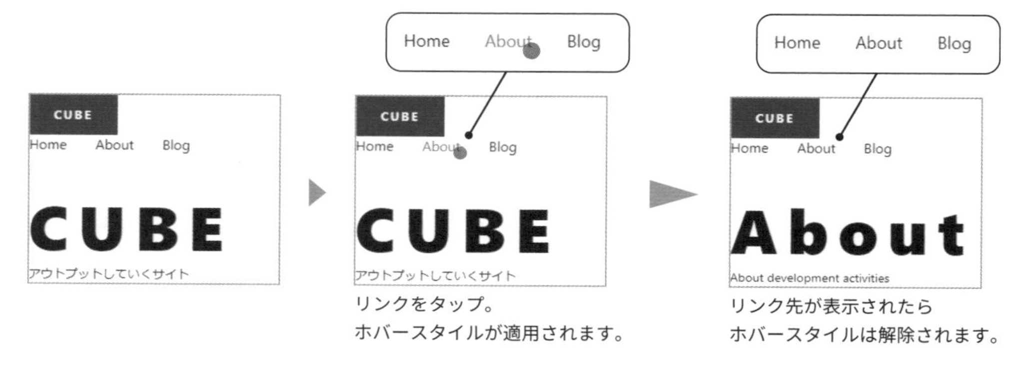

実際の表示

リンクをタップしたときにホバースタイルが適用されますが、リンク先が表示されたあとも適用されたままになります。リンク外をタップするなど、他の操作をするまで解除されません。

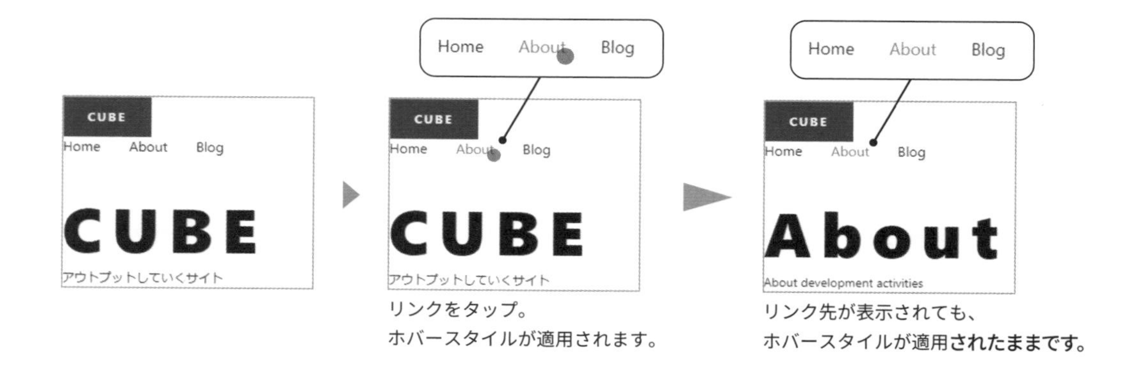

このような表示になるのは、Next.js における `_app.js` の処理と、モバイルデバイスにおける特殊な `:hover` の扱いによるものです。

- リンクをクリックすると、ページコンポーネント（メインコンテンツの部分）が React によって再描画され、リンク先のページが表示されます。このとき、リンクを含むヘッダーやフッターは `_app.js` に記述しているため、再描画されません。
- モバイルデバイスの場合、リンクをタップすると `:hover` で指定したスタイルが適用されます。ただし、このスタイルは他の操作をするまで解除されず、`:active` や `:link` などでオーバーライドすることもできません。通常はブラウザがリンク先のページ全体を再描画することによって解除されます。

モバイルデバイスにおける特殊な `:hover` の扱いは、従来の Web では問題にならなかったことがわかります。`_app.js` に記述したリンクを期待した形で表示するためには、`:hover` のスタイルをモバイルデバイスに適用しないようにします。代わりに、タップしたときのスタイルは `:active` で指定します。モバイルデバイスの判別にはメディアクエリ @media の `hover 特性` を使用します。

```
.list {
  display: flex;
  gap: 2em;
}

@media (hover: hover) {
  .list a:hover {
    color: var(--accent);
  }
}

@media (hover: none) {
  .list a {
    -webkit-tap-highlight-color: transparent;
  }

  .list a:active {
    color: var(--accent);
  }
}
```

ホバーできる環境（デスクトップ環境）に適用する設定
ホバーできない環境（モバイル環境）に適用する設定
タップ時に適用されるデバイス標準のハイライトカラーを削除。
タップ時にアクセントカラーで表示するように指定。

styles/nav.module.css

これで、リンクをタップすると青色になり、リンク先が表示されたら元の色に戻る、期待した形での表示になります。ナビゲーションメニューとリンクのスタイルの設定は完了です。

リンクをタップすると :active で指定したスタイルが適用されます。

リンク先が開くと :active で指定したスタイルは解除されます。

以上で、各コンポーネントの色やフォントサイズといった見た目のスタイルの設定も完了です。次の章からレイアウトのスタイルを設定していきます。

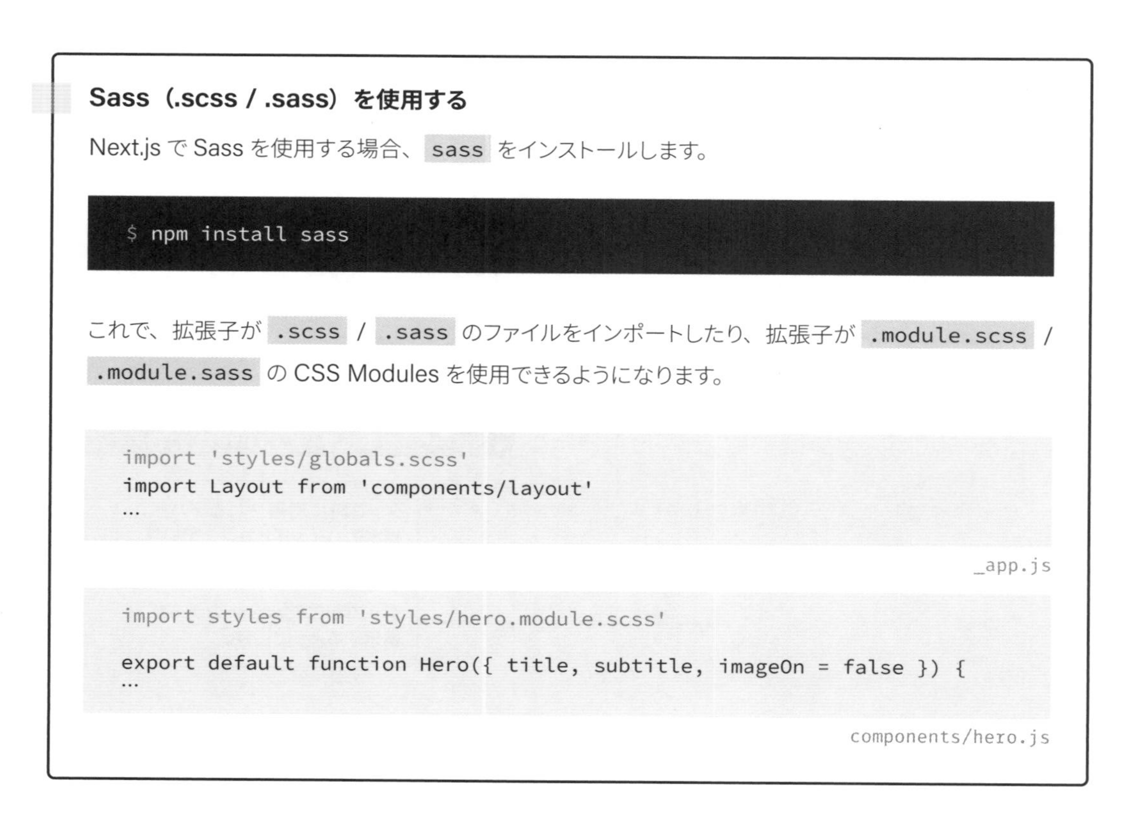

Sass（.scss / .sass）を使用する

Next.js で Sass を使用する場合、`sass` をインストールします。

```
$ npm install sass
```

これで、拡張子が `.scss` / `.sass` のファイルをインポートしたり、拡張子が `.module.scss` / `.module.sass` の CSS Modules を使用できるようになります。

```
import 'styles/globals.scss'
import Layout from 'components/layout'
…
```

_app.js

```
import styles from 'styles/hero.module.scss'

export default function Hero({ title, subtitle, imageOn = false }) {
…
```

components/hero.js

Chapter

4

レイアウトのスタイル

Next.js/React

共通したレイアウトのスタイルを用意する

ここからは各コンポーネントのレイアウトのスタイルを設定していきますが、主要なコンポーネントはシンプルな横並びのレイアウトになっています。そのため、共通したレイアウトの CSS は 1 つの CSS Modules ファイルで管理し、P.78 の合成機能で各コンポーネントの CSS から composes して利用できるようにします。

❖ 共通したレイアウトを抽出する

まずは、レスポンシブでの変化も含めて、共通したレイアウトのスタイルを抽出します。Figma で使用している「オートレイアウト（Auto layout）」の設定が共通していることも判断材料になります。

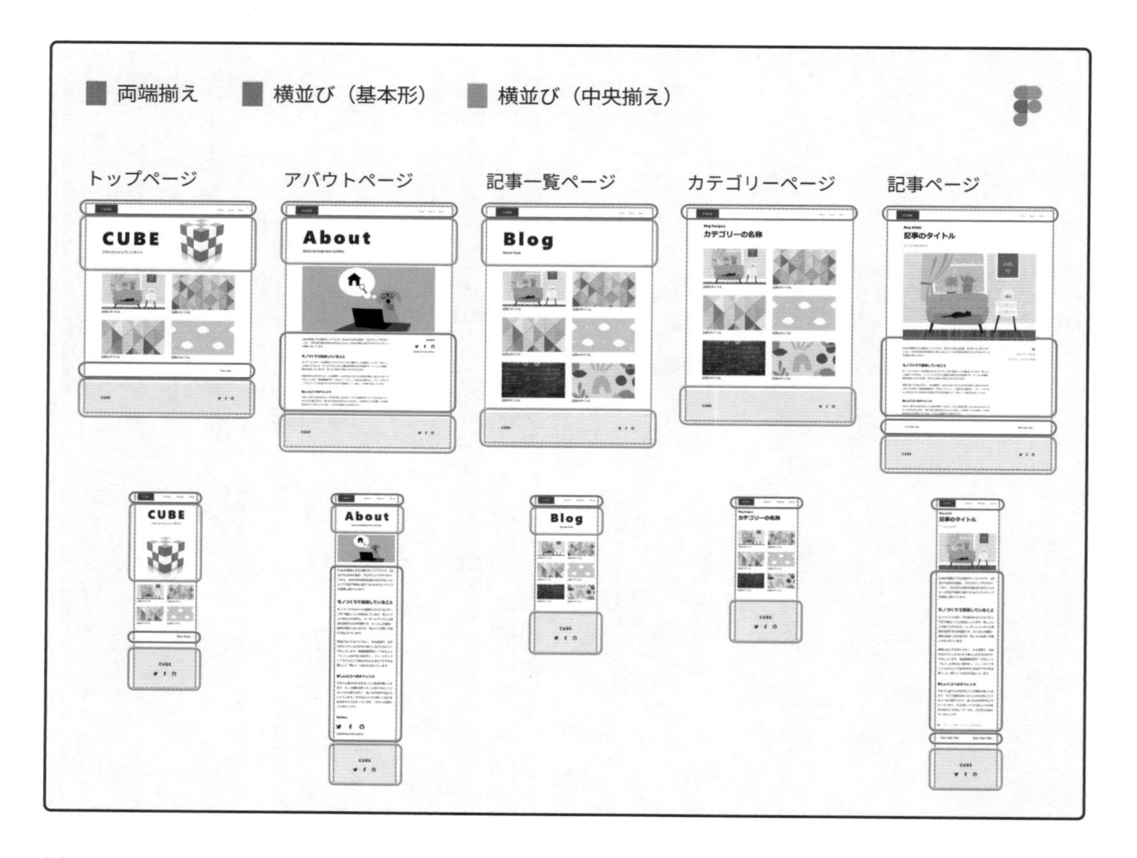

ここで抽出したレイアウトのスタイルは次の３種類です。

両端揃え

子要素を両端に配置したレイアウトです。縦方向中央を揃えており、レスポンシブでも配置は変化しません。ヘッダーとページネーションで使用しています。

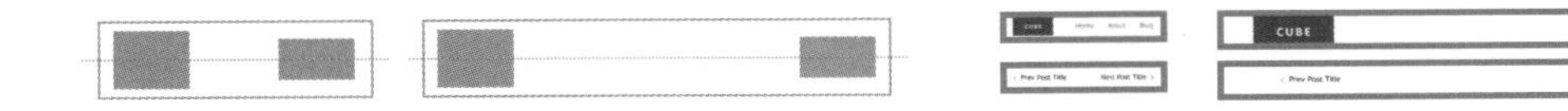

横並び（基本形）

子要素をモバイルでは縦並びに、デスクトップでは横並びにしたレイアウトです。アバウトページと記事ページのレイアウトで使用しています。

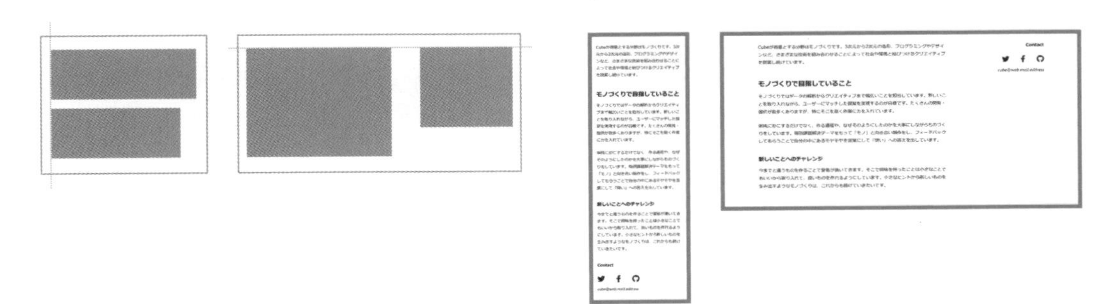

横並び（中央揃え）

横並び（基本形）と同じように、子要素をモバイルでは縦並びに、デスクトップでは横並びにしたレイアウトです。ただし、モバイルでは横方向中央を、デスクトップでは縦方向中央を揃えます。ヒーローとフッターで使用しています。

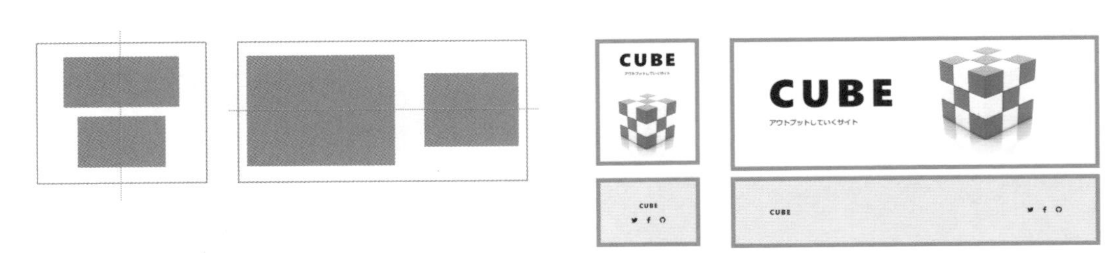

❖ レイアウトの実装に必要なCSSを書き出す

各レイアウトの実装に必要な CSS を書き出し、CSS Modules でどのように管理するかを検討します。横並びにするだけのシンプルなレイアウトなため、ここでは Flexbox を使います。CSS を比較すると、横並び（基本形）に中央揃えのプロパティを追加すれば、横並び（中央揃え）の設定になることがわかります。

両端揃え

```
display: flex;
justify-content: space-between;
align-items: center;
```

横並び（基本形）

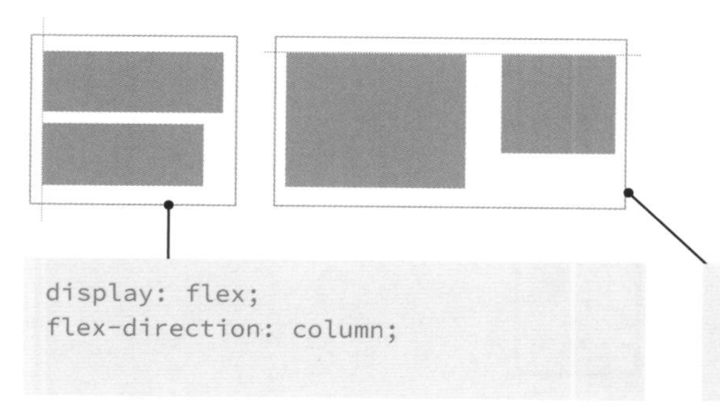

```
display: flex;
flex-direction: column;
```

```
display: flex;
flex-direction: row;
justify-content: space-between;
```

横並び（中央揃え）

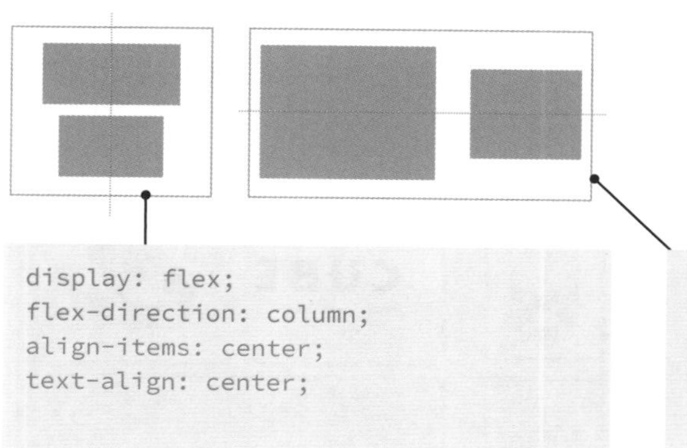

```
display: flex;
flex-direction: column;
align-items: center;
text-align: center;
```

```
display: flex;
flex-direction: row;
justify-content: space-between;
align-items: center;
text-align: left;
```

❖ レイアウト用のCSSを共有できる形で用意する

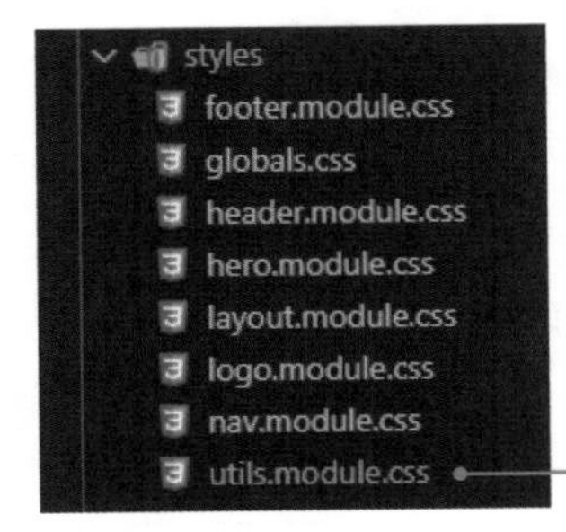

各レイアウト用のCSSをコンポーネントのCSSから共有できる形で用意します。ここでは `styles` ディレクトリ内に `utils.module.css` ファイルを追加し、次のようにCSSを記述します。
CSSはモバイルファーストで記述し、並びを切り替えるブレークポイントは768ピクセルにしています。

```
/* 両端揃え */
.spaceBetween {
  display: flex;
  justify-content: space-between;
  align-items: center;
}

/* 横並び（基本形） */
.sideBySide {
  display: flex;
  flex-direction: column;
}

@media (min-width: 768px) {
  .sideBySide {
    flex-direction: row;
    justify-content: space-between;
  }
}

/* 横並び（中央揃え） */
.sideBySideCenter {
  composes: sideBySide;
  align-items: center;
  text-align: center;
}

@media (min-width: 768px) {
  .sideBySideCenter {
    text-align: left;
  }
}
```

両端揃えの設定はクラス名 `spaceBetween` で用意。

横並び（基本形）の設定はクラス名 `sideBySide` で用意。

横並び（中央揃え）の設定はクラス名 `sideBySideCenter` で用意。

`sideBySide` クラスをcomposesし、中央揃えの設定を追加しています。

並べる子要素の間隔（gap）や横幅などは、必要に応じてコンポーネントごとに指定します。

styles/utils.module.css

4.2 Layout Styles 共通のスタイルでヘッダーのレイアウトを整える

`utils.module.css` で用意したCSSを使って、ヘッダー、ヒーロー、フッターのレイアウトを整えていきます。まずは、ヘッダーのレイアウトを整えます。ヘッダーではロゴとナビゲーションメニューを両端揃えにします。

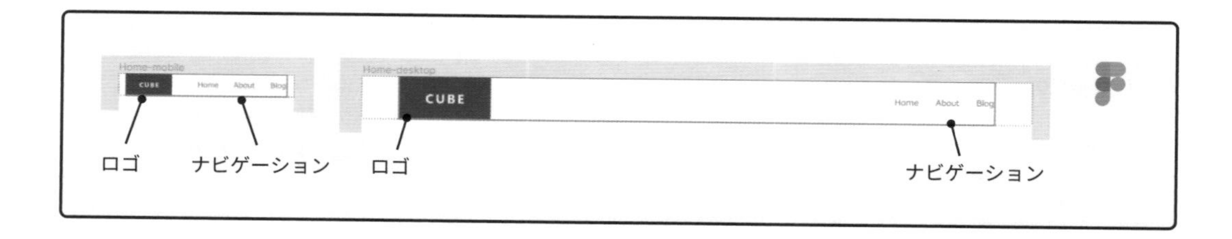

各コンポーネントでは、`utils.module.css` で用意したCSSを `<div class={styles.flexContainer}>` で適用することにします。`<div className={styles.flexContainer}>` では横並びにしたい要素を囲みます。

`header.js` を開き、ヘッダー用の `header.module.css` をインポートしたら、ロゴ <Logo /> とナビゲーションメニュー <Nav /> を `<div className={styles.flexContainer}>` で囲みます。

```
import Logo from 'components/logo'
import Nav from 'components/nav'
import styles from 'styles/header.module.css'

export default function Header() {
  return (
    <header>
      <div className={styles.flexContainer}>
        <Logo boxOn />
        <Nav />
      </div>
    </header>
  )
}
```

components/header.js

`header.module.css` には `.flexContainer` を用意し、`utils.module.css` から両端揃えの `spaceBetween` クラスを composes します。

```
.flexContainer {
  composes: spaceBetween from 'styles/utils.module.css';
}
```

styles/header.module.css

これで、ロゴとナビゲーションメニューが両端揃えの配置になります。

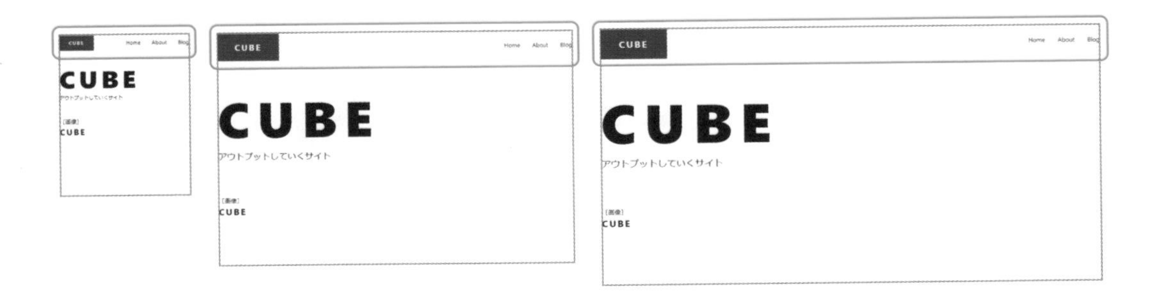

`utils.module.css` で用意した CSS を `<div className={styles.flexContainer}>` で囲んで適用する形に統一しておくと、将来的にこの <div> をレイアウト用のコンポーネントに置き換えるといったことが考えやすくなります。

4.3 Layout Styles 共通のスタイルでヒーローのレイアウトを整える

続けて、`utils.module.css` で用意したCSSを使ってヒーローのレイアウトを整えます。ヒーローではテキストと画像を横並び（中央揃え）のレイアウトにします。

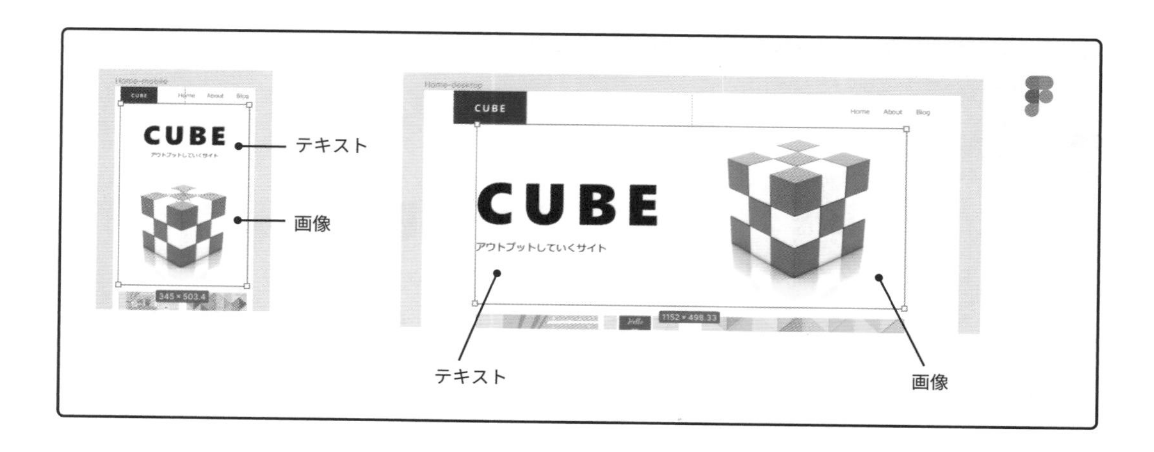

`hero.js` を開き、テキストと画像を囲んだ <div> に `className={styles.flexContainer}` を追加します。

```
import styles from 'styles/hero.module.css'

export default function Hero({ title, subtitle, imageOn = false }) {
  return (
    <div className={styles.flexContainer}>
      <div className={styles.text}>
        <h1 className={styles.title}>{title}</h1>
        <p className={styles.subtitle}>{subtitle}</p>
      </div>
      {imageOn && <figure> [画像] </figure>}
    </div>
  )
}
```

components/hero.js

`hero.module.css` には `.flexContainer` を追加し、`utils.module.css` から横並び(中央揃え)の `sideBySideCenter` クラスを composes します。

```
.flexContainer {
  composes: sideBySideCenter from 'styles/utils.module.css';
}

.text {
  padding-top: calc(var(--display) * 0.5);
  padding-bottom: calc(var(--display) * 0.7);
}

.title {
  font-size: var(--display);
  font-weight: 900;
  letter-spacing: 0.15em;
}

.subtitle {
  font-size: var(--small-heading2);
}
```

styles/hero.module.css

これで、テキストと画像が横に並んだレイアウトになります。小さい画面では縦並びになることも確認しておきます。

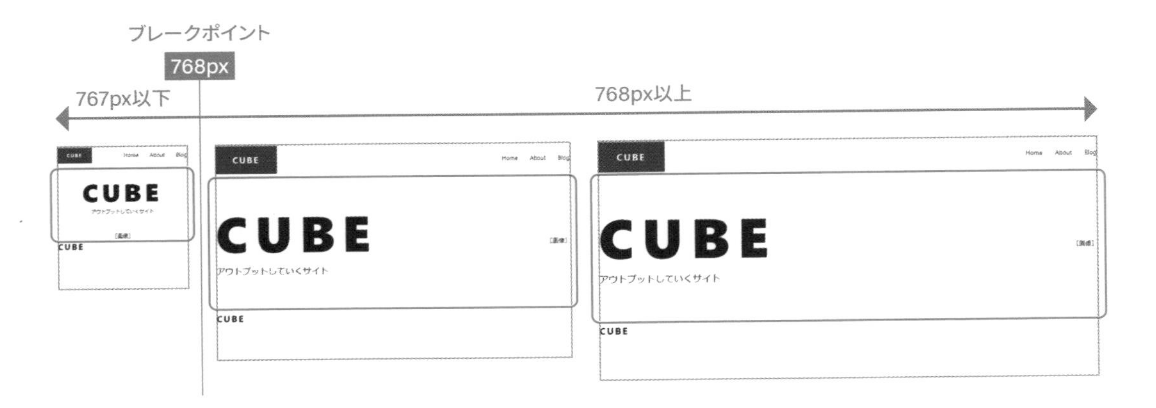

4.4 Layout Styles 共通のスタイルでフッターのレイアウトを整える

フッターのレイアウトも、utils.module.css で用意した CSS で整えます。フッターではロゴとソーシャルリンクメニューを横並び（中央揃え）のレイアウトにします。さらに、フッター全体は背景を薄いグレーにします。

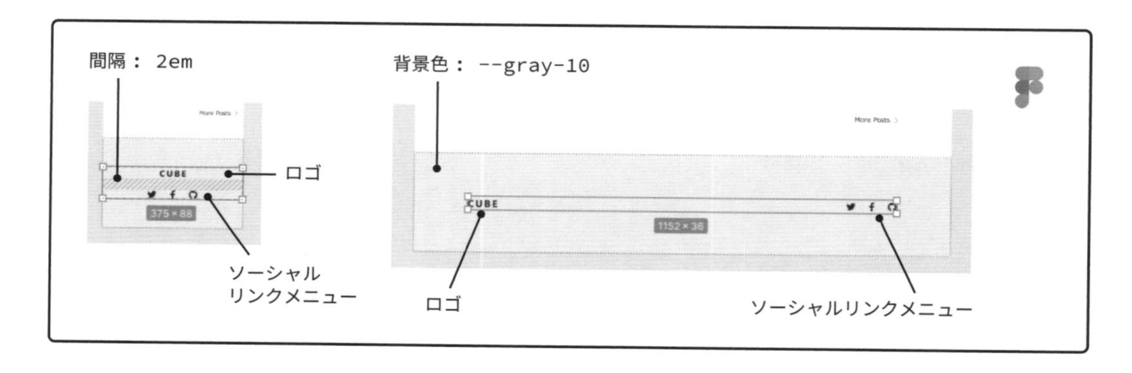

footer.js を開き、フッター用の footer.module.css をインポートしたら、ロゴ <Logo /> とソーシャルリンクメニューを <div className={styles.flexContainer}> で囲みます。ソーシャルリンクメニューは P.178 で作成するため、ここでは［ソーシャル］というテキストを記述しています。

さらに、全体をマークアップした <footer> には .wrapper を適用し、背景色などを指定します。

```
import Logo from 'components/logo'
import styles from 'styles/footer.module.css'

export default function Footer() {
  return (
    <footer className={styles.wrapper}>
      <div className={styles.flexContainer}>
        <Logo />
        [ソーシャル]
      </div>
    </footer>
  )
}
```

components/footer.js

`footer.module.css` には `.flexContainer` を追加し、`utils.module.css` から横並び（中央揃え）の `sideBySideCenter` クラスを composes します。横並びにする子要素の間隔は `gap` で `2em` と指定します。

`.wrapper` ではフッターの上下パディングと背景色を指定しています。

```
.wrapper {
  padding: var(--space-xl) 0;
  background-color: var(--gray-10);
}

.flexContainer {
  composes: sideBySideCenter from 'styles/utils.module.css';
  gap: 2em;
}
```

styles/footer.module.css

これで、背景がグレーで、ロゴとソーシャルリンクメニューが横に並んだレイアウトになります。小さい画面では縦並びになります。

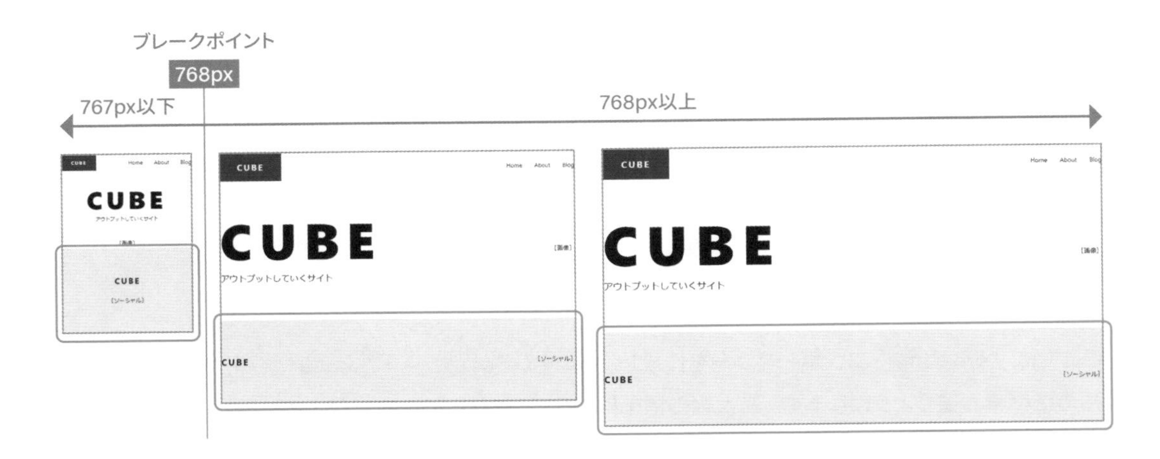

以上で、共通のスタイルを使ったヘッダー、ヒーロー、フッターの設定は完了です。

4.5 Containerコンポーネントで横幅を整える

次に、横幅を整えていきます。デザインデータに用意されたコンテナのデザイントークンを見ると、基本幅と最大幅の値を確認できます。

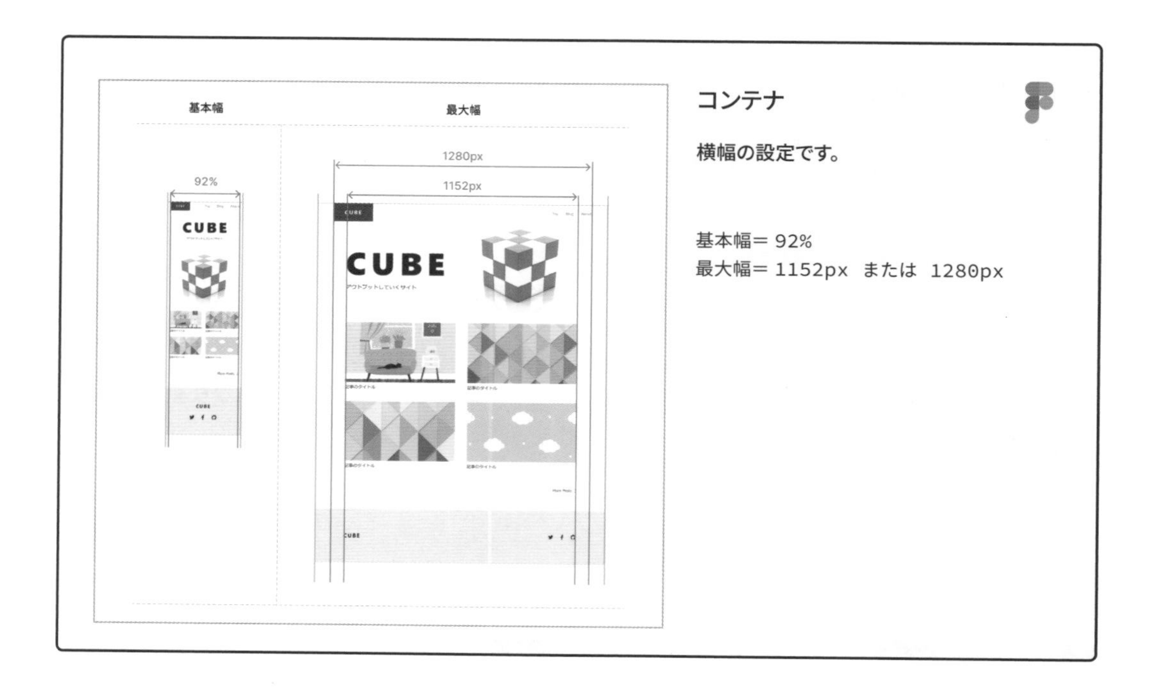

Containerコンポーネントを作成する

ここでは `Container` コンポーネントを作成し、`<Container>` ～ `</Container>` でコンテンツを囲めば横幅が整うようにします。最大幅の標準は 1152 ピクセルにして、`<Container large>` と指定した場合には 1280 ピクセルにします。

`Container` コンポーネントを作成するため、`components` ディレクトリに `container.js` を、`styles` ディレクトリに `container.module.css` を追加します。

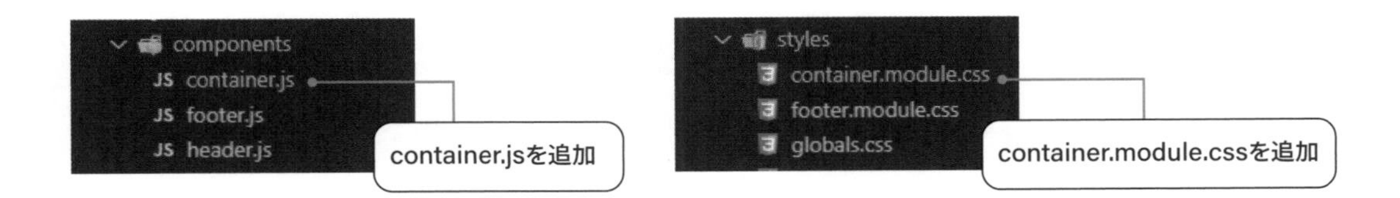

まずは、`<Container>` ～ `</Container>` で囲んだコンテンツの基本幅を 92% に、最大幅を標準の 1152 ピクセルにする設定を行います。囲んだコンテンツは `container.js` で P.46 のように `props.children` として受け取り、`<div>` でマークアップします。

`<div>` にはインポートした `container.module.css` の `.default` の CSS を適用します。

```
import styles from 'styles/container.module.css'

export default function Container({ children }) {
  return (
    <div className={styles.default}>
      {children}
    </div>
  )
}
```

components/container.js

`container.module.css` では `.default` で基本幅と最大幅を指定します。基本幅または最大幅になったコンテンツはページの横方向中央に配置するため、`margin` で左右マージンを `auto` に指定しています。

```
.default {
  width: 92%;
  max-width: 1152px;
  margin: 0 auto;
}
```

styles/container.module.css

ヘッダーとフッターの横幅を整える

ヘッダーとフッターの横幅を整えます。`header.js` と `footer.js` に `Container` コンポーネントをインポートし、`<header>` と `<footer>` の中身を `<Container>` ～ `</Container>` で囲みます。

```
import Container from 'components/container'
import Logo from 'components/logo'
import Nav from 'components/nav'
import styles from 'styles/header.module.css'

export default function Header() {
  return (
    <header>
      <Container>
        <div className={styles.flexContainer}>
          <Logo boxOn />
          <Nav />
        </div>
      </Container>
    </header>
  )
}
```

<Container>で囲む

components/header.js

```
import Container from 'components/container'
import Logo from 'components/logo'
import styles from 'styles/footer.module.css'

export default function Footer() {
  return (
    <footer className={styles.wrapper}>
      <Container>
        <div className={styles.flexContainer}>
          <Logo />
          [ソーシャル]
        </div>
      </Container>
    </footer>
  )
}
```

<Container>で囲む

components/footer.js

これで、ヘッダーとフッターの中身の横幅が、画面幅に応じて基本幅 92%、または最大幅 1152 ピクセルになります。

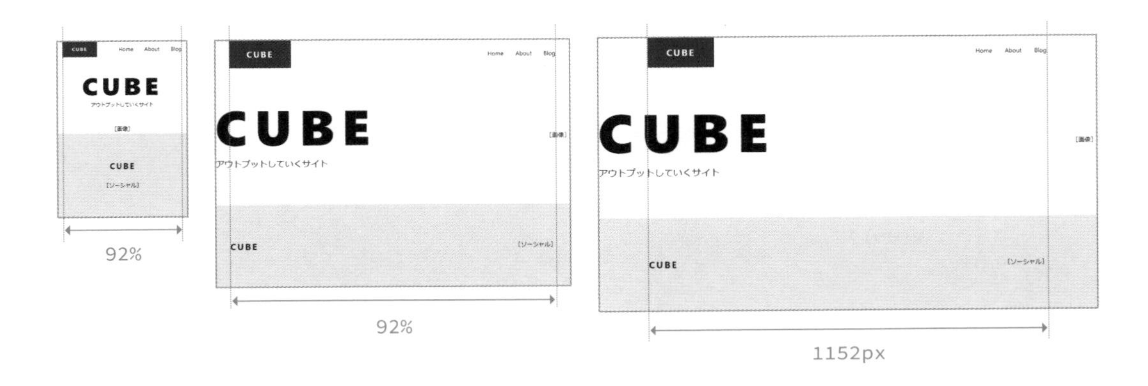

ヘッダーの最大幅を大きくする

ヘッダーは大きい方の最大幅 1280 ピクセルにします。そのため、P.93 のロゴと同じようにスイッチとなる属性を用意し、適用する CSS を切り替えます。ここでは最大幅を大きくするスイッチとして、`header.js` の `<Container>` に `large` 属性を追加します。

```
import Container from 'components/container'
import Logo from 'components/logo'
import Nav from 'components/nav'
import styles from 'styles/header.module.css'

export default function Header() {
  return (
    <header>
      <Container large>
        <div className={styles.flexContainer}>
          <Logo boxOn />
          <Nav />
        </div>
      </Container>
    </header>
  )
}
```

large属性を追加

components/header.js

`container.js` では `large` の初期値を `false` と指定します。その上で、`large` が `true` の場合は最大幅を1280ピクセルにする `.large` を、`false` の場合は1152ピクセルにする `.default` を適用するように指定します。

```
import styles from 'styles/container.module.css'

export default function Container({ children, large = false }) {
  return (
    <div className={large ? styles.large : styles.default}>
      {children}
    </div>
  )
}
```

components/container.js

`container.module.css` では `.large` を追加し、`.default` を composes して、最大幅 `max-width` の値を1280pxにします。

```
.default {
  width: 92%;
  max-width: 1152px;
  margin: 0 auto;
}

.large {
  composes: default;
  max-width: 1280px;
}
```

defaultクラスをcomposes

最大幅の値を指定

styles/container.module.css

これで、ヘッダーの最大幅が1280ピクセルになります。フッターの最大幅は1152ピクセルのまま変わっていないことも確認しておきます。

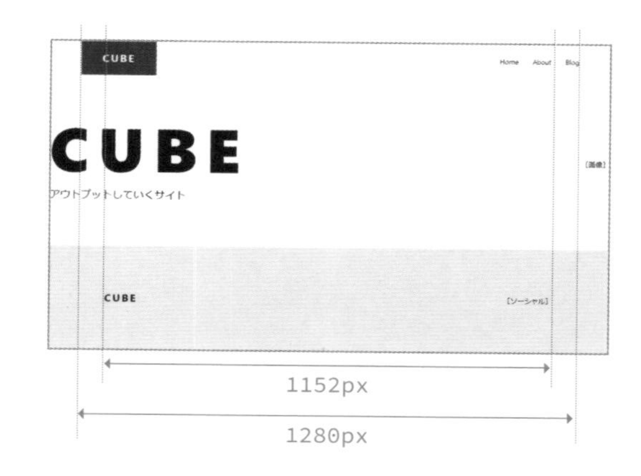

❖ メインコンテンツの横幅を整える

ヘッダーやフッターと同じように、各ページのメインコンテンツの横幅も整えます。トップページ index.js、アバウトページ about.js、記事一覧ページ blog/index.js に Container コンポーネントをインポートし、コンテンツ全体を <Container> で囲みます。

```
import Container from 'components/container'
import Hero from 'components/hero'

export default function Home() {
  return (
    <Container>
      <Hero title="CUBE" subtitle="アウトプットしていくサイト" imageOn />
    </Container>
  )
}
```

pages/index.js

```
import Container from 'components/container'
import Hero from 'components/hero'

export default function About() {
  return (
    <Container>
      <Hero title="About" subtitle="About development activities" />
    </Container>
  )
}
```

pages/about.js

```
import Container from 'components/container'
import Hero from 'components/hero'

export default function Blog() {
  return (
    <Container>
      <Hero title="Blog" subtitle="Recent Posts" />
    </Container>
  )
}
```

pages/blog/index.js

さらに、アバウトページ `about.js` には本文コンテンツを追加します。`<Container>` 内に追加することで、ヒーローやフッターの中身と同じ横幅になることがわかります。

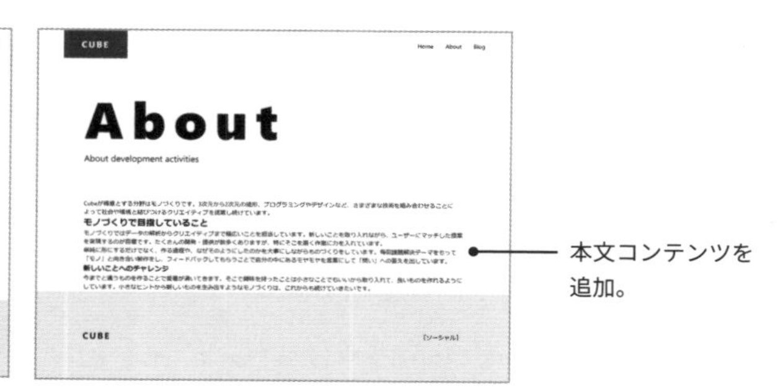


```
import Container from 'components/container'
import Hero from 'components/hero'

export default function About() {
  return (
    <Container>
      <Hero title="About" subtitle="About development activities" />

      <p>
        Cube が得意とする分野はモノづくりです。3 次元から 2 次元の造形、プログラミングやデザインなど、さまざまな技術を組み合わせることによって社会や環境と結びつけるクリエイティブを提案し続けています。
      </p>
      <h2> モノづくりで目指していること </h2>
      <p>
        モノづくりではデータの解析からクリエイティブまで幅広いことを担当しています。新しいことを取り入れながら、ユーザーにマッチした提案を実現するのが目標です。たくさんの開発・提供が数多くありますが、特にそこを磨く作業に力を入れています。
      </p>
      <p>
        単純に形にするだけでなく、作る過程や、なぜそのようにしたのかを大事にしながらものづくりをしています。毎回課題解決テーマをもって「モノ」と向き合い制作をし、フィードバックしてもらうことで自分の中にあるモヤモヤを言葉にして「問い」への答えを出しています。
      </p>
      <h3> 新しいことへのチャレンジ </h3>
      <p>
        今までと違うものを作ることで愛着が湧いてきます。そこで興味を持ったことは小さなことでもいいから取り入れて、良いものを作れるようにしています。小さなヒントから新しいものを生み出すようなモノづくりは、これからも続けていきたいです。
      </p>
    </Container>
  )
}
```

pages/about.js

以上で、横幅を整える `Container` コンポーネントは完成です。次のステップでは本文のレイアウトを整えていきます。

メインコンテンツの横幅をLayoutコンポーネントでまとめて指定する場合

メインコンテンツの横幅は、`Layout` コンポーネントで `<Container>` で囲めば全ページまとめて整えることができます。ただし、ページごとにコンテンツの横幅を細かく調整することはできなくなります。

Layoutコンポーネントでメインコンテンツの横幅を整えるときの設定

```
import Container from 'components/container'
import Header from 'components/header'
import Footer from 'components/footer'

export default function Layout({ children }) {
  return (
    <>
      <Header />

      <main>
        <Container>{children}</Container>
      </main>

      <Footer />
    </>
  )
}
```

components/layout.js

4.6 Layout Styles PostBodyコンポーネントで本文のレイアウトを整える

アバウトページに追加した本文のレイアウトを整えます。レイアウトのスタイルは `PostBody` コンポーネントで管理し、本文を `<PostBody>` ～ `</PostBody>` で囲めば適用されるようにします。このコンポーネントはあとから作成するブログの記事ページでも使用します。

本文のレイアウト。
見出しや段落の間隔などを整えます。

PostBodyコンポーネントを作成する

`PostBody` コンポーネントを作成するため、`components` ディレクトリに `post-body.js` を、`styles` ディレクトリに `post-body.module.css` を追加します。

`post-body.js` では `<PostBody>` ～ `</PostBody>` で囲んだコンテンツを `props.children` として受け取り、 `<div>` でマークアップします。

`<div>` にはインポートした `post-body.module.css` の `.stack` の CSS を適用します。

```
import styles from 'styles/post-body.module.css'

export default function PostBody({ children }) {
  return (
    <div className={styles.stack}>
      {children}
    </div>
  )
}
```

components/post-body.js

`post-body.module.css` では `.stack` を起点に、子要素となる見出しや段落にスタイルを適用します。ここではフクロウセレクタ `* + *` を使用して子要素の間隔を指定し、柔軟に調整できるようにしています。

```
.stack > * + * {
  margin-top: var(--stack-space, 1.5em);
}

.stack h2,
.stack h3 {
  --stack-space: 2em;
}

.stack h2 + *,
.stack h3 + * {
  --stack-space: 0.8em;
}

.stack p {
  line-height: 1.8;
}

.stack ul {
  padding: revert;
  list-style: revert;
}
```

<div className={styles.stack}>の直下の子要素（1つ目以外）の間隔を上マージンで1.5emに指定。

見出し<h2>と<h3>の上の間隔は大きくするように指定。

見出し<h2>と<h3>の下の間隔は小さくするように指定。

文章の行の高さを広くするように指定。

リスト<ul>は本文中で使う可能性があるため、グローバルスタイル（P.87）でリセットしたスタイルをブラウザ標準のスタイルに戻すように指定。

styles/post-body.module.css

アバウトページ `about.js` を開き、`PostBody` コンポーネントをインポートします。本文コンテンツを `<PostBody>` ～ `</PostBody>` で囲むと見出しや段落の間に余白が入り、表示が整います。

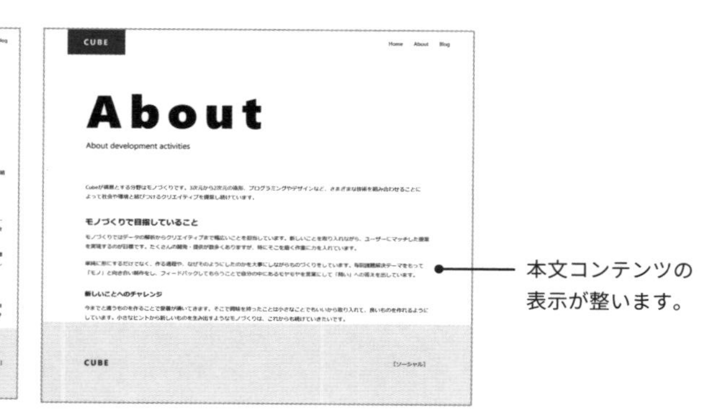


```
import Container from 'components/container'
import Hero from 'components/hero'
import PostBody from 'components/post-body'

export default function About() {
  return (
    <Container>
      <Hero title="About" subtitle="About development activities" />

      <PostBody>
        <p>
          Cube が得意とする分野はモノづくりです。3 次元から 2 次元の造形、プログラミングやデザインなど、
          さまざまな技術を組み合わせることによって社会や環境と結びつけるクリエイティブを提案し続けてい
          ます。
        </p>
        <h2> モノづくりで目指していること </h2>
        <p>
          モノづくりではデータの解析からクリエイティブまで幅広いことを担当しています。新しいことを取り
          入れながら、ユーザーにマッチした提案を実現するのが目標です。たくさんの開発・提供が数多くあり
          ますが、特にそこを磨く作業に力を入れています。
        </p>
        …
        <h3> 新しいことへのチャレンジ </h3>
        <p>
          今までと違うものを作ることで愛着が湧いてきます。そこで興味を持ったことは小さなことでもいいか
          ら取り入れて、良いものを作れるようにしています。小さなヒントから新しいものを生み出すようなモ
          ノづくりは、これからも続けていきたいです。
        </p>
      </PostBody>
    </Container>
  )
}
```

pages/about.js

フクロウセレクタで間隔を調整する仕組み

要素の間隔は、サイズが一律の場合は Flexbox や CSS Grid の gap で調整するのが簡単です。一方、本文のようにさまざまな要素で構成され、要素ごとに間隔を調整する必要がある場合、フクロウセレクタ（owl selector）と呼ばれる `* + *` を使うと柔軟に対応できます。

このセレクタでは任意の要素に隣接する要素が適用対象になります。`.stack > * + *` と指定した場合、`<div className={styles.stack}>` 直下の子要素のうち、最初の 1 つ以外のすべての子要素が適用対象になります。そのため、このセレクタで上マージン `margin-top` を挿入すると、子要素の間隔を調整できます。たとえば、`1.5em`（フォントサイズの 1.5 倍）の上マージンを挿入すると次のようになります。

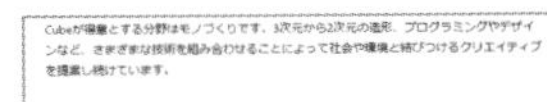

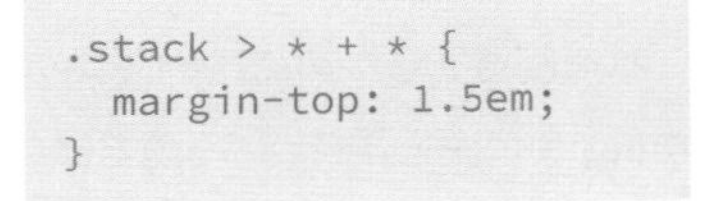

```
.stack > * + * {
  margin-top: 1.5em;
}
```

特定の子要素の上下の間隔を調整する場合

フクロウセレクタで指定した間隔は、子要素側の `margin-top` で上書きできます。そのため、次のように指定すると、見出し `<h2>` と `<h3>` の上の間隔を大きく、下の間隔を小さくできます。なお、下の間隔は <h2> と <h3> の下マージン `margin-bottom` ではなく、<h2> と <h3> に隣接する要素の上マージン `margin-top` で調整します。

```
.stack h2,
.stack h3 {
  margin-top: 2em;
}

.stack h2 + *,
.stack h3 + * {
  margin-top: 0.8em;
}
```

4 Layout Styles

間隔の値を CSS 変数で管理する

間隔の値を margin-top で直接指定していると、前ページのように値を上書きした <h2> や <h3> が 1 つ目の要素となった場合に、不要な上マージンが入ってしまいます。

不要な上マージンが入ります。

```
.stack > * + * {
  margin-top: 1.5em;
}

.stack h2,
.stack h3 {
  margin-top: 2em;
}
```

これを回避するためには、間隔の値を CSS 変数で管理するようにした上で、<h2> や <h3> では margin-top を直接当てるのではなく、変数の値だけを変えるようにします。
ここでは変数 `--stack-space` で管理し、初期値を 1.5em にしています。<h2> や <h3> では変数の値を 2em に指定しています。

不要な上マージンが入らなくなります。

```
.stack > * + * {
  margin-top: var(--stack-space, 1.5em);
}

.stack h2,
.stack h3 {
  --stack-space: 2em;
}
```

本文のように、要素の順番や構成がどうなるかわからないケースでは対応しておきたい設定です。

4.7 Contactコンポーネントでコンタクト情報を管理する

Layout Styles

本文に続けて、アバウトページにコンタクト情報を追加します。コンタクト情報は `Contact` コンポーネントとして管理し、必要に応じてインポートして表示できるようにします。

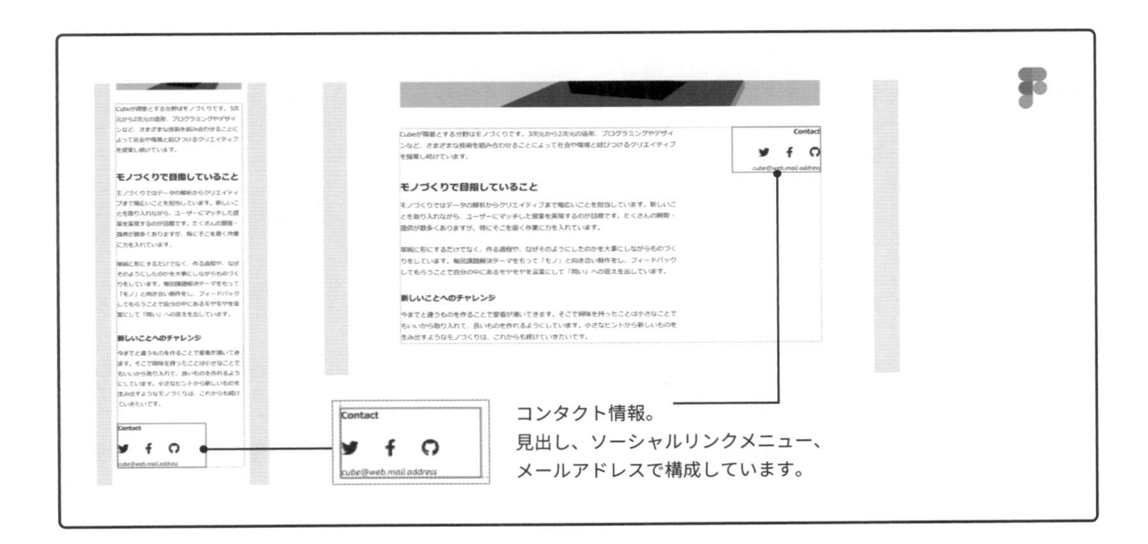

Contactコンポーネントを作成する

`Contact` コンポーネントを作成するため、`components` ディレクトリに `contact.js` を、`styles` ディレクトリに `contact.module.css` を追加します。

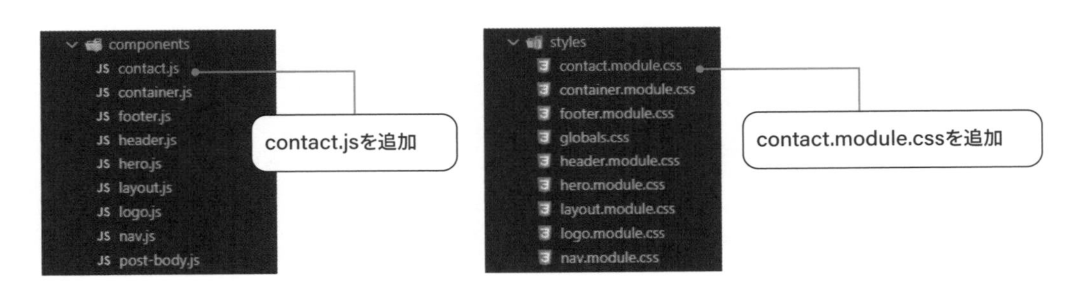

`contact.js` にはコンタクト情報の見出しとメールアドレスを追加し、`<h3>` と `<address>` でマークアップして、全体を `<div>` でグループ化します。ソーシャルリンクメニューは P.178 で作成してから追加します。
CSS は `contact.module.css` をインポートし、<div> に `.stack`、<h3> に `.heading` を適用します。

```
import styles from 'styles/contact.module.css'

export default function Contact() {
  return (
    <div className={styles.stack}>
      <h3 className={styles.heading}>Contact</h3>
      <address>cube@web.mail.address</address>
    </div>
  )
}
```

components/contact.js

`contact.module.css` では、`.heading` で見出し <h3> のフォントサイズを指定します。さらに、`.stack` では本文のときと同じように、フクロウセレクタ `* + *` を使って子要素の間隔を 1em に指定しています。これで、あとからソーシャルリンクメニューなどを追加しても、子要素側で間隔を調整できます。

```
.stack > * + * {
  margin-top: var(--stack-space, 1em);
}

.heading {
  font-size: var(--body);
}
```

styles/contact.module.css

アバウトページ `about.js` に `Contact` コンポーネントをインポートし、本文 `<PostBody>` ～ `</PostBody>` のあとに `<Contact />` を追加します。
なお、本文とコンタクト情報の間隔、コンタクト情報とフッターの間隔、さらに本文と２段組みにしたときにコンタクト情報を右揃えにするスタイルについては、次のステップで作成する２段組み用のコンポーネントで管理します。

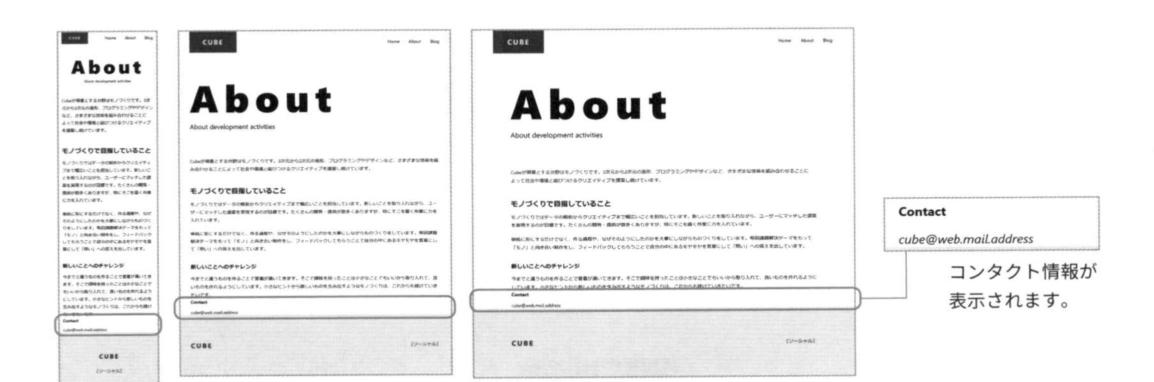


```
import Container from 'components/container'
import Hero from 'components/hero'
import PostBody from 'components/post-body'
import Contact from 'components/contact'

export default function About() {
  return (
    <Container>
      <Hero title="About" subtitle="About development activities" />

      <PostBody>
        …
      </PostBody>

      <Contact />
    </Container>
  )
}
```

pages/about.js

4.8 Layout Styles　3つのコンポーネントで2段組みのレイアウトを構成する

アバウトページの本文とコンタクト情報は2段組みのレイアウトにします。これらを横に並べるだけであれば、P.105で用意した横並びのCSSを適用すれば完了です。しかし、2段組みのレイアウトでは、2つの段に他のコンテンツを追加していく可能性があります。

そのため、2つの段を構成するボックスを用意し、その中に本文とコンタクト情報を入れてレイアウトします。ここでは、本文を入れる大きいボックスを「メイン」、コンタクト情報を入れる小さいボックスを「サイドバー」とします。2つのボックスはグループ化し、モバイルでは縦並びに、デスクトップでは横並びにします。

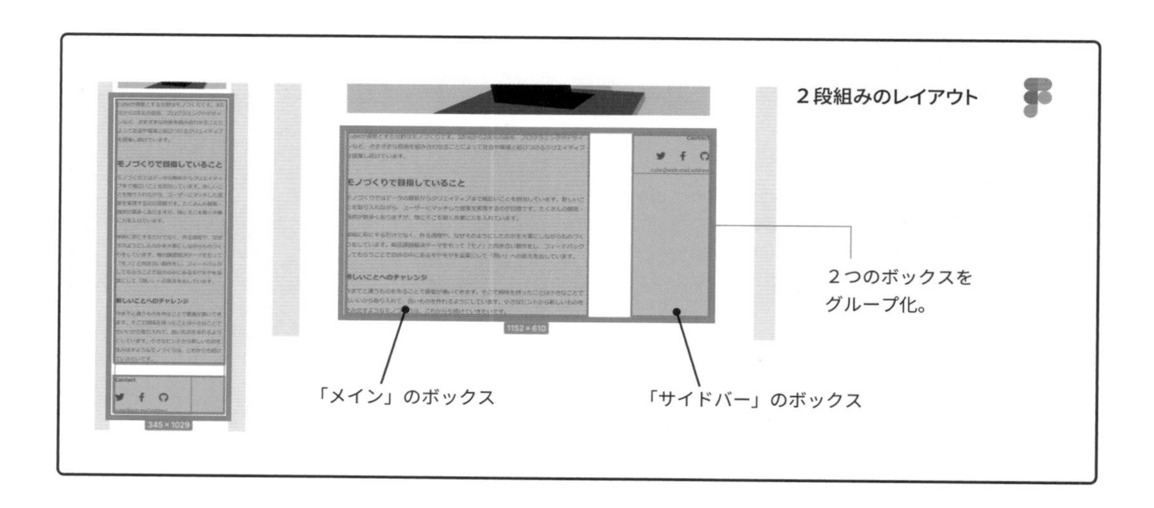

このレイアウトは右のように3つのコンポーネントで実装することを考えます。

「メイン」のボックスに入れるコンテンツは `<TwoColumnMain>` で、「サイドバー」のボックスに入れるコンテンツは `<TwoColumnSidebar>` で囲みます。全体は `<TwoColumn>` でグループ化します。そのうえで、2段組みの構成に必要なスタイルをこれらに適用していきます。

```
<TwoColumn>
  <TwoColumnMain>
    「メイン」に入れるコンテンツ
  </TwoColumnMain>

  <TwoColumnSidebar>
    「サイドバー」に入れるコンテンツ
  </TwoColumnSidebar>
</TwoColumn>
```

❖ 3つのコンポーネントを作成する

3つのコンポーネントを作成していきますが、これらは2段組みを構成するものとしてセットで使用するため、1つのファイル（モジュール）で管理します。そのため、`components` ディレクトリに `two-column.js` を、`styles` ディレクトリに `two-column.module.css` を追加します。

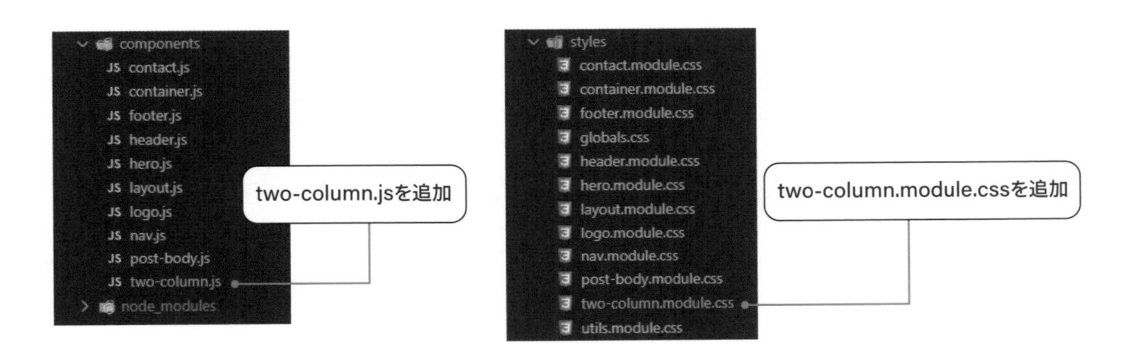

`two-column.js` には3つのコンポーネントの設定を記述していきます。どのコンポーネントも、囲んだものを `props.children` として受け取り、`<div>` でマークアップするように設定します。それぞれの `<div>` にはインポートした `two-column.module.css` の CSS を適用します。

全体をグループ化する `TwoColumn` コンポーネントの場合、次のように設定します。このコンポーネントでは2つのボックスを横並びにするため、`.flexContainer` を適用します。

なお、1つのファイルで複数のコンポーネントを用意するため、デフォルトエクスポートではなく、名前付きエクスポートにします。

```
import styles from 'styles/two-column.module.css'

export function TwoColumn({ children }) {
  return (
    <div className={styles.flexContainer}>
      {children}
    </div>
  )
}
```

defaultを付けず、名前付きエクスポートします。

<TwoColumn>の設定。

components/two-column.js

同じように、`TwoColumnMain` と `TwoColumnSidebar` コンポーネントの設定も追加します。CSSは、それぞれに `.main` と `.sidebar` を適用します。

```
import styles from 'styles/two-column.module.css'

export function TwoColumn({ children }) {
  return (
    <div className={styles.flexContainer}>
      {children}
    </div>
  )
}

export function TwoColumnMain({ children }) {
  return (
    <div className={styles.main}>
      {children}
    </div>
  )
}

export function TwoColumnSidebar({ children }) {
  return (
    <div className={styles.sidebar}>
      {children}
    </div>
  )
}
```

<TwoColumnMain>の設定。

<TwoColumnSidebar>の設定。

components/two-column.js

これで、３つのコンポーネントは名前付きインポートして使うことができます。
アバウトページ `about.js` にインポートし、本文を `<TwoColumnMain>` で、コンタクト情報を `<TwoColumnSidebar>` で、全体を `<TwoColumn>` で囲むと次のようになります。

```
import Container from 'components/container'
import Hero from 'components/hero'
import PostBody from 'components/post-body'
import { TwoColumn, TwoColumnMain, TwoColumnSidebar } from 'components/two-column'

export default function About() {
  return (
    <Container>
      <Hero title="About" subtitle="About development activities" />

      <TwoColumn>
        <TwoColumnMain>
          <PostBody>
            …
          </PostBody>
        </TwoColumnMain>

        <TwoColumnSidebar>
          <Contact />
        </TwoColumnSidebar>
      </TwoColumn>
    </Container>
  )
}
```

名前付きインポート。

「メイン」に入れるコンテンツ（本文）。

2 段組み全体。

「サイドバー」に入れるコンテンツ（コンタクト情報）。

pages/about.js

この段階では画面表示は変化しませんが、本文とコンタクト情報は次のように 3 つのコンポーネントの <div> でマークアップされています。あとは、各 <div> に適用する CSS を設定していきます。

2段組みのスタイルを適用する

`two-column.module.css` にCSSを追加していきます。

まずは、全体をグループ化した <TwoColumn> の `.flexContainer` で、子要素の「メイン」と「サイドバー」をモバイルでは縦並びに、デスクトップでは横並びのレイアウトにします。ここでは、P.105で作成した `utils.module.css` から横並び（基本形）の `sideBySide` クラスを composes し、`gap` で間隔を、`margin` で上下の余白サイズを指定しています。

横並びにしたときの「メイン」と「サイドバー」の横幅は、<TwoColumnMain> の `.main` と、<TwoColumnSidebar> の `.sidebar` で指定します。

```
.flexContainer {
  composes: sideBySide from './utils.module.css';
  gap: var(--space-md);
  margin: var(--space-md) 0 var(--space-lg);
}

@media (min-width: 768px) {
  .main {
    width: 768px;
  }

  .sidebar {
    width: 240px;
  }
}
```

横並び（基本形）のCSSをcomposes。

メインとサイドバーの横幅を指定。

styles/two-column.module.css

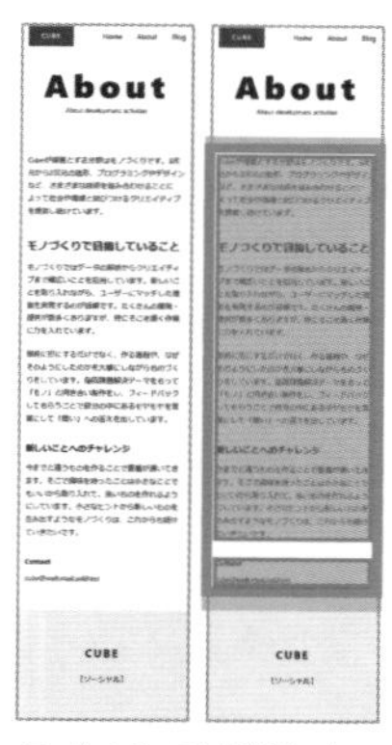

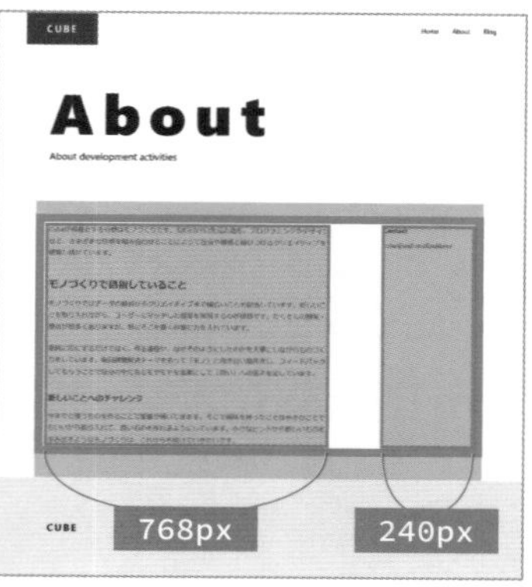

モバイルでは縦並びに、デスクトップでは横並びになります。

サイドバーの中身を右揃えにする

横並びにしたときのサイドバーの中身は右揃えにします。ただし、サイドバーの中身は他のコンポーネントとなるため、ここでは中身がブロックとインラインのどちらのボックスを構成する要素でも右揃えになるように指定しています。

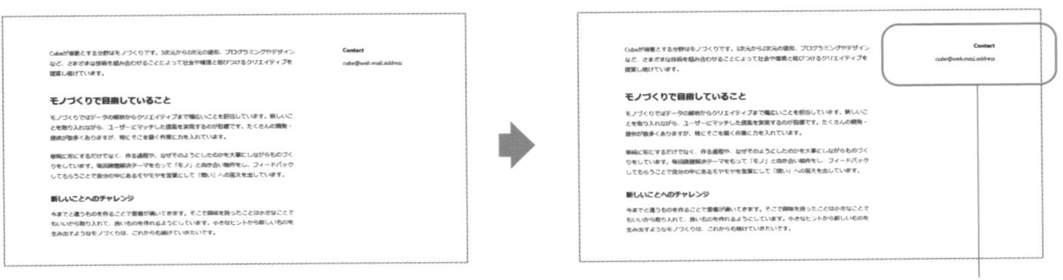

サイドバーの中身が右揃えになります。


```
...
@media (min-width: 768px) {
  .main {
    width: 768px;
  }

  .sidebar {
    width: 240px;
  }

  .sidebar * {
    text-align: right;
  }

  .sidebar :is(div, ul) {
    width: fit-content;
    margin-left: auto;
    place-items: flex-end;
    place-content: flex-end;
  }
}
```

テキストなどのインライン要素はtext-alignで右揃え(right)に指定。

ブロック要素は中身に合わせた横幅(fit-content)にし、左マージンをautoにすることで右揃えにします。また、Flexboxでレイアウトされた要素も右揃えになるように指定しています。

styles/two-column.module.css

横幅（fit-content）の指定をすべての要素に適用すると Safari でレイアウトが崩れます。そのため、サイドバー内での使用が想定される主なブロック要素（ここでは <div> と <ul>）に限定して適用しています。

❖ サイドバーをスクロールに合わせて固定表示する

横並びにしたときのサイドバーは、スクロールに合わせて画面上部に固定表示します。そのため、`.sidebar` で `position: sticky` の設定を適用します。

About
About development activities
Contact
モノづくりで目指していること
新しいことへのチャレンジ
CUBE

スクロールで画面上部にくると固定表示になります。

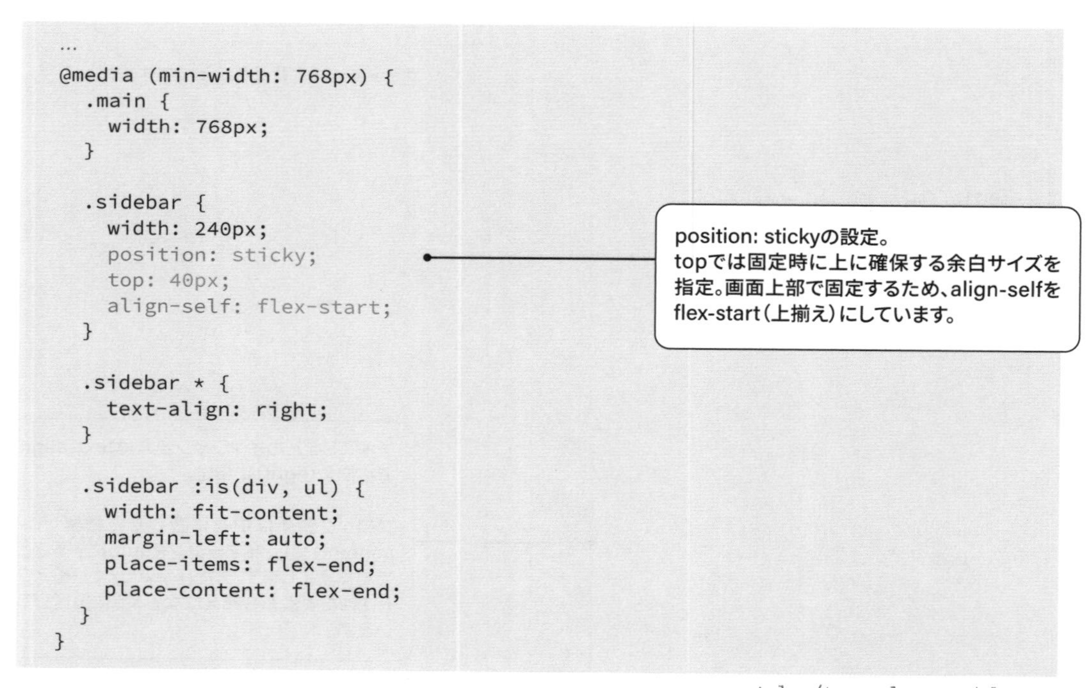

```
…
@media (min-width: 768px) {
  .main {
    width: 768px;
  }

  .sidebar {
    width: 240px;
    position: sticky;
    top: 40px;
    align-self: flex-start;
  }

  .sidebar * {
    text-align: right;
  }

  .sidebar :is(div, ul) {
    width: fit-content;
    margin-left: auto;
    place-items: flex-end;
    place-content: flex-end;
  }
}
```

position: stickyの設定。
topでは固定時に上に確保する余白サイズを指定。画面上部で固定するため、align-selfをflex-start（上揃え）にしています。

styles/two-column.module.css

以上で、３つのコンポーネントで２段組みのレイアウトを構成する設定は完了です。

TwoColumnのサブコンポーネントとしてメインとサイドバーを管理する場合

2段組みのメインとサイドバーは TwoColumn のサブコンポーネントとして管理することもできます。この方法では TwoColumn をインポートすると、メインとサイドバーは <TwoColumn.Main>、<TwoColumn.Sidebar> で使えるようになります。

```
import styles from 'styles/two-column.module.css'

export default function TwoColumn({ children }) {
  return (
    <div className={styles.flexContainer}>
      {children}
    </div>
  )
}

TwoColumn.Main = function Main({ children }) {
  return (
    <div className={styles.main}>
      {children}
    </div>
  )
}

TwoColumn.Sidebar = function Sidebar({ children }) {
  return (
    <div className={styles.sidebar}>
      {children}
    </div>
  )
}
```

1つのファイルで1つのコンポーネントTwoColumnを用意するため、デフォルトエクスポートにします。

TwoColumnのサブコンポーネントTwoColumn.Mainとしてメインを設定。

TwoColumnのサブコンポーネントTwoColumn.Sidebarとしてサイドバーを設定。

components/two-column.js

```
import TwoColumn from 'components/two-column'
…
      <TwoColumn>
        <TwoColumn.Main>
          <PostBody>
            …
          </PostBody>
        </TwoColumn.Main>

        <TwoColumn.Sidebar>
          <Contact />
        </TwoColumn.Sidebar>
      </TwoColumn>
```

TwoColumnをインポート。

メインを<TwoColumn.Main>で、サイドバーを<TwoColumn.Sidebar>で、全体を<TwoColumn>で構成します。

pages/about.js

Webフォントを最適化して使う

Next.js には Web フォントを最適化して利用できるようにする機能が用意されており、現在のところ Google Fonts と Adobe Fonts に対応しています。利用するためには、P.200 で作成するカスタム Document コンポーネント `_document.js` に Web フォントの `<link />` の設定を追加します。

```
import { Html, Head, Main, NextScript } from 'next/document'

import { siteMeta } from 'lib/constants'
const { siteLang } = siteMeta

export default function Document() {
  return (
    <Html lang={siteLang}>
      <Head>
        <link
          href="https://fonts.googleapis.com/css2?family=Inter:wght@400;700;900&display=swap"
          rel="stylesheet"
        />
      </Head>
      <body>
        <Main />
        <NextScript />
      </body>
    </Html>
  )
}
```

Google Fontsで取得したWebフォントの設定。ここでは「Inter」というフォントの太さ400、700、900を使用できるようにする設定を指定。

pages/_document.js

開発モードでは上記の `<link />` がそのまま出力されるだけですが、ビルドすると、`fonts.googleapis.com` から読み込む CSS を `<style>` で埋め込む形で最適化したコードが生成されます。

```
<head>
…
<link rel="preconnect" href="https://fonts.gstatic.com" crossorigin="">
<style data-href="https://fonts.googleapis.com/css2?family=Inter:wght@400;700;900&amp
;display=swap">@font-face{font-family:'Inter';font-style:normal;font-weight:400;font-
display:swap;src:url(https://fonts.gstatic.com/s/inter/v11/UcCO3FwrK3iLTeHuS_fvQtMwCp50
KnMw2boKoduKmMEVuLyfMZs.woff)…</style>
…
</head>
```

CSS では、通常と同じように font-family でフォントを指定して使用します。

```
font-family: Inter, sans-serif;
```

Chapter

5

画像
とアイコン

Next.js/React

Next.jsでの画像の扱い

Web制作で欠かせないのが画像です。Next.jsでは `<img />` または `next/image` で画像を扱います。

❖ <img />をそのまま使う場合

プロジェクトのファイル構成（P.28）で確認したとおり、`public` に置いたファイルにはURLの形でアクセスできます。そのため、`public` に画像ファイルを置くと、`<img />` のソースとして指定して表示できます。たとえば、`public/rocket.jpg` という画像であれば、次のように指定して表示できます。もちろん、外部サイトの画像を指定して表示することも可能です。

```
<img src="/rocket.jpg" alt="空飛ぶロケット" />
```

❖ next/imageを使う場合

Next.jsには、画像最適化の機能として `next/image` が用意されています。基本的には、`<img />` の置き換えを目的としてデザインされているため、同様の扱いができます。ただし、`next/image` 独自な部分もありますので、そのあたりをまとめておきます。制作中のブログサイトで画像を表示する設定はステップ5.5（P.160）から行います。

```
<Image
  src="/rocket.jpg"
  alt="空飛ぶロケット"
  layout="responsive"
  width={1980}
  height={1150}
/>
```

next/imageによる画像の最適化

next/image を利用するためには、next/image が用意している Image コンポーネントを使います。このコンポーネントは、単なる <img /> ではありません。レスポンシブイメージのコード生成、レイアウトシフト対策、遅延読み込みなど、現在の Web で画像に求められるさまざまな最適化を行ってくれます。

レスポンシブイメージのコードを生成する

<Image /> は必要な解像度の画像を自動で用意し、それを使ったレスポンシブイメージのコードを生成してくれます。WebP などへの対応も可能です。

Google の Core Web Vitals で取り入れられた CLS（レイアウトシフト）対策も含まれており、レイアウトシフトが発生しないコードにもなっています。ただし、width と height （ディメンション属性）が必要なため、 <img /> よりも多くのパラメータ（属性）を設定しなければなりません。

```
<Image
  src="/rocket.jpg"
  alt=" 空飛ぶロケット "
  layout="responsive"
  width={1980}
  height={1150}
/>
```

レスポンシブイメージのコード

```
<span style="…">
<span style="…"></span>
<img
  alt=" 空飛ぶロケット "
  src="/_next/image?url=%2Frocket.jpg&amp;w=3840&amp;q=75"
  decoding="async"
  data-nimg="responsive"
  style="…"
  sizes="100vw"
  srcset="
    /_next/image?url=%2Frocket.jpg&amp;w=640&amp;q=75   640w,
    /_next/image?url=%2Frocket.jpg&amp;w=750&amp;q=75   750w,
    /_next/image?url=%2Frocket.jpg&amp;w=828&amp;q=75   828w,
    /_next/image?url=%2Frocket.jpg&amp;w=1080&amp;q=75 1080w,
    /_next/image?url=%2Frocket.jpg&amp;w=1200&amp;q=75 1200w,
    /_next/image?url=%2Frocket.jpg&amp;w=1920&amp;q=75 1920w,
    /_next/image?url=%2Frocket.jpg&amp;w=2048&amp;q=75 2048w,
    /_next/image?url=%2Frocket.jpg&amp;w=3840&amp;q=75 3840w
  "
/>
</span>
```

生成コードに <span> が多いのも、レイアウトシフト対策のためです。詳しくは P.146 で解説します。

❖ APIとセットで機能するレスポンシブイメージのコード

`next/image` によるレスポンシブイメージは、オンデマンドな画像処理 API を利用するため、一般的なレスポンシブイメージのコードよりもシンプルなものになっています。

一般的なレスポンシブイメージでは、画像ソースの選択肢を `<picture>` や `<source>` を使って構成しなければなりませんが、 `next/image` の場合は、リクエストに対して API が最適なフォーマットで返すため、コードがシンプルになっています。
ただし、画像処理 API が必須なシステムであることから、いわゆる SSG（Static Site Generator：静的サイトジェネレーター）としては使えず、デプロイ先を選ぶことになります。

一般的なレスポンシブイメージの場合

```
<picture>
  <source
    type="image/webp"
    sizes="100vw"
    srcset="
      ….webp  640w,
      ….webp  750w,
      …
      ….webp 2048w,
      ….webp 3840w
    "
  />
  <img
    alt="空飛ぶロケット"
    src="….jpg"
    sizes="100vw"
    srcset="
      ….jpg  640w,
      ….jpg  750w,
      …
      ….jpg 2048w,
      ….jpg 3840w
    "
  />
</picture>
```

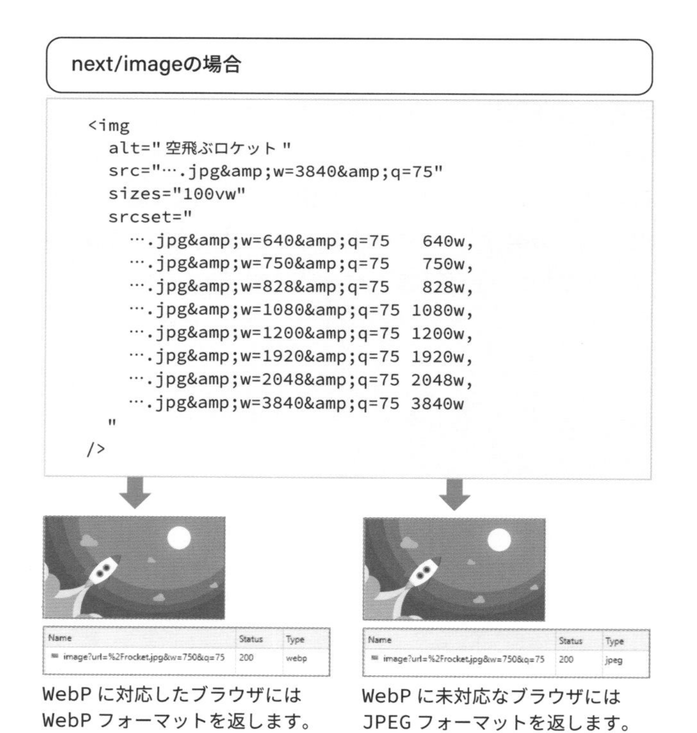

next/imageの場合
<img
alt="空飛ぶロケット"
src="….jpg&w=3840&q=75"
sizes="100vw"
srcset="
….jpg&w=640&q=75 640w,
….jpg&w=750&q=75 750w,
….jpg&w=828&q=75 828w,
….jpg&w=1080&q=75 1080w,
….jpg&w=1200&q=75 1200w,
….jpg&w=1920&q=75 1920w,
….jpg&w=2048&q=75 2048w,
….jpg&w=3840&q=75 3840w
"
/>
Name Status Type
image?url=%2Frocket.jpg&w=750&q=75 200 webp
WebP に対応したブラウザには WebP フォーマットを返します。
Name Status Type
image?url=%2Frocket.jpg&w=750&q=75 200 jpeg
WebP に未対応なブラウザには JPEG フォーマットを返します。

Next.js は SSG（Static Site Generator：静的サイトジェネレーター）として使うこともできますが、next/image を使う場合には、画像処理 API を外部に用意する必要があります。それ以外でも使えなくなる機能が多いため、SSG として使うことはオススメしません。

❖ レイアウトモードに応じたレスポンシブイメージのコード

`next/image` ではレイアウトモードに応じて異なるレスポンシブイメージのコードが生成されます。レイアウトモードは `<Image />` の `layout` 属性で指定します。

サイズが可変な画像のためのレスポンシブイメージ

レイアウトモードが `responsive` または `fill` の場合、サイズが可変な画像のためのレスポンシブイメージのコードが生成されます。

自動で用意されたさまざまな解像度の画像は、画像セットとして `srcset` 属性で URL と横幅が指定されています。画像の URL は横幅 640 から 3840 ピクセルまで用意されますが、最大で元のサイズの画像までしか返ってきません。たとえば、元のサイズが横幅 1980 ピクセルの場合、2048w と 3840w で返ってくるのは横幅 1980 ピクセルの画像です。
画像セットの中から画像を選択する条件は、`sizes` 属性で「100vw」と指定されます。そのため、画面幅と同じ横幅で表示するのに最適なサイズの画像が選択されます。

```
<Image
  src="/rocket.jpg"
  alt="空飛ぶロケット"
  layout="responsive"
  width={1980}
  height={1150}
/>
```

➡

```
<span style="…">
<span style="…"></span>
<img
  alt="空飛ぶロケット"
  src="/_next/image?url=%2Frocket.jpg&amp;w=3840&amp;q=75"
  decoding="async"
  data-nimg="responsive"
  style="…"
  sizes="100vw"
  srcset="
    /_next/image?url=%2Frocket.jpg&amp;w=640&amp;q=75   640w,
    /_next/image?url=%2Frocket.jpg&amp;w=750&amp;q=75   750w,
    /_next/image?url=%2Frocket.jpg&amp;w=828&amp;q=75   828w,
    /_next/image?url=%2Frocket.jpg&amp;w=1080&amp;q=75 1080w,
    /_next/image?url=%2Frocket.jpg&amp;w=1200&amp;q=75 1200w,
    /_next/image?url=%2Frocket.jpg&amp;w=1920&amp;q=75 1920w,
    /_next/image?url=%2Frocket.jpg&amp;w=2048&amp;q=75 2048w,
    /_next/image?url=%2Frocket.jpg&amp;w=3840&amp;q=75 3840w
  "
/>
</span>
```

たとえば、画面幅を変えると次のように選択される画像が変わります。このとき、画面幅とともにデバイスのDPR（Device Pixel Ratio）も考慮され、最適なサイズの画像が使われる仕組みになっています。

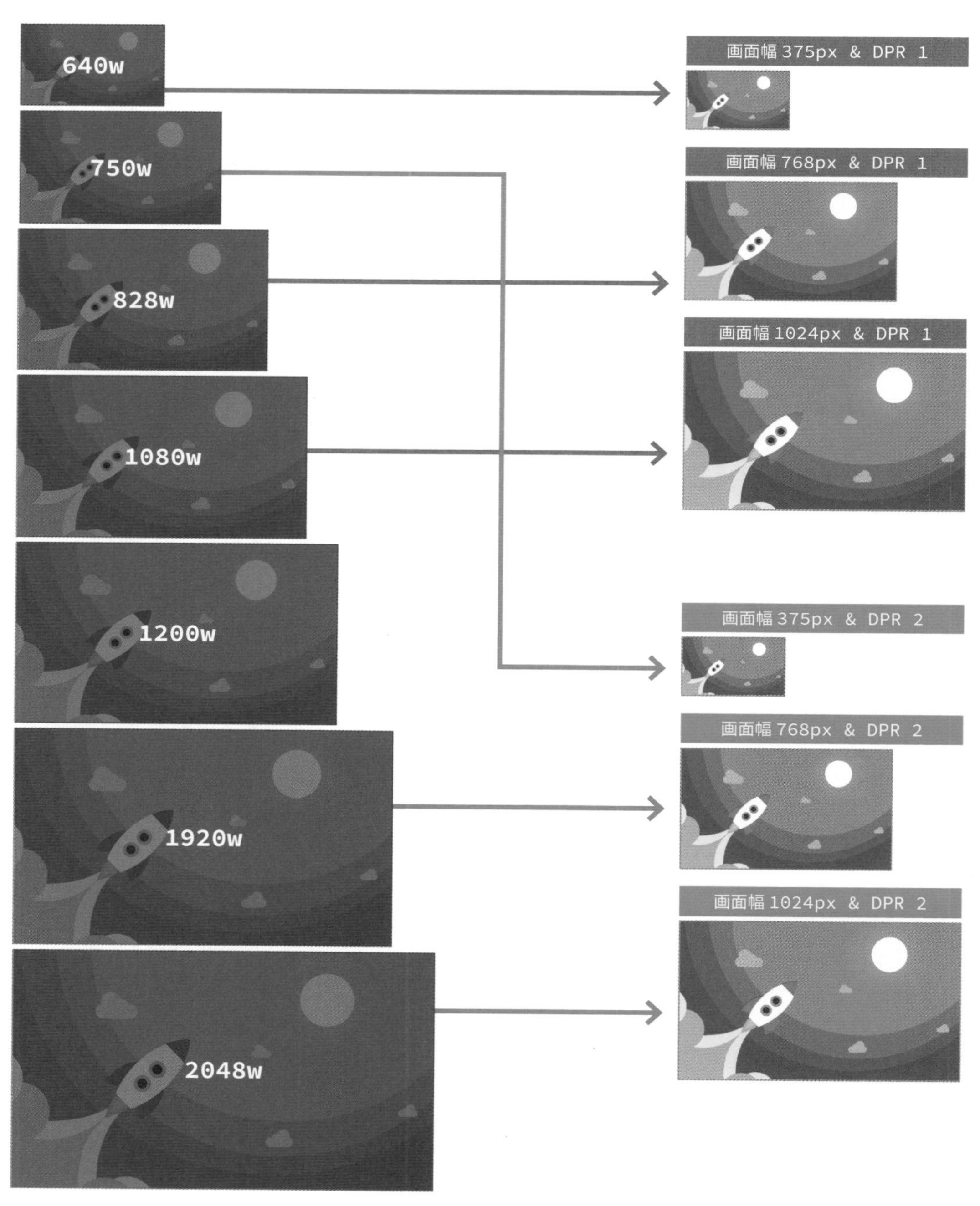

サイズが固定な画像のためのレスポンシブイメージ

レイアウトモードが `fixed` または `intrinsic` の場合、サイズが固定な画像のためのレスポンシブイメージのコードが生成されます。

`<Image />` の `width` と `height` 属性では何ピクセルで固定して表示するかを指定します。すると、指定した固定サイズに合わせて、1倍と2倍の解像度の画像が用意されます。

```
<Image
  src="/rocket.jpg"
  alt=" 空飛ぶロケット "
  layout="fixed"
  width={1024}
  height={595}
/>
```

```
<span style="…">
<img
  alt=" 空飛ぶロケット "
  src="/_next/image?url=%2Frocket.jpg&amp;w=2048&amp;q=75"
  decoding="async"
  data-nimg="fixed"
  style="…"
  srcset="
     /_next/image?url=%2Frocket.jpg&amp;w=1080&amp;q=75 1x,
     /_next/image?url=%2Frocket.jpg&amp;w=2048&amp;q=75 2x
  "
/>
</span>
```

このレスポンシブイメージのコードでは、デバイスの DPR（Device Pixel Ratio）のみを条件に画像が選択されます。レイアウトモードが `fixed` の場合、指定した固定サイズでしか表示されないため、これで問題はありません。

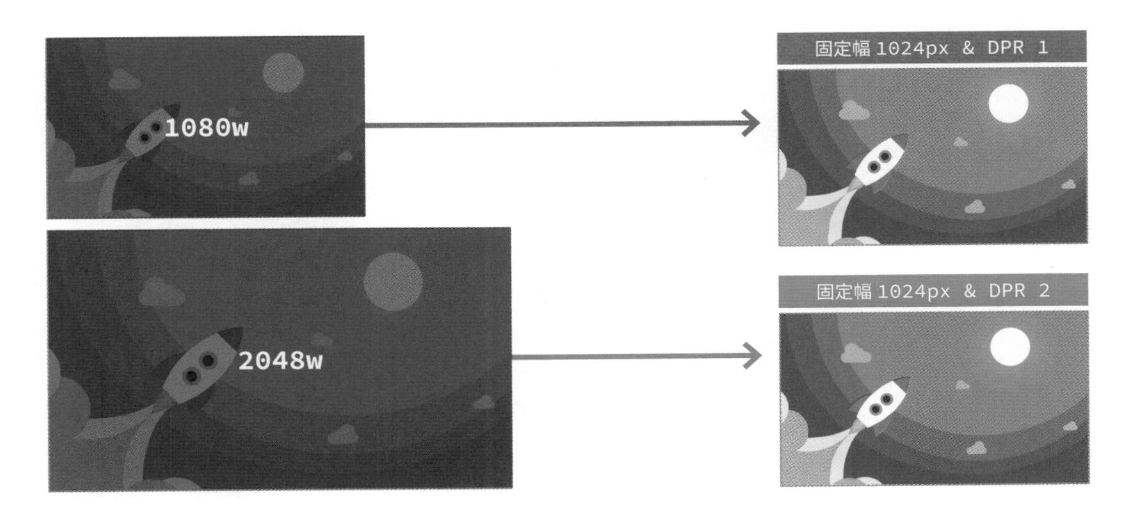

一方、レイアウトモードが `intrinsic` の場合、指定した固定サイズから大きくはなりませんが、画面幅に合わせて小さくなります。しかし、生成されるレスポンシブイメージのコードは `fixed` と同じサイズ固定の画像用のもので、DPR だけで選択されます。
その結果、表示サイズが小さくなるほど不要に大きな画像を読み込むことになってしまうため、注意が必要です。

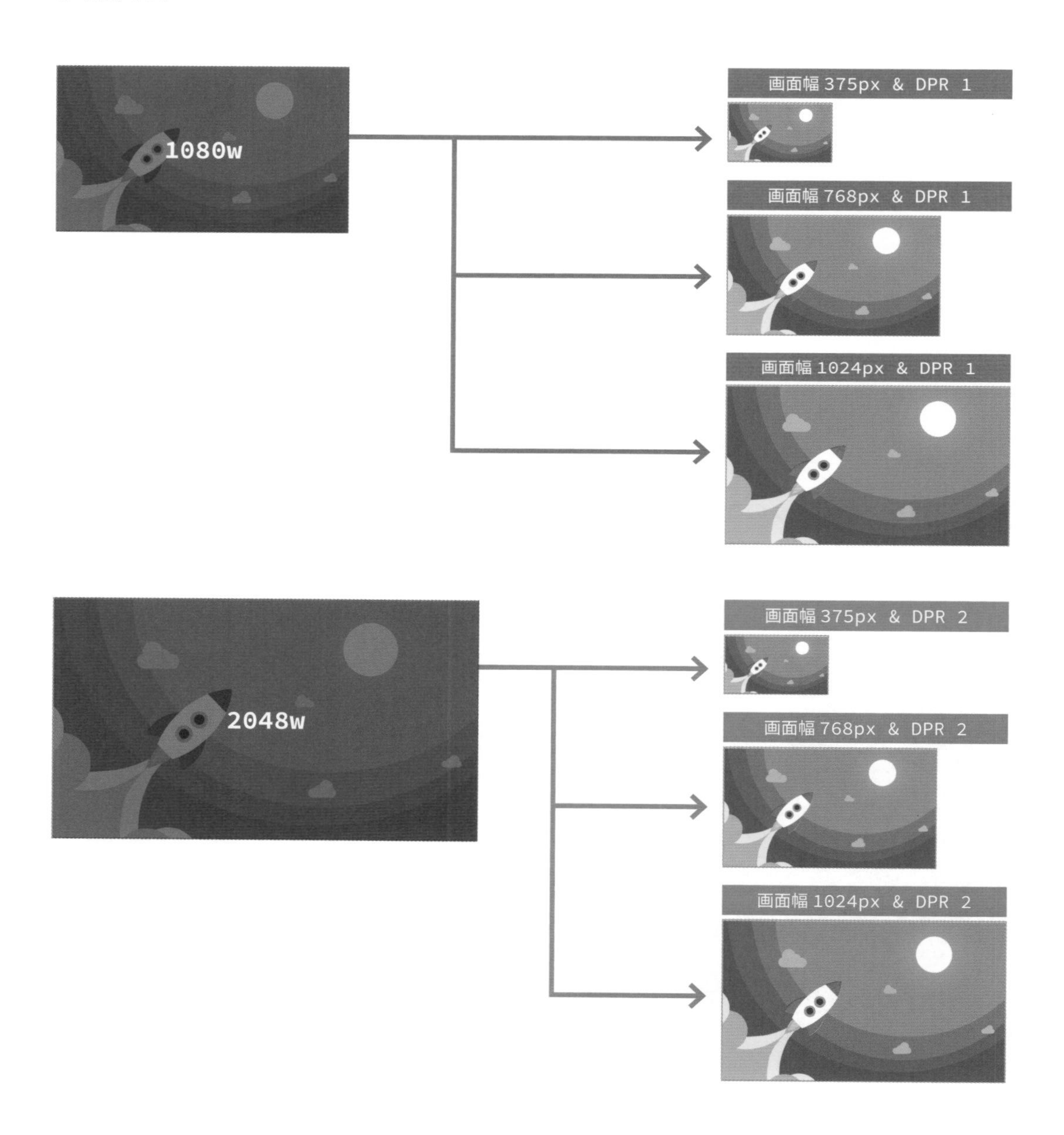

❖ レイアウトシフト対策

`Image` コンポーネントが生成するコードには、レイアウトシフト対策も含まれます。この対策には `<Image />` で指定した画像の `width` と `height` （ディメンション属性）の値が使用されるため、これらの指定は必須となっています。

レイアウトシフトとは

Web ページは画像の読み込みが完了する前に描画されます。そのため、画像に対してレイアウトシフト対策が施されていない場合、画像が遅れて表示されると先に表示されていたコンテンツの表示位置がずれる「レイアウトシフト」が発生します。レイアウトシフトは閲覧者のストレスになることから、発生しないようにすることが望ましいとされています。

レイアウトシフトを防ぐには

レイアウトシフトを防ぐためには、あらかじめ HTML ＆ CSS で画像の「横幅」「高さ」「縦横比」のうち、２つ以上の情報をブラウザに伝えます。それにより、ブラウザは画像の読み込み前に表示エリアを確保し、レイアウトシフトの発生を防ぎます。

最もシンプルなレイアウトシフト対策は、 `<img />` の `width` と `height` 属性で画像固有の横幅と高さを指定する方法です。

```
<img src="/rocket.jpg" alt="空飛ぶロケット" width="1980" height="1150" />
```

Image コンポーネントで width と height の指定が必須となっているのもこのためです。

```
<Image
  src="/rocket.jpg"
  alt=" 空飛ぶロケット "
  layout="responsive"
  width={1980}
  height={1150}
/>
```

❖ next/imageのレイアウトシフト対策の仕組み

next/image は、Image コンポーネントの width と height で指定された値を元にレイアウトシフト対策を行います。ただし、<img /> に width と height 属性を指定するだけのシンプルな対策には古いブラウザが未対応です。
そのため、古いブラウザでも機能する方法で対策が施されます。この方法では、<span> で表示エリアを確保しておき、画像の読み込みが完了したら <span> に重ねて画像を表示します。Image コンポーネントの出力に <span> が付加されるのはこのためです。

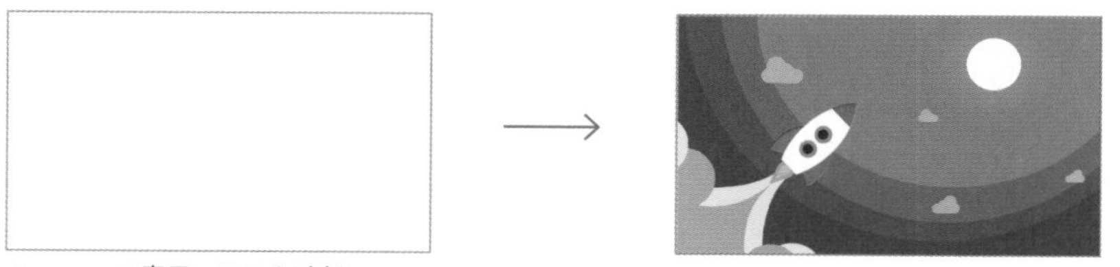

<span> で表示エリアを確保。

<span> に重ねて画像が表示されます。

```
<span style="…">
  <span style="…"></span>
  <img alt=" 空飛ぶロケット " … />
</span>
```

Next.js の v12.2.0 からは、新しいブラウザをターゲットに、<img /> の width と height 属性だけでレイアウトシフト対策を行う next/future/image（https://nextjs.org/docs/api-reference/next/future/image）が実験的機能として導入されています。<span> なども一切付加されないシンプルな出力になりますが、画像の表示サイズなどを調整するCSS は自分で用意する必要があります。

<span> は次のような手法で表示エリアを確保し、レイアウトシフトを防ぎます。

サイズが可変な画像の場合

レイアウトモードが `responsive` な可変サイズの画像の場合、`<span>` のサイズは `padding-top` を使って画像の縦横比を維持したサイズに設定されます。`padding-top` の % が横幅に対する割合になることを利用したテクニックで、横幅を 100% としたときの高さに設定されます。
たとえば、`<Image />` の `width` を 1980、`height` を 1150 と指定した場合は次のようになります。

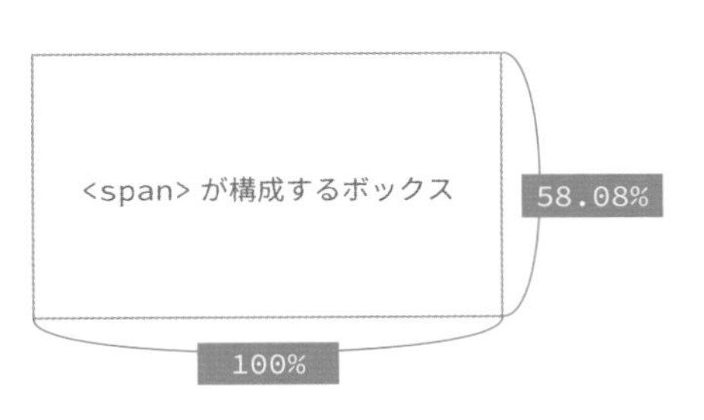


```
<span style=" …
    padding-top: 58.080808080808076%;
"></span>
```

レイアウトモードが `fill` の場合は、P.153 のように親要素で縦横のサイズを指定する必要があります。

サイズが固定な画像の場合

レイアウトモードが `fixed` な固定サイズの画像の場合、CSS の `width` と `height` で固定サイズが指定されます。

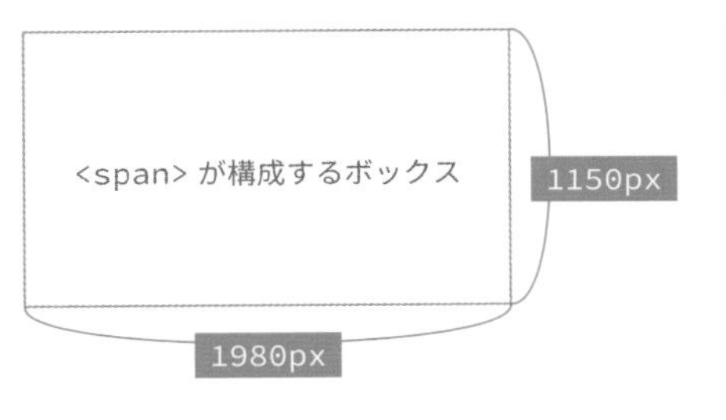


```
<span style="
    box-sizing: border-box;
    display: inline-block;
    overflow: hidden;
    width: 1980px;
    height: 1150px;
    …
">
```

また、レイアウトモードが `intrinsic` の画像の場合、`<span>` 内にデータ URL で固定サイズの SVG 画像が埋め込まれます。この SVG 画像には max-width:100% が適用され、画面幅に合わせて縦横比を維持して小さくなります。固定サイズより大きくなることはありません。

```
<span style="…">
<img style="display:block;max-width:100%;…"
alt="" aria-hidden="true" src="data:image/
svg+xml,%3csvg%20xmlns=%27http://www.
w3.org/2000/svg%27%20version=%271.1%27%20
width=%271980%27%20height=%271150%27/%3e">
</span>
```

❖ 遅延読み込み

`next/image` では遅延読み込みの処理が行われ、ビューポートの外側にある画像は読み込まれません。スクロールによってビューポートに近くなると読み込まれ、表示されます。

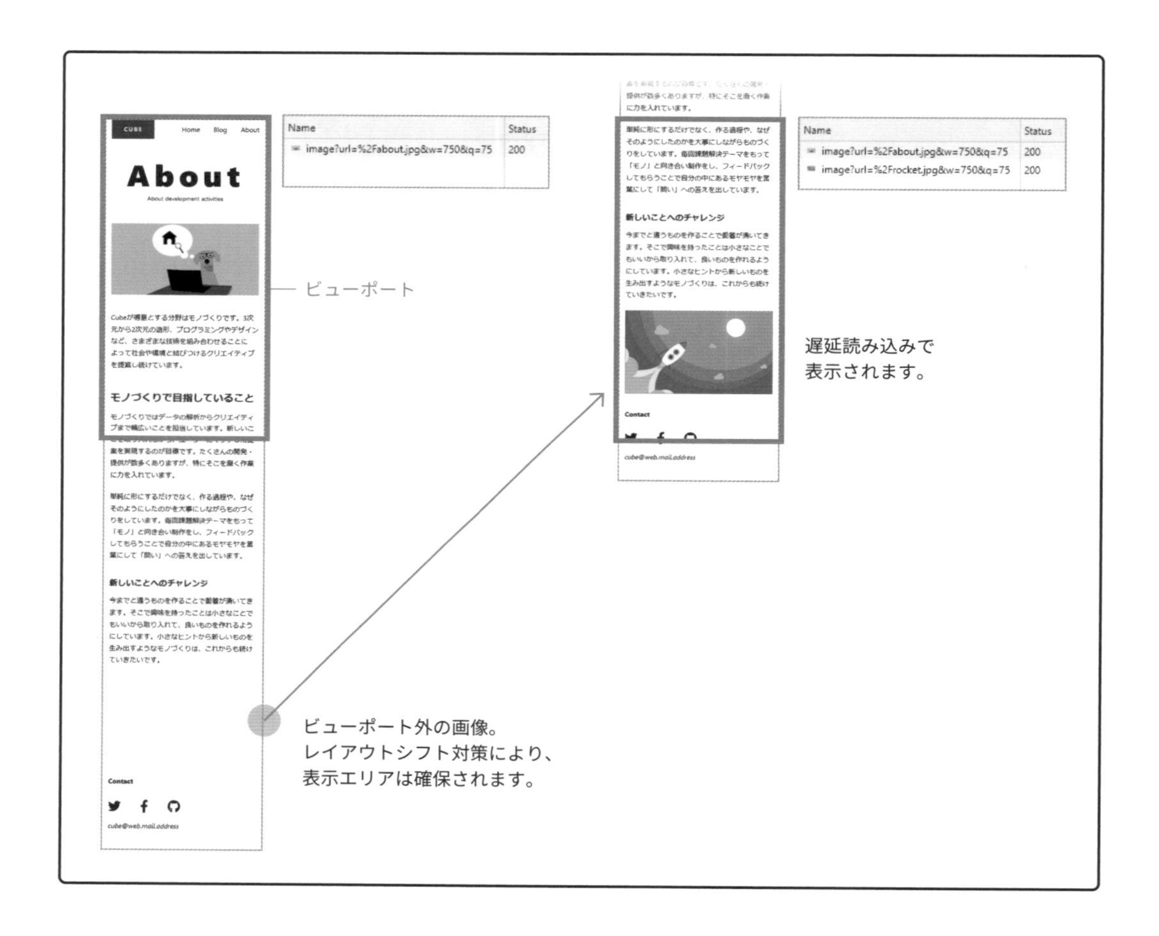

遅延読み込みは `<Image />` に `loading="eager"` を指定すると無効にできますが、パフォーマンスを低下させてしまいます。優先的に読み込みたい画像がある場合には、次の `priority` を使うことが推奨されています。

LCP（Largest Contentful Paint）対策

GoogleのCore Web Vitalsで取り入れられたLCP（最大視覚コンテンツの表示時間）対策も可能です。

LCPとは

ビューポートに最初に表示されるコンテンツのうち、大きなものが表示されるタイミングを計測する指標です。早く表示されるほどパフォーマンスが高いと評価されます。多くの場合、画像が LCP の対象となります。

プライオリティ設定でLCPを改善する

`next/image` では、LCP の対象となる可能性がある画像にはプライオリティ設定をすることが推奨されています。次のように `<Image />` に `priority` 属性を指定するとプライオリティが高くなり、優先的に画像が読み込まれるようになります。

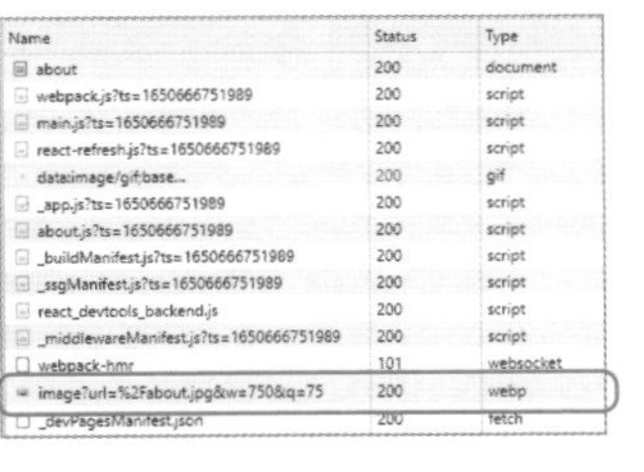

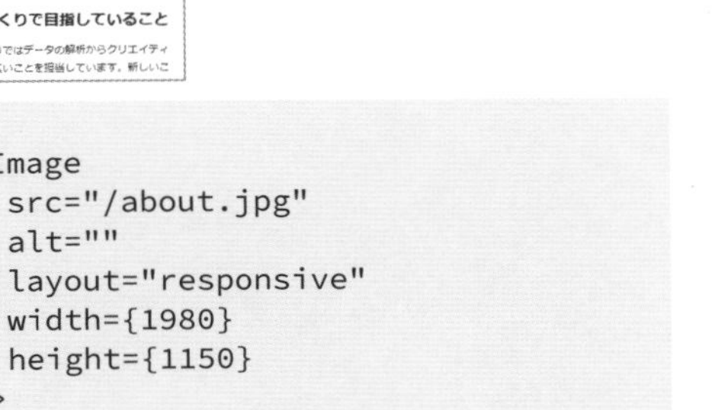

```
<Image
  src="/about.jpg"
  alt=""
  layout="responsive"
  width={1980}
  height={1150}
/>
```

プライオリティ設定なし

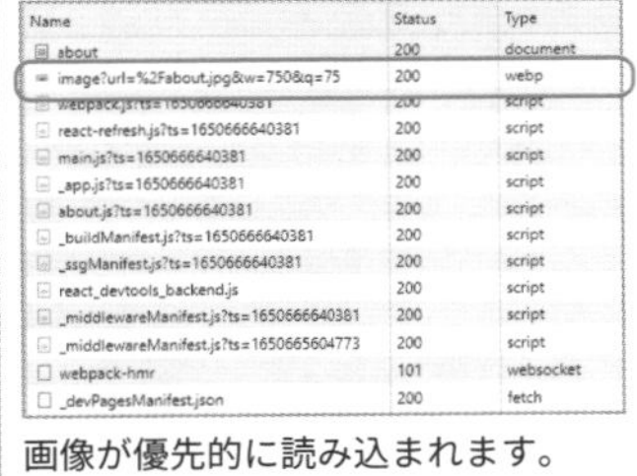

画像が優先的に読み込まれます。

```
<Image
  src="/about.jpg"
  alt=""
  layout="responsive"
  width={1980}
  height={1150}
  priority
/>
```

プライオリティ設定あり

5.3 Image & Icon Imageコンポーネントの基本的な使い方

`Image` コンポーネントは次のようにインポートし、`<img />` を置き換える形で利用できます。`width` と `height`（ディメンション属性）はレイアウトシフト対策のために必要です。

```
import Image from 'next/image'

export default function EyeCatch() {
  return (
    <figure>
      <Image
        src="/rocket.jpg"
        alt="空飛ぶロケット"
        layout="responsive"
        width="1980"
        height="1150"
      />
    </figure>
  )
}
```

`width` と `height` はレイアウトモードを `fill` にすることで省略できますが、その場合はレイアウトシフトを含めたコントロールをCSSで設定しなければなりません。

外部サイトのURLを指定する場合には、そのサイトのドメインを `next.config.js` で指定する必要があります。

```
module.exports = {
  images: {
    domains: ['example.com', 'example.org'],
  },
}
```

next.config.js

ローカルの画像をインポートして表示する

ローカルの画像は `import` を通して読み込み、表示することもできます。画像ファイルの場所はプロジェクト内であれば、`public` である必要もありません。

```
import Image from 'next/image'
import rocket from 'public/rocket.jpg'

export default function EyeCatch() {
  return (
    <figure>
      <Image
        src={rocket}
        alt="空飛ぶロケット"
        layout="responsive"
      />
    </figure>
  )
}
```

Next.js では、画像ファイルをインポートすると次のようなオブジェクトを通して扱われます。

```
{
  src: '/_next/static/media/rocket.585f4ab3.jpg',
  height: 1150,
  width: 1980,
  blurDataURL: '/_next/image?url=%2F_next%2Fstatic%2Fmedia%2Frocket.585f4ab3.jpg&w=8&q=70'
}
```

`src` の情報だけでなく、ディメンション属性に `blur` のソースとなる URL までパックされています。`<Image />` コンポーネントはこれらのプロパティを適切に扱ってくれ、手動で `width` と `height` を指定する必要もなくなります。そのため、ローカルの画像に関しては `import` を通して扱うことをおすすめします。

Imageコンポーネントの主なパラメータ

`Image` コンポーネントの主なパラメータを確認しておきます。

layout - レイアウトモードを指定する

`layout` 属性では、画像をどのように表示するかに応じて最適なレイアウトモードを選択します。標準では `intrinsic` になります。

responsive - サイズを可変にする場合

サイズを可変にする画像はレイアウトモードを `responsive` にします。`width` と `height` では画像固有の横幅と高さを指定します。このモードでは P.141 のようにサイズが可変な画像のためのレスポンシブイメージのコードが生成され、親要素の横幅に合わせたサイズで表示されます。
必要に応じて P.154 の `sizes` 属性を指定し、画像セットの中からより最適な画像が選択されるようにします。

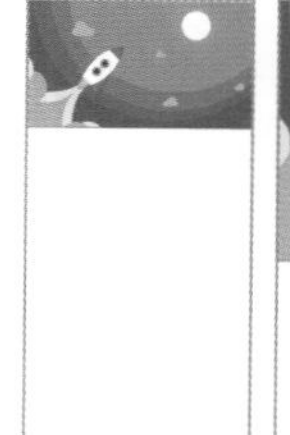

```
<Image
  src="/rocket.jpg"
  alt="空飛ぶロケット"
  layout="responsive"
  width={1980}
  height={1150}
/>
```

fill - 特定のサイズで切り抜く場合

特定のサイズで画像を切り抜きたい場合にはレイアウトモードを `fill` にします。このモードは基本的に `responsive` と同じですが、親要素の横幅と高さに合わせたサイズになります。そのため、横幅と高さは `<Image />` で指定する必要がなく、親要素で指定します。さらに、親要素には `position: relative` を適用することが求められます。

たとえば、親要素の横幅を100%、高さを150pxに指定すると次のようになります。縦横比が崩れた表示になるのを防ぐためには、`<Image />` の `objectFit` 属性を「cover」と指定し、親要素のサイズで画像を切り抜きます。

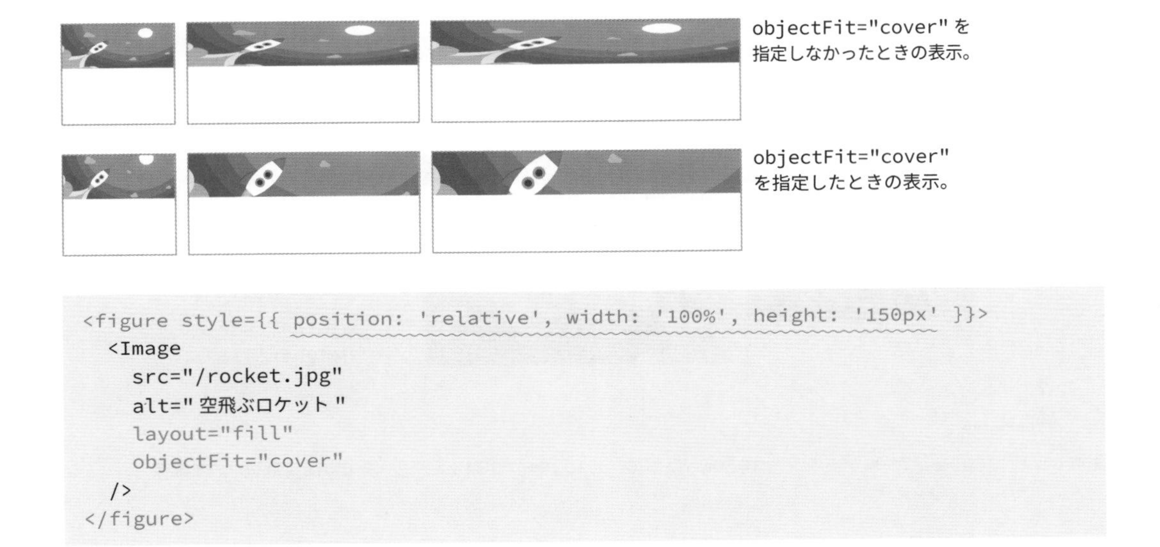

objectFit="cover"を指定しなかったときの表示。

objectFit="cover"を指定したときの表示。

```
<figure style={{ position: 'relative', width: '100%', height: '150px' }}>
  <Image
    src="/rocket.jpg"
    alt="空飛ぶロケット"
    layout="fill"
    objectFit="cover"
  />
</figure>
```

fixed または intrinsic - サイズを固定する場合

サイズを固定する画像はレイアウトモードを `fixed` に、固定したうえで縮小を可能にする画像は `intrinsic` にします。`width` と `height` では何ピクセルに固定するかを指定します。このモードではP.143のようにサイズが固定な画像のためのレスポンシブイメージのコードが生成されます。

```
<Image
  src="/rocket.jpg"
  alt="空飛ぶロケット"
  layout="fixed"
  width={1024}
  height={595}
/>
```

sizes - レスポンシブイメージの選択条件を指定する

P.141 のように用意されるレスポンシブイメージのさまざまな解像度の画像セットの中から、どの画像を選択して表示するかは `sizes` 属性の指定によって変わります。`responsive` または `fill` レイアウトモードで使用する属性です。
標準では 100vw になるため、画面幅と同じ横幅で表示するのに最適なサイズの画像が選択されます。

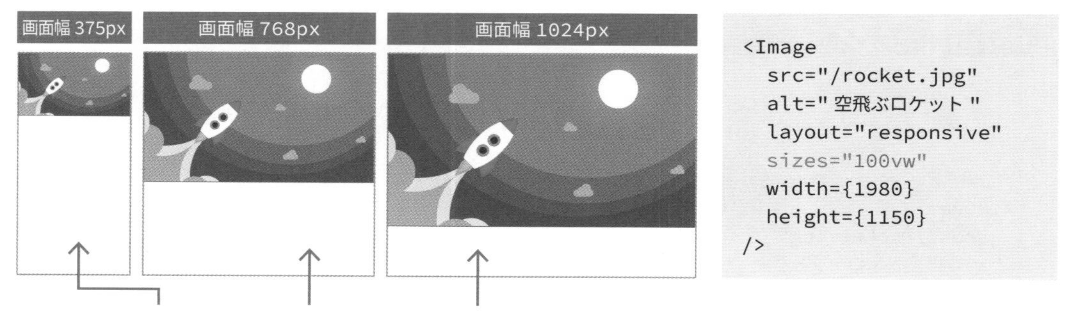

画像の横幅を画面幅以外のサイズにする場合

画像の横幅を画面幅以外のサイズにする場合、それに合わせて `sizes` 属性の指定も調整し、最適なサイズの画像が選択されるようにします。

たとえば、画像の最大幅を 800 ピクセルにした場合、次のように指定します。ここでは、画面幅が 800 ピクセル以上の場合は横幅 800 ピクセル、それ以外の場合は横幅 100vw（画面幅と同じ横幅）で表示するのに最適な画像を選択するように指定しています。

```
<figure style={{ maxWidth: '800px', margin: 'auto' }}>
  <Image
    src="/rocket.jpg"
    alt=" 空飛ぶロケット "
    layout="responsive"
    sizes="(min-width: 800px) 800px, 100vw"
    width={1980}
    height={1150}
  />
</figure>
```

ここで「画面幅が800px以上の場合は横幅800px」と指定。画面幅の条件はCSSのメディアクエリと同じ形で記述できます。

sizesの複数の指定はカンマ区切りで記述。最後の値には画面幅の条件を付けず、残りの画面幅での横幅を指定します。ここでは「横幅100vw」に指定しています。

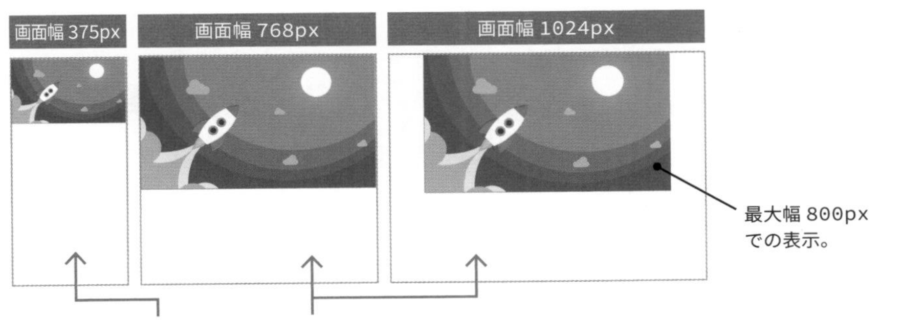

画像を画面幅の半分のサイズ（50vw）にした場合、`sizes` 属性も 50vw と指定します。`sizes` を画面幅よりも小さいサイズに指定すると、`next/image` は画像セットの中により小さいサイズの選択肢を追加します。

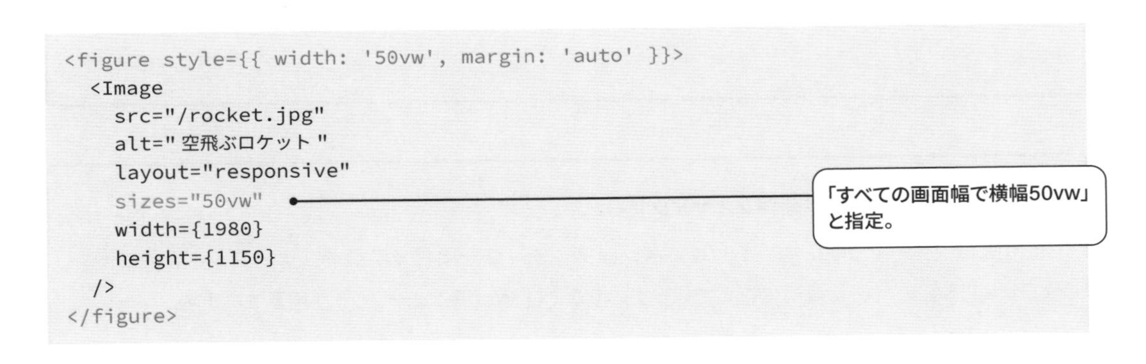

```
<figure style={{ width: '50vw', margin: 'auto' }}>
  <Image
    src="/rocket.jpg"
    alt=" 空飛ぶロケット "
    layout="responsive"
    sizes="50vw"
    width={1980}
    height={1150}
  />
</figure>
```


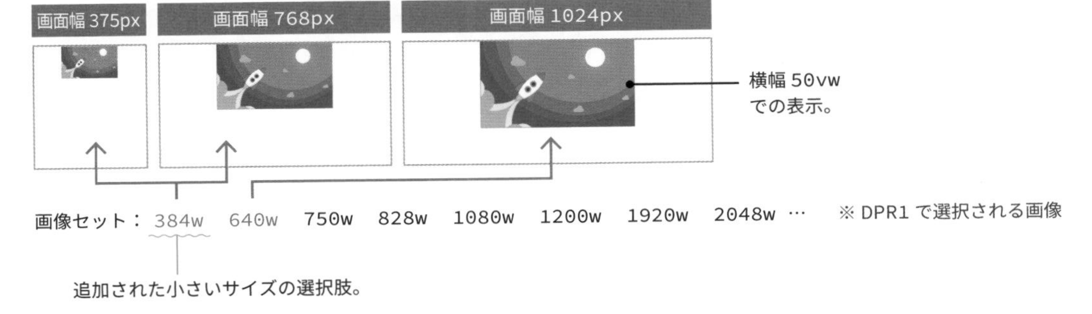

なお、`sizes` 属性を指定せずに画像の横幅を画面幅以外のサイズにすると、`sizes="100vw"` のときと同じサイズの画像が選択され、不要に大きい画像が読み込まれることになります。

レスポンシブイメージの画像セットのサイズ構成

レスポンシブイメージの画像セット `srcset` のサイズ構成は、`next.config.js` の `deviceSizes` で変更できます。さらに、`sizes` を画面幅よりも小さくしたときに追加されるサイズ構成は `imageSizes` で変更します。

たとえば、`next/image` の標準と同じように `deviceSizes` と `imageSizes` を指定すると次のようになります。`imageSizes` で指定するサイズは `deviceSizes` の最小値よりも小さくしなければなりません。

```
module.exports = {
  images: {
    deviceSizes: [640, 750, 828, 1080, 1200, 1920, 2048, 3840],
    imageSizes: [16, 32, 48, 64, 96, 128, 256, 384],
  },
}
```

next.config.js

レスポンシブイメージの画像フォーマット

元の画像フォーマットに加えて、レスポンシブイメージで用意する画像フォーマットは `next.config.js` の `formats` で指定できます。標準では WebP フォーマットが用意されます。

WebP だけでなく、AVIF も用意する場合は次のように指定します。これで、ブラウザが AVIF に対応している場合は AVIF で、AVIF に未対応な場合は WebP で、両方に未対応な場合は元の画像フォーマットで表示されます。

```
module.exports = {
  images: {
    formats: ['image/avif', 'image/webp'],
  },
}
```

next.config.js

quality - クオリティを指定する

`quality` 属性では画像のクオリティを指定します。指定できる値は 1 ～ 100 で、100 が最も高いクオリティになります。標準は 75 です。

```
<Image src="/rocket.jpg" … quality={20} />
```

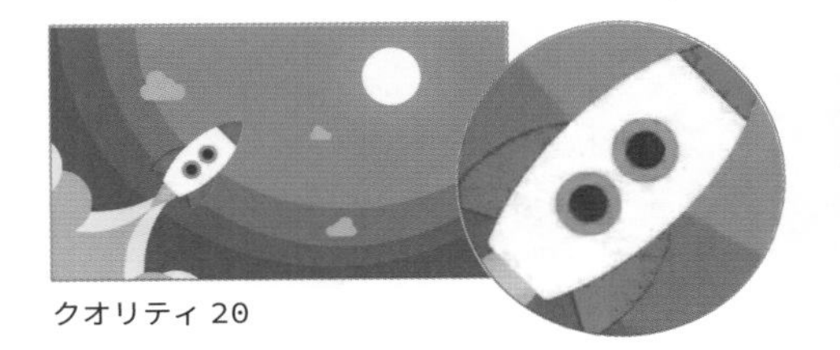
クオリティ 20

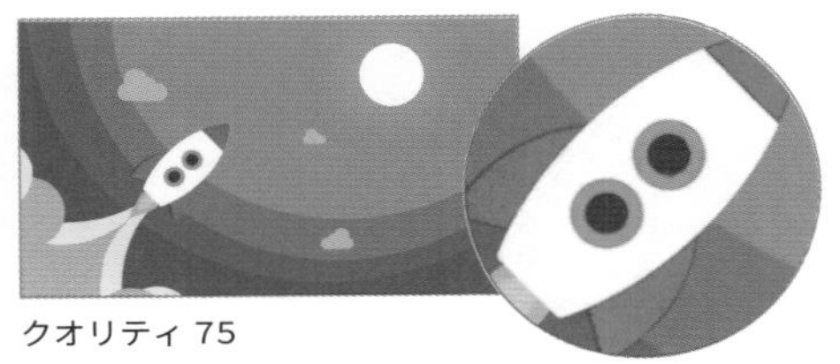
クオリティ 75

priority - 優先的に読み込む

`priority` 属性は優先的に読み込みたい画像に指定します。指定した画像の遅延読み込みは無効になります。P.149 のように LCP 対策に有効です。

```
<Image src="/rocket.jpg" … priority />
```

unoptimized - 最適化しない

`unoptimized` 属性を指定すると、サイズ、フォーマット、クオリティを最適化したレスポンシブイメージのコードを生成しません。オリジナルの画像が使用されます。

```
<Image src="/rocket.jpg" … unoptimized />
```

▼

```
<span style="…">
  <span style="…"></span>
  <img alt="空飛ぶロケット" src="/rocket.jpg" decoding="async" data-nimg="responsive" style="…" />
</span>
```

placeholder - ブラー

`placeholder` 属性を「blur」と指定すると、画像の読み込み中にプレースホルダとしてブラー画像を表示できます。標準では「empty」となり、何も表示されません。
ブラー画像は base64 エンコードで用意し、`blurDataURL` 属性で指定します。

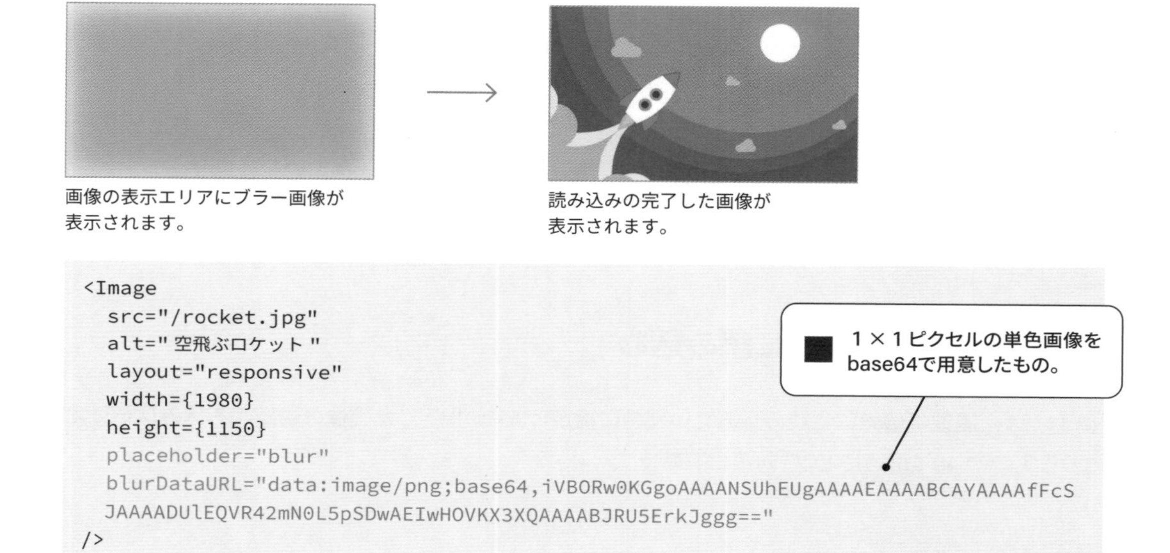
1 × 1 ピクセルの単色画像を
base64で用意したもの。

画像の表示エリアにブラー画像が表示されます。

読み込みの完了した画像が表示されます。

```
<Image
  src="/rocket.jpg"
  alt=" 空飛ぶロケット "
  layout="responsive"
  width={1980}
  height={1150}
  placeholder="blur"
  blurDataURL="data:image/png;base64,iVBORw0KGgoAAAANSUhEUgAAAAEAAAABCAYAAAAfFcS
  JAAAADUlEQVR42mN0L5pSDwAEIwHOVKX3XQAAAABJRU5ErkJggg=="
/>
```

インポートしたローカル画像の場合

ローカルの画像をインポートした場合、P.151 のようにブラー画像のソースもオブジェクトを通して扱われます。それにより `blurDataURL` は自動的に生成されるため、指定する必要はありません。

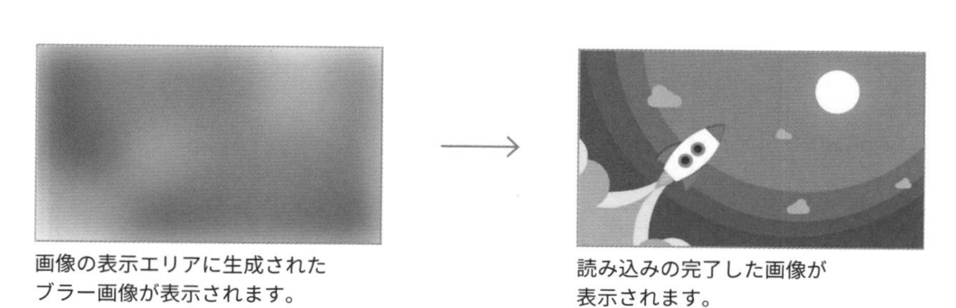

画像の表示エリアに生成されたブラー画像が表示されます。

読み込みの完了した画像が表示されます。

```
import Image from 'next/image'
import rocket from 'public/rocket.jpg'

export default function EyeCatch() {
  return (
    <figure>
      <Image
        src={rocket}
        alt="空飛ぶロケット"
        layout="responsive"
        placeholder="blur"
      />
    </figure>
  )
}
```

インポートしたローカルの画像。

placeholder="blur"のみを指定。

フェードインで滑らかに画像を表示する

ブラー画像からフェードインのアニメーションで滑らかに画像を表示する場合、`<img />` に `transition` を適用します。

`next/image` が生成するコードの `<img />` にスタイルを適用するためには、グローバルスタイルを使うか、`<Image />` の `className` または `style` 属性を使います。

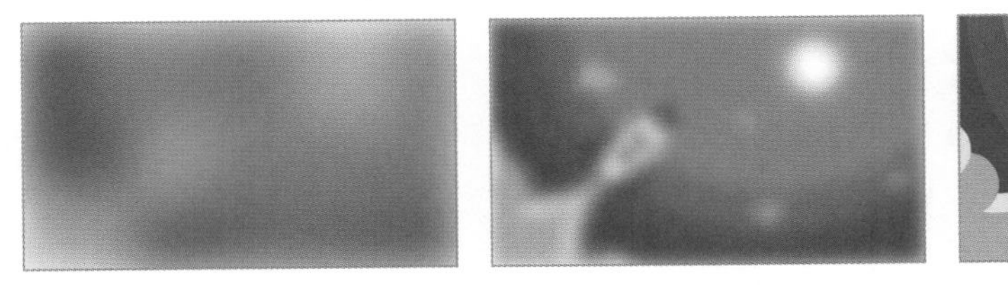

```
<Image
  src="/rocket.jpg"
  alt="空飛ぶロケット"
  layout="responsive"
  placeholder="blur"
  style={{ transition: '0.2s' }}
/>
```

以上で、`next/image` の基本的な使い方や主なパラメータの確認は完了です。次のステップからブログサイトに画像を表示していきます。

アバウトページに画像を表示する

ここからは制作中のブログサイトに画像を表示していきます。まずは、アバウトページに画像を表示します。画像はアイキャッチ画像として大きく表示します。

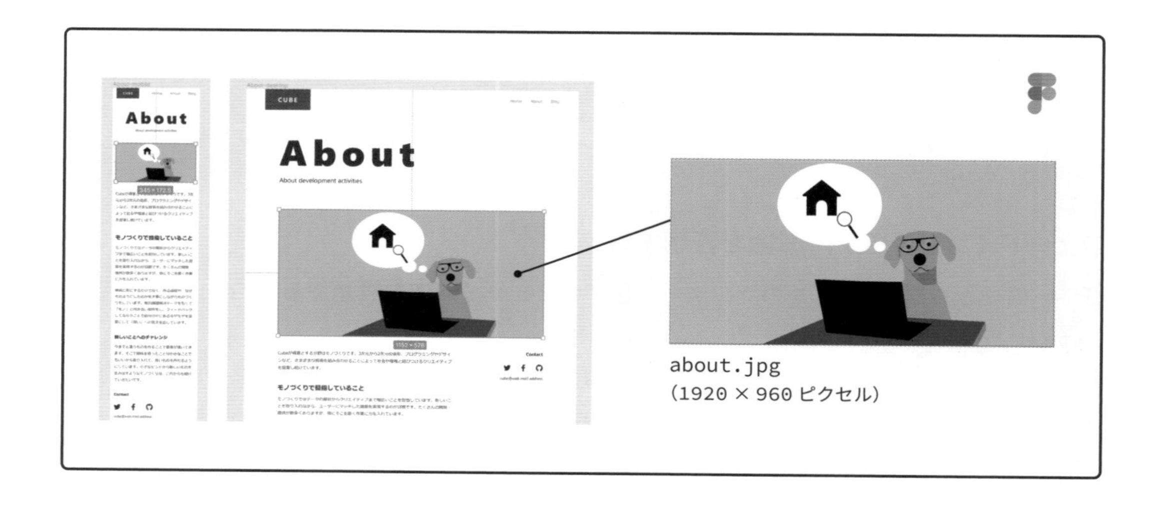

画像を用意する

このサイトではローカルの画像はインポートして扱うことにします。そこで、`public` とは別に画像用のディレクトリとして `images` を用意し、そこにローカルの画像を用意します。アバウトページ用の画像 `about.jpg` もここに置きます。

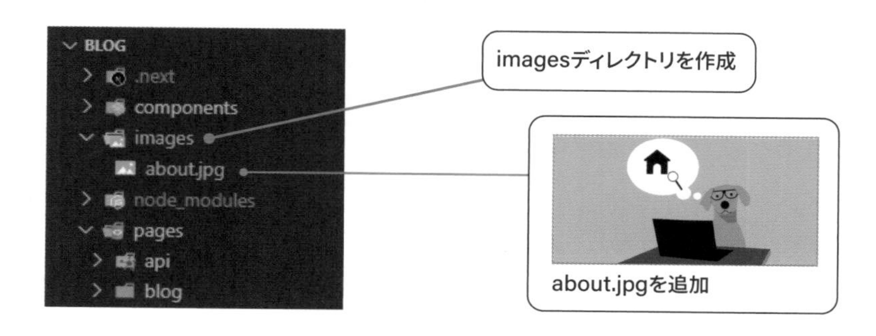

画像を表示する

アバウトページ `about.js` を開き、`next/image` の `Image` コンポーネントと、画像 `about.jpg` をインポートします。画像は `eyecatch` としてインポートしています。

ヒーローの下に `<Image />` を追加し、`src` 属性でインポートした画像を指定します。この場合、画像の `width` と `height` は `eyecatch` を通して扱われるため、指定する必要はありません。`alt` 属性は空にし、装飾的な画像であることを示しています。

`layout` 属性ではレイアウトモードを `responsive` に指定し、可変サイズのレスポンシブイメージにします。ただし、アバウトページのメインコンテンツは P.112 の `<Container>` で最大幅が 1152 ピクセルになります。そのため、`sizes` 属性を指定し、「画面幅が 1152 ピクセル以上の場合は横幅 1152 ピクセル、それ以外の画面幅の場合は横幅 100vw」で表示するのに最適なサイズの画像が選択されるようにします。

```
import Container from 'components/container'
import Hero from 'components/hero'
import PostBody from 'components/post-body'
import { TwoColumn, TwoColumnMain, TwoColumnSidebar } from 'components/two-column'
import Image from 'next/image'
import eyecatch from 'images/about.jpg'

export default function About() {
  return (
    <Container>
      <Hero title="About" subtitle="About development activities" />

      <figure>
        <Image
          src={eyecatch}
          alt=""
          layout="responsive"
          sizes="(min-width: 1152px) 1152px, 100vw"
        />
      </figure>

      <TwoColumn>
        …
      </TwoColumn>
    </Container>
  )
}
```

画像は 1 つの図版として <figure>でマークアップ。

可変サイズのレスポンシブイメージのコードを生成するように指定。

レスポンシブイメージの画像セットの中から、画面幅に応じて最適なサイズの画像を選択するように指定。

pages/about.js

これで、次のように画像が表示されます。他のコンテンツと同じように画面幅に合わせて表示サイズが変わり、最大幅が1152ピクセルになります。`sizes` の指定により、表示には最適なサイズの画像が選択されています。

❖ 画像を優先的に読み込ませる

アイキャッチ画像としてページ上部に大きく表示した画像は、P.149のLCP（Largest Contentful Paint：最大視覚コンテンツの表示時間）の対象になる可能性があります。そのため、LCP対策として `<Image />` の `priority` 属性を指定し、画像を優先的に読み込むようにします。

```
        <figure>
          <Image
            src={eyecatch}
            alt=""
            layout="responsive"
            sizes="(min-width: 1152px) 1152px, 100vw"
            priority
          />
        </figure>
  …
```

pages/about.js

❗ `priority` を指定しなかった場合、ブラウザの開発ツールのConsole（コンソール）には「about.jpgがLCPとして検出された」とWarningが表示され、`priority` の指定が促されます。

```
▸Image with src   react_devtools_backend.js:3973
"/_next/static/media/about.d19731d6.jpg" was
detected as the Largest Contentful Paint (LCP).
Please add the "priority" property if this image
is above the fold.
Read more: https://nextjs.org/docs/api-referenc
e/next/image#priority
```

❖ プレースホルダとしてブラー画像を表示する

画像の読み込み中にはプレースホルダとしてブラー画像を表示するため、`<Image />` の `placeholder` 属性を「blur」と指定します。ブラー画像のソースは `eyecatch` を通して扱われるため、`blurDataURL` を指定する必要はありません。

さらに、ブラー画像からフェードインのアニメーションで滑らかに画像を表示するため、生成コードの `<img />` に CSS の `transition` を適用します。ただし、制作中のブログサイトでは `next/image` で表示するすべての画像にこの効果を適用したいので、グローバルスタイル `globals.css` に以下のように CSS を追加します。

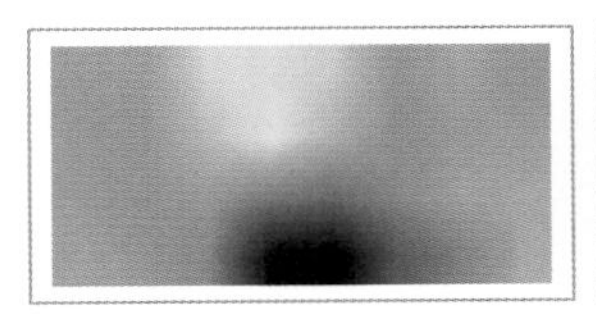
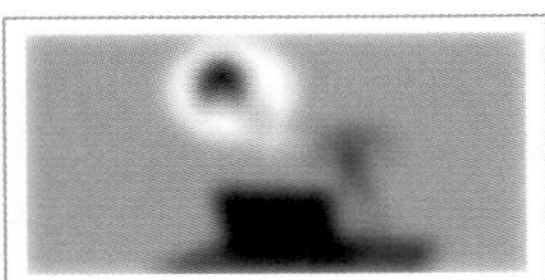

滑らかに画像が表示されます。

```
        <figure>
          <Image
            src={eyecatch}
            alt=""
            layout="responsive"
            sizes="(min-width: 1152px) 1152px, 100vw"
            priority
            placeholder="blur"
          />
        </figure>
  …
```

pages/about.js

```
/* 基本設定 */
…
h3 {
  font-size: var(--heading3);
}

/* next/image */
span > img {
  transition: 0.2s;
}

/* リセット */
```

next/imageで表示する画像は<span>でマークアップされているため、<span>直下の<img>にtransitionを適用しています。

styles/globals.css

ヒーローの画像を表示する

ヒーローを構成する `Hero` コンポーネントでは、 `imageOn` 属性を指定すると画像を表示する設定にしてあります。ブログサイトではトップページのヒーローに `imageOn` 属性を指定してありますので、次のように `cube.jpg` が表示されるように設定していきます。

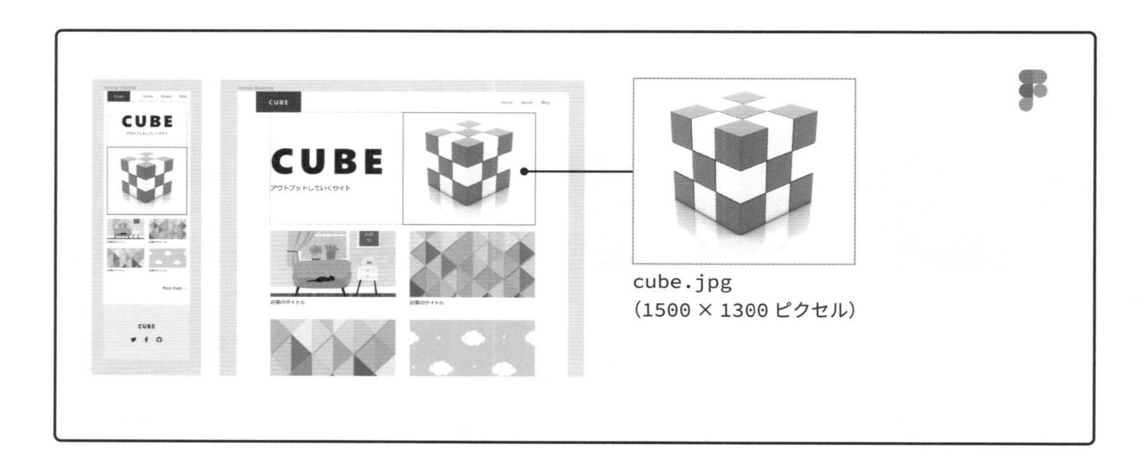

画像を用意する

アバウトページの画像と同じように、ヒーローで使う画像 `cube.jpg` も `images` ディレクトリに追加します。

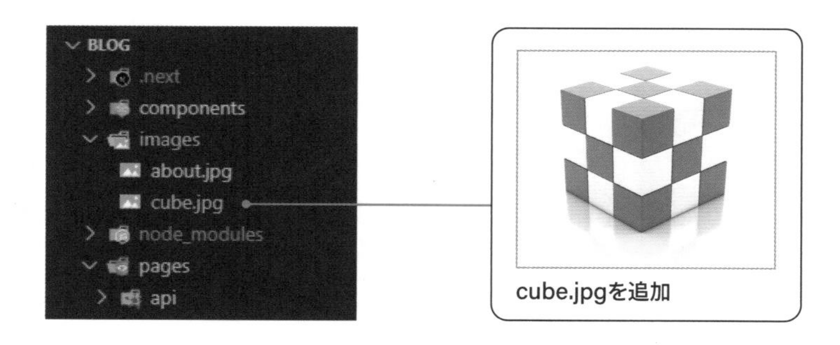

❖ 画像を表示する

`Hero` コンポーネントの `hero.js` を開き、`next/image` の `Image` コンポーネントと、画像 `cube.jpg` をインポートします。画像は `cube` としてインポートしています。

P.63で画像を表示する場所として用意していた<figure>内のテキストを削除し、`<Image />` を追加します。`layout` 属性ではレイアウトモードを `responsive` に指定し、可変サイズのレスポンシブイメージにします。`sizes` 属性はヒーローのレイアウトに合わせてあとで設定します。

```
import styles from 'styles/hero.module.css'
import Image from 'next/image'
import cube from 'images/cube.jpg'

export default function Hero({ title, subtitle, imageOn = false }) {
  return (
    <div className={styles.flexContainer}>
      <div className={styles.text}>
        <h1 className={styles.title}>{title}</h1>
        <p className={styles.subtitle}>{subtitle}</p>
      </div>
      {imageOn && (
        <figure>
          <Image src={cube} alt="" layout="responsive" />
        </figure>
      )}
    </div>
  )
}
```

複数行で書くため()で囲んでいます。

components/hero.js

トップページを開き、ヒーローの表示を確認します。しかし、画像は表示されません。画像を構成する `next/image` のコード `<span>` と `<img>` は生成されていますが、親要素の `<figure>` も含めて表示サイズが0×0になっています。

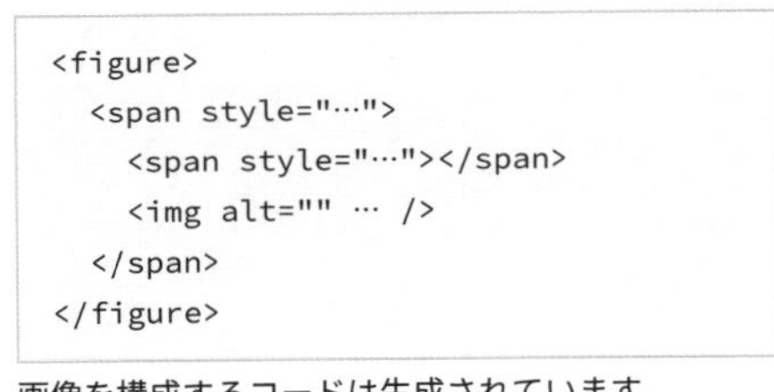

```
<figure>
  <span style="…">
    <span style="…"></span>
    <img alt="" … />
  </span>
</figure>
```

画像を構成するコードは生成されています。

CUBE
アウトプットしていくサイト
figure 0×0
span 0×0
img 0×0

このようになるのは、Flexboxでレイアウトしているヒーローの中に `next/image` の画像を入れたのが原因です。現在、子要素である画像 `<span>` `<img>` と親要素 `<figure>` のサイズは次のように決まっています。

- **子要素の画像 <span><img> のサイズ**
  `next/image` でレイアウトモードを `responsive` にした画像は「**親要素の横幅に合わせたサイズ**」になるように設定されています。

- **親要素 <figure> のサイズ**
  ヒーローには P.109 で「横並び（中央揃え）」の Flexbox の設定を適用し、テキスト `<div className={styles.text}>` と画像 `<figure>` をモバイルでは縦並びに、デスクトップでは横並びにしています。これにより、`<figure>` はフレックスアイテムとして扱われ、さらに横幅を指定していないことから「**中身（子要素）の横幅に合わせたサイズ**」になります。

親要素は子要素の、子要素は親要素の横幅に合わせたサイズになることから、親と子の両方のサイズが0になっているというわけです。画像を表示するためには親または子の横幅を指定します。

`next/image` が生成するコードを変えるのは難しいので、親要素 `<figure>` の横幅を指定します。`hero.js` にインポート済みの `hero.module.css` で、`<figure>` の横幅をモバイルでは100%、デスクトップでは50%に指定します。

```
…
      </div>
      {imageOn && (
        <figure className={styles.image}>
          <Image
            src={cube}
            alt=""
            layout="responsive"
          />
        </figure>
      )}
    </div>
  )
}
```

components/hero.js

```
…
.subtitle {
  font-size: var(--small-heading2);
}

/* image */
.image {
  width: 100%;
}

@media (min-width: 768px) {
  .image {
    width: 50%;
  }
}
```

styles/hero.module.css

これでヒーローの画像が表示されます。

なお、`<Image />` の `sizes` 属性が未指定なため `sizes="100vw"` で処理され、デスクトップでは最適なサイズの画像が選択されません。画像の表示サイズに合わせて `sizes` を指定する必要があります。

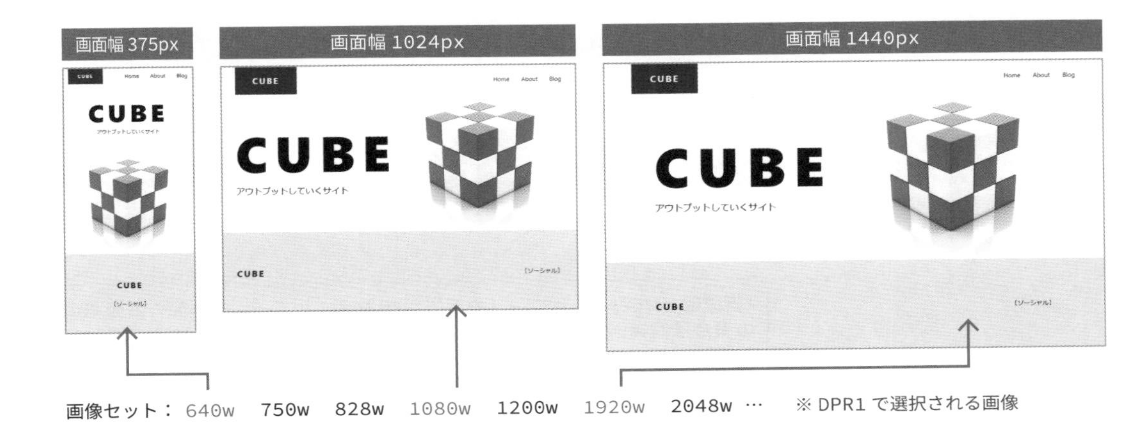

sizes属性を指定する

`sizes` 属性を指定するため、画像の横幅のパターンを洗い出します。すると、次の３パターンになります。

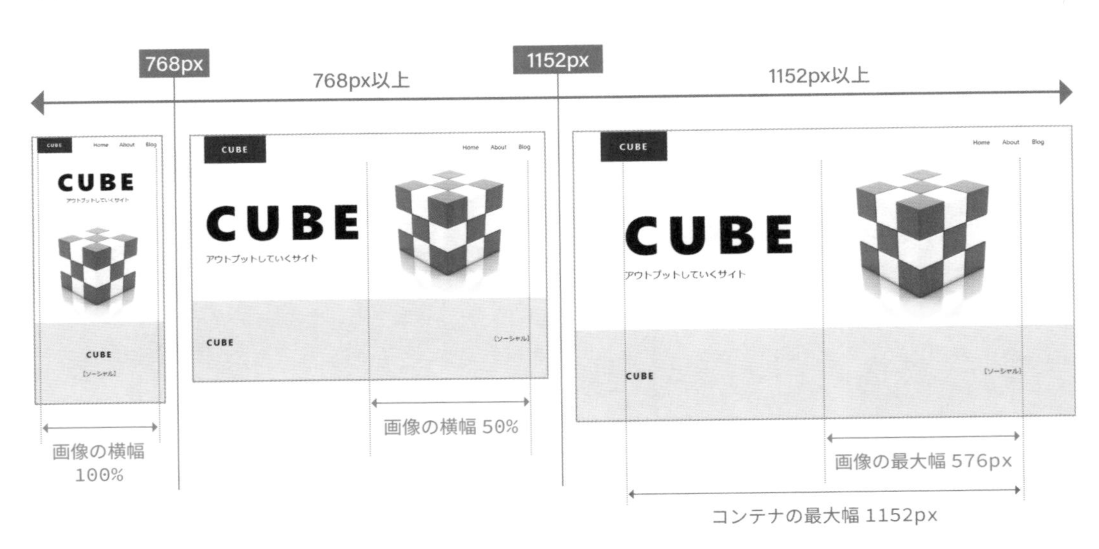

この画像の横幅のパターンを `<Image />` の `sizes` 属性で次のように指定します。`%` は使用できないため、`vw` に置き換えて指定しています。

```
...
        </div>
        {imageOn && (
          <figure className={styles.image}>
            <Image
              src={cube}
              alt=""
              layout="responsive"
              sizes="(min-width: 1152px) 576px, (min-width: 768px) 50vw, 100vw"
            />
          </figure>
        )}
      </div>
    )
  }
```

components/hero.js

「画面幅が1152px以上の場合は横幅576px」と指定。

「画面幅が768px以上の場合は横幅50vw」と指定。

「その他の画面幅の場合は横幅100vw」と指定。

これで最適なサイズの画像が選択されるようになります。

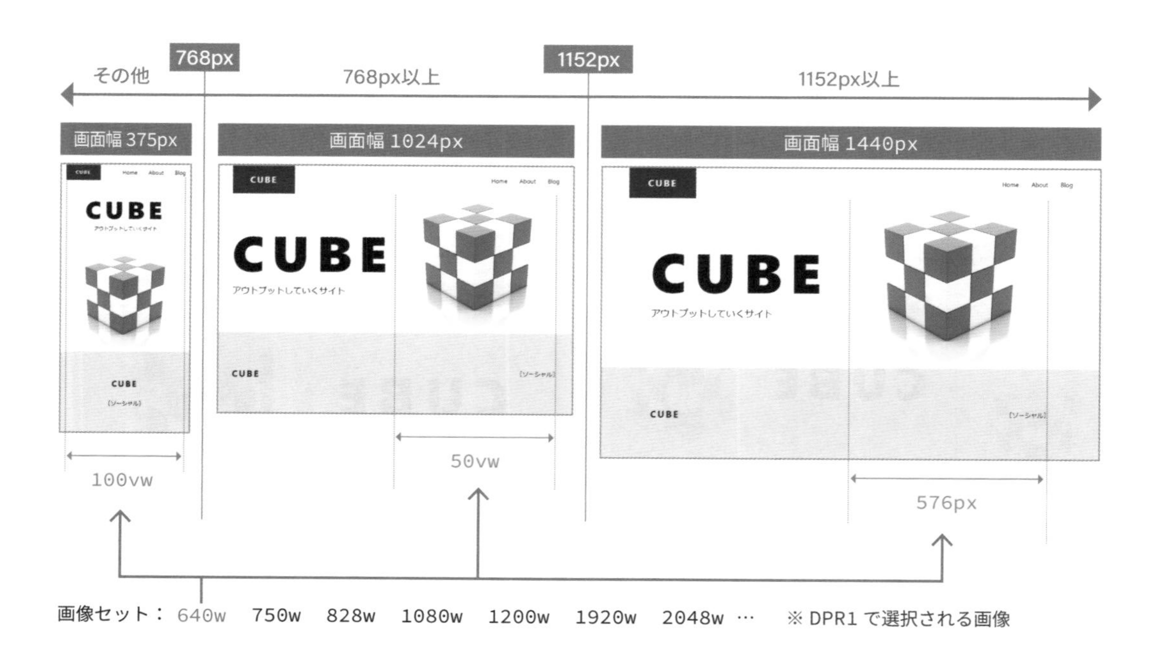

優先読み込みとブラー画像の設定を行う

アバウトページの画像と同じように、ページ上部に表示するヒーローの画像はLCP（Largest Contentful Paint：最大視覚コンテンツの表示時間）の対象になる可能性があります。そのため、`<Image />` の `priority` 属性を指定して画像を優先的に読み込ませます。

さらに、プレースホルダとしてブラー画像を表示するため、`placeholder` 属性を「blur」と指定します。以上で、ヒーローの画像を表示する設定は完了です。

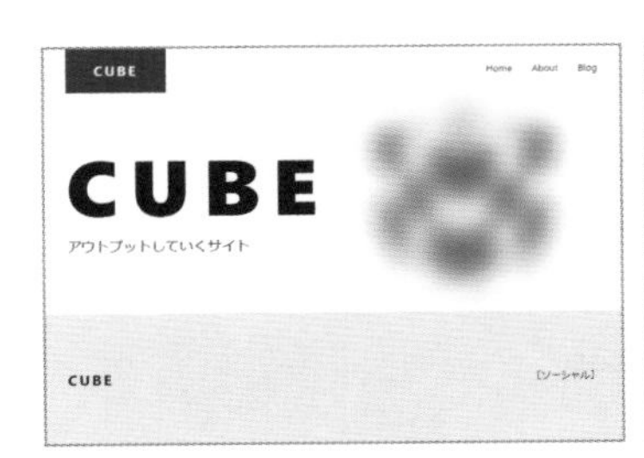

```
  ...
        </div>
        {imageOn && (
          <figure className={styles.image}>
            <Image
              src={cube}
              alt=""
              layout="responsive"
              sizes="(min-width: 1152px) 576px, (min-width: 768px) 50vw, 100vw"
              priority
              placeholder="blur"
            />
          </figure>
        )}
      </div>
    )
  }
```
components/hero.js

Font Awesomeのアイコンを使えるようにする

画像と同じように、Web 制作で欠かせないのがアイコンです。さまざまなアイコンライブラリがあり、React コンポーネントとして利用できるものも増えています。定番の Font Awesome もそんなアイコンライブラリの 1 つです。

Font Awesome のコンポーネントを使用すると、SVG 形式のアイコンを簡単に利用できます。従来のアイコンフォント形式のものと同じように、CSS でサイズや色のカスタマイズも可能です。そこで、ブログサイトのプロジェクトに Font Awesome をインストールし、アイコンを使えるようにします。

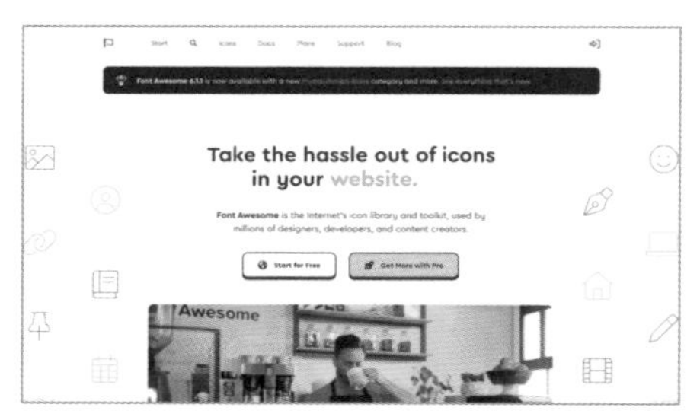

Font Awesome
`https://fontawesome.com/`

Font Awesomeをインストールする

Font Awesome をインストールしていきます。プロジェクトのディレクトリ（ここでは P.23 で作成した blog ディレクトリ）に移動し、まずは Font Awesome の SVG コア（コアパッケージ）をインストールします。

```
$ npm install @fortawesome/fontawesome-svg-core
```

続けて、Font Awesome の React コンポーネントをインストールします。

```
$ npm install @fortawesome/react-fontawesome
```

最後に、使用したいアイコンパッケージをインストールします。ここではフリーで利用できる Solid、Regular、Brands の 3 種類のパッケージをインストールします。

```
$ npm install @fortawesome/free-solid-svg-icons
```

```
$ npm install @fortawesome/free-regular-svg-icons
```

```
$ npm install @fortawesome/free-brands-svg-icons
```


❖ Next.js用の設定を追加する

Next.js で Font Awesome のアイコンを使用すると、アイコンが一瞬大きく表示されてから最終的なサイズに変わるのが見えてしまいます。アイコンの表示後に Font Awesome の CSS が遅れて適用されるのが原因です。これを防ぐため、`_app.js` に次の設定を追加します。
以上で、Font Awesome のアイコンを使う準備は完了です。

```
import 'styles/globals.css'
import Layout from 'components/layout'

// Font Awesome の設定
import '@fortawesome/fontawesome-svg-core/styles.css'
import { config } from '@fortawesome/fontawesome-svg-core'
config.autoAddCss = false

function MyApp({ Component, pageProps }) {
  return (
    <Layout>
      <Component {...pageProps} />
    </Layout>
  )
}

export default MyApp
```

Font AwesomeのCSSをインポート。グローバルスタイルとしてサイト全体に適用します。

Font AwesomeのSVGコアが個別にCSSを適用するのを無効化。

pages/_app.js

上記の設定は Font Awesome のサイトからコピーできます。
https://fontawesome.com/docs/web/use-with/react/use-with#next-js

5.8
Image & Icon

Font Awesomeの基本的な使い方

Font Awesome の基本的な使い方を確認しておきます。アイコンを使ったブログサイトの制作はステップ 5.9（P.178）から行います。

使いたいアイコンを探す

使いたいアイコンは Font Awesome の「Icons」ページで検索します。検索結果はインストールした Solid、Regular、Brands の 3 種類のパッケージの中からフリーで使えるものに絞って表示します。使いたいアイコンを選択したら、アイコンが含まれるパッケージとアイコン名を確認します。

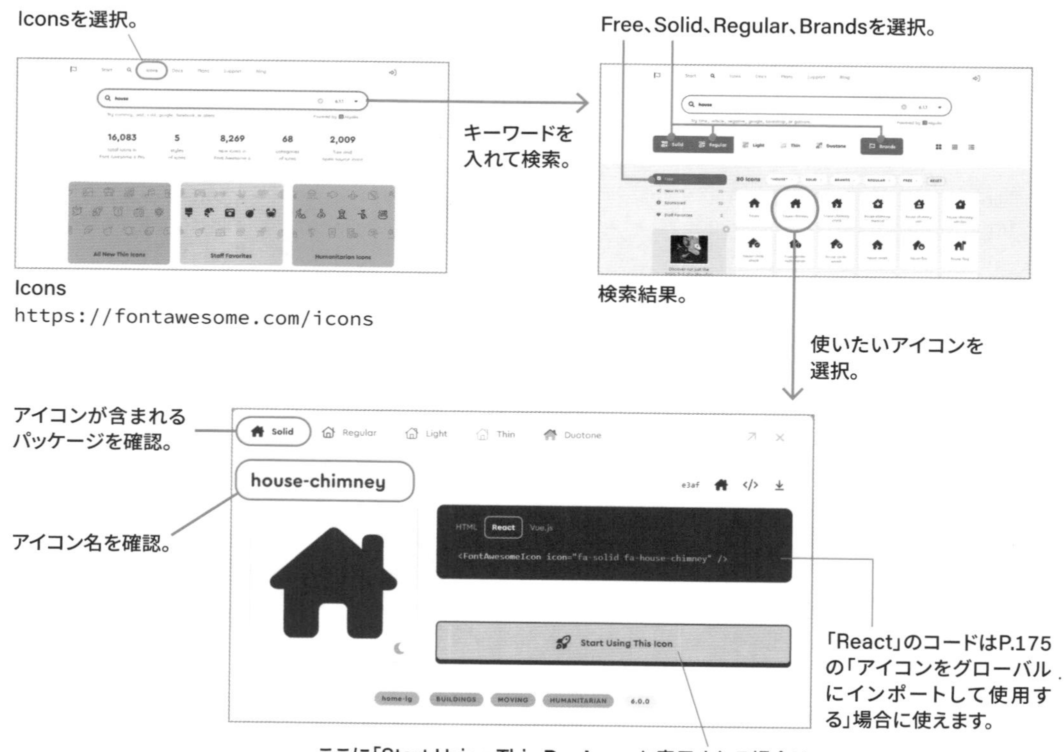
Iconsを選択。
Free、Solid、Regular、Brandsを選択。
キーワードを入れて検索。
Icons
https://fontawesome.com/icons
検索結果。
使いたいアイコンを選択。
アイコンが含まれるパッケージを確認。
Solid
Regular
Light
Thin
Duotone
house-chimney
アイコン名を確認。
HTML
React
Vue.js
<FontAwesomeIcon icon="fa-solid fa-house-chimney" />
Start Using This Icon
「React」のコードはP.175の「アイコンをグローバルにインポートして使用する」場合に使えます。
ここに「Start Using This **Pro Icon**」と表示される場合は有料のPro版でしか利用できないため注意が必要です。

アイコンを個別にインポートして使用する

コンポーネントごとに必要なアイコンをインポートして使用するシンプルな方法です。Font Awesome の `FontAwesomeIcon` コンポーネントと使いたいアイコンをインポートし、`<FontAwesomeIcon />` の `icon` 属性でアイコンを指定します。

ここでは `solid` パッケージから `house-chimney`（煙突付きの家）アイコンをインポートし、`icon` 属性で指定しています。ただし、アイコン名は最初に `fa` を付けてキャメルケース（camelCase）にする必要があるため、`faHouseChimney` と指定しています。

FontAwesomeIcon コンポーネントをインポート。

solidパッケージからhouse-chimneyアイコンをインポート。

```
import { FontAwesomeIcon } from '@fortawesome/react-fontawesome'
import { faHouseChimney } from '@fortawesome/free-solid-svg-icons'

export default function Icon() {
  return (
    <h1>
      <FontAwesomeIcon icon={faHouseChimney} /> Home
    </h1>
  )
}
```

house-chimneyアイコンを表示するように指定。

これで SVG のコードが生成され、アイコンが表示されます。

Home

```
<h1>
  <svg aria-hidden="true" focusable="false" data-prefix="fas"
   data-icon="house-chimney" class="svg-inline--fa fa-house-chimney "
   role="img" xmlns="http://www.w3.org/2000/svg" viewBox="0 0 576 512">
    <path
      fill="currentColor"
      d="M511.8 287.6L512.5 … 287.6 543.8 287.6L511.8 287.6z"
    ></path>
  </svg>
  Home
</h1>
```

インポートしたアイコンは次のようなデータで、アイコン名やSVGのパスの定義などが含まれています。

```
{
  prefix: 'fas',
  iconName: 'house-chimney',
  icon: [
    576,
    512,
    [63499, 'home-lg'],
    'e3af',
    'M511.8 287.6L512.5 … 287.6 543.8 287.6L511.8 287.6z',
  ],
}
```

異なるパッケージから同じアイコンのバリエーションをインポートする場合

Font Awesomeのアイコンのバリエーションは異なるパッケージで提供されています。しかし、アイコン名が同じなため、同時にインポートするとエラーになります。たとえば、`solid` と `regular` パッケージから `sun`（太陽）アイコンをインポートしてみます。

```
import { faSun } from '@fortawesome/free-solid-svg-icons'
import { faSun } from '@fortawesome/free-regular-svg-icons'
```

Error

このような場合、名前付きインポートのエイリアスの仕組みを使うと、違う名前でインポートできます。

```
import { faSun } from '@fortawesome/free-solid-svg-icons'
import { faSun as faSunRegular } from '@fortawesome/free-regular-svg-icons'
```

No Error

これで、同じアイコンを異なるバリエーションで表示できます。

```
<h1>
  <FontAwesomeIcon icon={faSun} />
  Home
  <FontAwesomeIcon icon={faSunRegular} />
</h1>
```

アイコンをグローバルにインポートして使用する

グローバルにアイコンをインポートして使用する方法もあり、コンポーネントごとにインポートする手間がなくなります。ただし、使用しないアイコンのインポートが増えてしまうとパフォーマンスに影響するため注意が必要です。

この方法ではサイト内で使用するすべてのアイコンを `_app.js` でインポートし、SVG コアの `library` に登録します。`_app.js` には次のような設定を追加します。

SVGコアからlibraryをインポート。

サイト内で使用するアイコンをインポート。

```
import { library } from '@fortawesome/fontawesome-svg-core'
import { faHouseChimney } from '@fortawesome/free-solid-svg-icons'
import { faSun } from '@fortawesome/free-regular-svg-icons'
import { faTwitter, faFacebookF } from '@fortawesome/free-brands-svg-icons'

library.add(faHouseChimney, faSun, faTwitter, faFacebookF)
```

インポートしたアイコンをlibraryに登録。

アイコンを使用するコンポーネントでは、`FontAwesomeIcon` コンポーネントのみをインポートします。たとえば、`library` に登録した `house-chimney` （煙突付きの家）アイコンを使用する場合は次のように指定します。これでアイコンが表示されます。

Home

```
import { FontAwesomeIcon } from '@fortawesome/react-fontawesome'

export default function Icon() {
  return (
    <h1>
      <FontAwesomeIcon icon="fa-solid fa-house-chimney" /> Home
    </h1>
  )
}
```

パッケージとアイコン名を指定。それぞれ最初にfaを付け、ケバブケース（kebab-case）で記述します。この<FontAwesomeIcon />のコードはP.172のアイコンの画面からコピーすることもできます。

5 Image & Icon

_app.js で次のように指定すると、各パッケージに含まれるすべてのアイコンをインポートすることもできます。ただし、膨大な数のアイコンをインポートすることになります。

```
import { library } from '@fortawesome/fontawesome-svg-core'
import { fas } from '@fortawesome/free-solid-svg-icons'
import { far } from '@fortawesome/free-regular-svg-icons'
import { fab } from '@fortawesome/free-brands-svg-icons'

library.add(fas, far, fab)
```

アイコンのサイズと色をカスタマイズする

Font Awesome のアイコンのサイズと色は、標準では親要素のフォントサイズ `font-size` と色 `color` によって決まります。そのため、テキストとのバランスがとれた表示になります。

```
<h1 style={{ fontSize: '100px', color: 'burlywood' }}>
  <FontAwesomeIcon icon={faHouseChimney} /> Home
</h1>
```

親要素のフォントサイズを100px、色を茶色にしたときの表示。

アイコン単体のサイズと色を直接指定する場合

アイコン単体のサイズと色を直接指定することもできます。その場合、生成コードの `<svg>` に `font-size` と `color` を適用します。`<svg>` に CSS を適用するためには、グローバルスタイルを使うか、`<FontAwesomeIcon />` の `className` または `style` 属性を使います。

```
<h1 style={{ fontSize: '34px' }}>
  <FontAwesomeIcon
    icon={faHouseChimney}
    style={{ fontSize: '100px', color: 'burlywood' }}
  />{' '}
  Home
</h1>
```

アイコンのフォントサイズを100px、色を茶色にしたときの表示。

アイコン単体のサイズと色は `<FontAwesomeIcon />` の `size` および `color` 属性で指定することもできます。ただし、`size` で指定できるのはフォントサイズに対する相対値で、`2xs` 〜 `2xl` または `1x` 〜 `10x` で指定します。

```
<h1 style={{ fontSize: '34px' }}>
  <FontAwesomeIcon
    icon={faHouseChimney}
    size="2x"
    color="burlywood"
  />{' '}
  Home
</h1>
```

アイコンのサイズを2x（フォントサイズの２倍）、色を茶色にしたときの表示。親要素のフォントサイズが34pxの場合、サイズは68pxになります。

`size` 属性の値は、次のように em 単位のフォントサイズとして処理されます。

size の値	フォントサイズ
2xs	0.625em
xs	0.75em
xm	0.875em
lg	1.25em
xl	1.5em
2xl	2em

size の値	フォントサイズ
1x	1em
2x	2em
3x	3em
4x	4em
5x	5em

size の値	フォントサイズ
6x	6em
7x	7em
8x	8em
9x	9em
10x	10em

5.9 アイコンを使ってソーシャルリンクメニューを作成する

Font Awesome のアイコンを使ってソーシャルリンクメニューを作成します。ソーシャルリンクメニューは `Social` コンポーネントとして管理し、フッターとコンタクト情報にインポートして使用します。

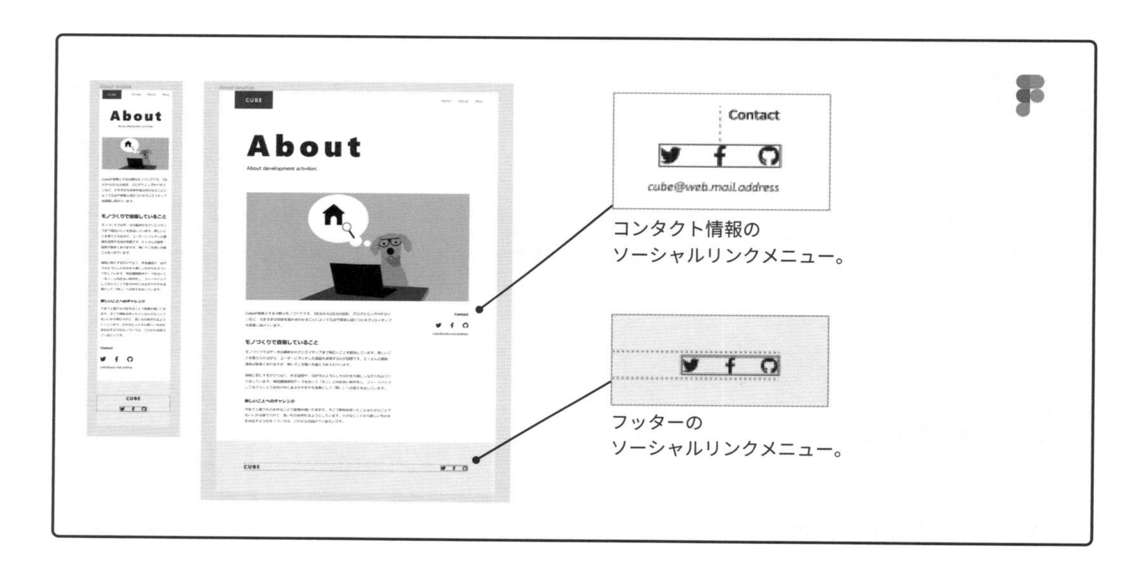

Socialコンポーネントを作成する

`Social` コンポーネントを作成するため、`components` ディレクトリに `social.js` を、`styles` ディレクトリに `social.module.css` を追加します。

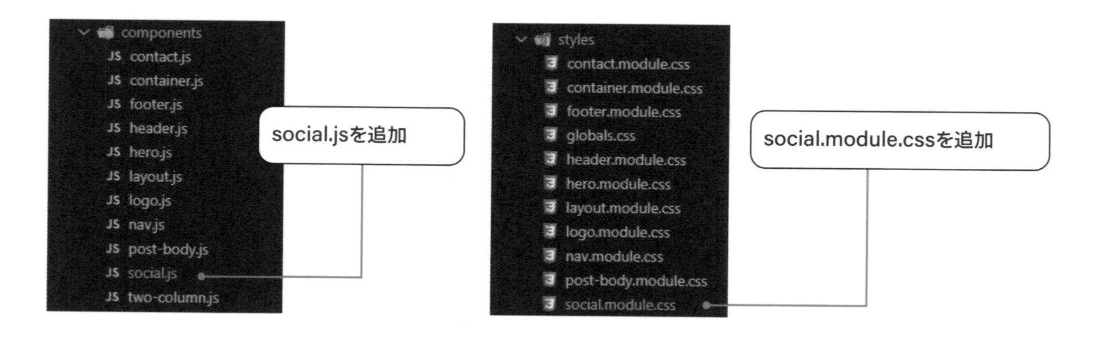

ソーシャルリンクメニューは Twitter、Facebook、GitHub へのリンクで構成します。`social.js` では FontAwesome の `brands` パッケージからこれらのアイコンをインポートし、`FontAwesomeIcon` コンポーネントで表示します。

アイコンには <a> でリンクを設定します。外部リンクになるため `next/link` は使用しません。全体はリストとして <ul> と <li> でマークアップします。CSS は `social.module.css` をインポートし、<ul> に `.list` を適用しています。

```
import styles from 'styles/social.module.css'

import { FontAwesomeIcon } from '@fortawesome/react-fontawesome'
import {
  faTwitter,
  faFacebookF,
  faGithub,
} from '@fortawesome/free-brands-svg-icons'

export default function Social() {
  return (
    <ul className={styles.list}>
      <li>
        <a href="https://twitter.com/">
          <FontAwesomeIcon icon={faTwitter} />
          <span className="sr-only">Twitter</span>
        </a>
      </li>
      <li>
        <a href="https://www.facebook.com/">
          <FontAwesomeIcon icon={faFacebookF} />
          <span className="sr-only">Facebook</span>
        </a>
      </li>
      <li>
        <a href="https://github.com/">
          <FontAwesomeIcon icon={faGithub} />
          <span className="sr-only">GitHub</span>
        </a>
      </li>
    </ul>
  )
}
```

FontAwesomeIconコンポーネントと３つのアイコンをインポート。

<FontAwesomeIcon />でTwitter、Facebook、GitHubのアイコンを表示するように指定。
<span>ではスクリーンリーダー用の代替テキストを記述。「sr-only」はFont Awesomeが用意しているクラスで、テキストを非表示にします。

components/social.js

`social.module.css` では `.list` をフレックスコンテナにして、Flexbox でアイコンを横並びにします。アイコンのサイズは `font-size` で 24 ピクセルに、間隔は `gap` で 1.5em（フォントサイズの 1.5 倍）に指定しています。

```
.list {
  display: flex;
  gap: 1.5em;
  font-size: 24px;
}
```

styles/social.module.css

フッター `footer.js` とコンタクト情報 `contact.js` を開き、`Social` コンポーネントをインポートして追加します。

```
import Container from 'components/container'
import Logo from 'components/logo'
import Social from 'components/social'
import styles from 'styles/footer.module.css'

export default function Footer() {
  return (
    <footer className={styles.wrapper}>
      <Container>
        <div className={styles.flexContainer}>
          <Logo />
          <Social />
        </div>
      </Container>
    </footer>
  )
}
```

ロゴの下に<Social />を追加。P.110でソーシャルリンクメニューの代わりに記述していたテキストは削除します。

components/footer.js

```
import Social from 'components/social'
import styles from 'styles/contact.module.css'

export default function Contact() {
  return (
    <div className={styles.stack}>
      <h3 className={styles.heading}>Contact</h3>
      <Social />
      <address>cube@web.mail.address</address>
    </div>
  )
}
```

コンタクト情報では見出し<h3>とメールアドレス<address>の間に<Social />を追加。

components/contact.js

フッターとコンタクト情報の両方が表示されるアバウトページを開き、ソーシャルリンクメニューが追加されたことを確認します。

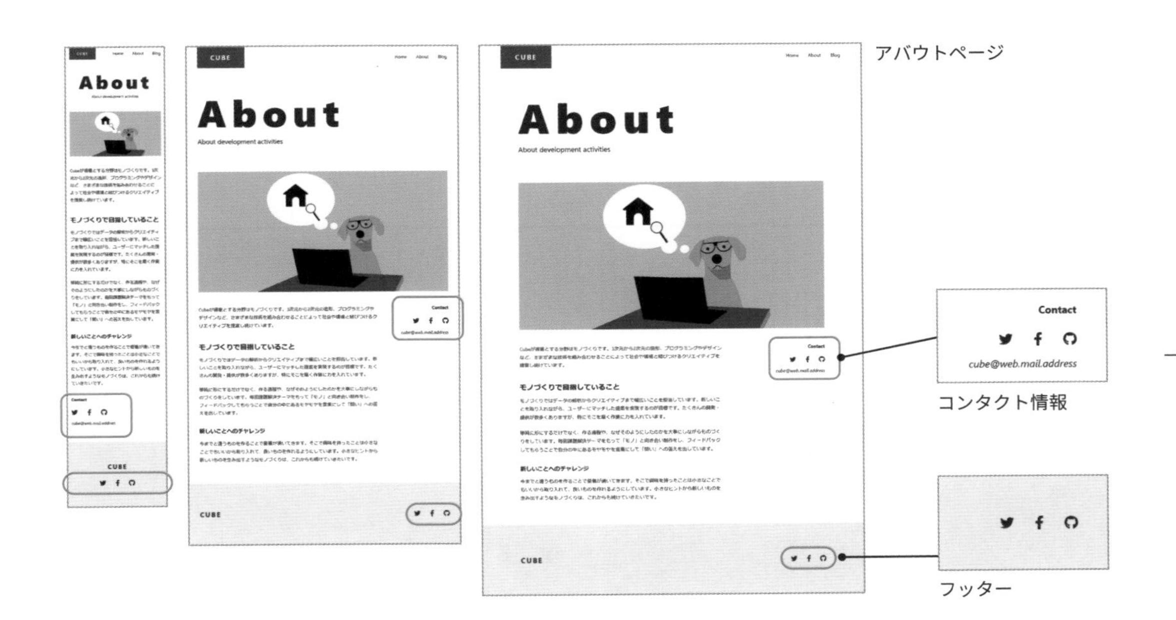

なお、アイコンのサイズは 24 ピクセルに指定しましたが、コンタクト情報に入れたメニューではもう少し大きくすることを考えます。そのため、次のステップでは `Social` コンポーネントでアイコンサイズを指定できるようにしていきます。

アイコンが font-size で指定したサイズになっているかどうかは、<svg> の高さで確認できます。<svg> の横幅はアイコンのデザインによって変わりますので注意が必要です。

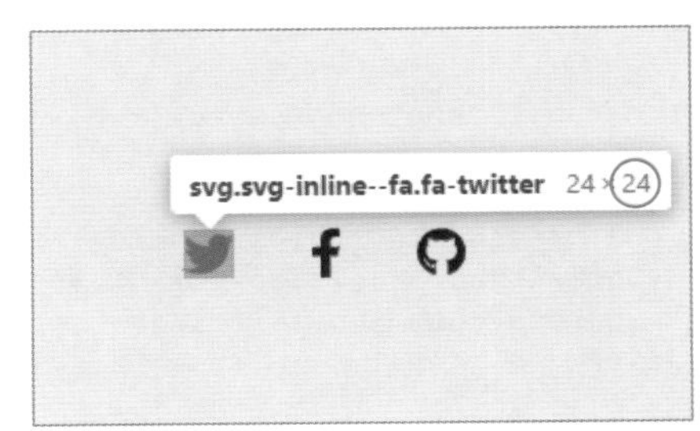

アイコンのサイズ（フォントサイズ）をpropsで指定できるようにする

`Social` コンポーネントでソーシャルリンクメニューのアイコンのサイズを指定できるようにします。コンタクト情報で使うときは 30px、フッターで使うときは 24px のサイズにします。

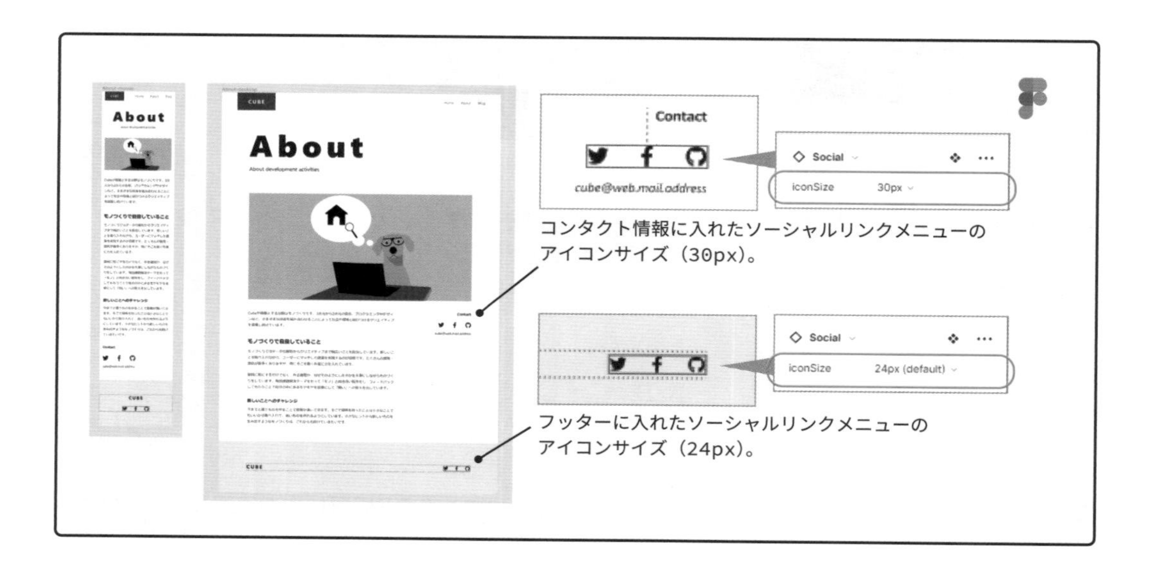

アイコンのサイズは `<Social />` の `iconSize` 属性で指定する形にし、フッターで使うときの 24px のサイズは初期値として扱うことにします。そのため、30px のサイズにしたいコンタクト情報 `contact.js` を開き、次のように `iconSize` 属性を指定します。

```
import Social from 'components/social'
import styles from 'styles/contact.module.css'

export default function Contact() {
  return (
    <div className={styles.stack}>
      <h3 className={styles.heading}>Contact</h3>
      <Social iconSize="30px" />
      <address>cube@web.mail.address</address>
    </div>
  )
}
```

iconSize属性ではCSSのfont-sizeプロパティで扱える値をすべて扱えるようにします。

components/contact.js

iconSize で指定した値は Social コンポーネントで受け取り、CSS 変数を使って social.module.css に渡します。

ここでは --icon-size という CSS 変数を使います。social.js を開き、<ul> の style 属性を使って --icon-size の値を iconSize に指定します。
iconSize の初期値は initial と指定し、--icon-size の初期値を参照させます。

```
…
export default function Social({ iconSize = 'initial' }) {
  return (
    <ul className={styles.list} style={{ '--icon-size': iconSize }}>
      …
    </ul>
  )
}
```

components/social.js

social.module.css を開き、アイコンサイズを指定している font-size の値を var(--icon-size) にします。これで、iconSize の値が font-size の値としてセットされます。

さらに、var() の第 2 引数では --icon-size の初期値を 24px に指定します。これで、--icon-size の値が initial の場合、アイコンサイズが 24px になります。

```
.list {
  display: flex;
  gap: 1.5em;
  font-size: var(--icon-size, 24px);
}
```

styles/social.module.css

表示を確認すると、コンタクト情報に入れたメニューのアイコンサイズが大きくなったことがわかります。フッター側のアイコンサイズは 24px のまま、表示は変化しません。

レスポンシブの表示も確認しておきます。ここではアイコンを固定サイズにしていますが、Fluid な可変サイズにすることも可能です。以上で、ソーシャルリンクメニューの設定は完了です。

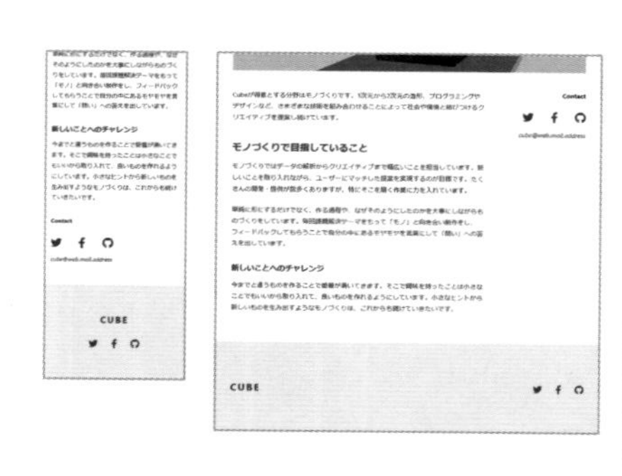

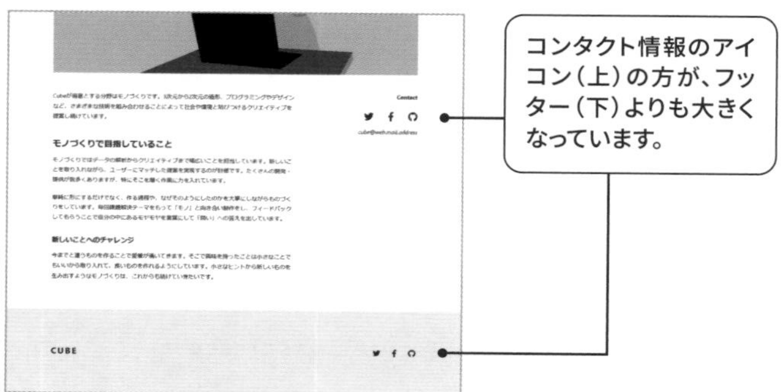

コンタクト情報のアイコン(上)の方が、フッター(下)よりも大きくなっています。

CSS変数の値を使用するvar()関数

var() は CSS 変数（カスタムプロパティ）の値を使用するための CSS 関数です。第 1 引数で変数名を指定して使用します。第 2 引数の値はフォールバック値（代替値）と呼ばれ、省略できます。

```
font-size: var(--icon-size, 24px);
```

変数の値が未指定または `initial` の場合、フォールバック値が使用されます。

```
--icon-size: initial;
font-size: var(--icon-size, 24px);
```

→ フォントサイズは 24px になります。

変数の値が var() を使用している font-size プロパティにとって無効な値だった場合、font-size を指定しなかったときと同じ処理になります。

```
--icon-size: red;
font-size: var(--icon-size, 24px);
```

→ `font-size` を指定しなかったときの処理（親要素のフォントサイズを継承またはブラウザ標準のフォントサイズ）になります。

Chapter 6

メタデータ

Next.js/React

6.1
Metadata

Webページに入れたいメタデータ

タイトルやURLなど、画面に表示しないWebページに関する情報は「メタデータ」としてHTMLの <head> 内に用意しなければなりません。メタデータは検索エンジンやSNSなどで使用され、SEO（検索エンジン最適化）対策にも欠かせない情報です。

❖ next.jsが標準で挿入するメタデータ

ここまでに作成したページの生成コードでは、ビューポートの設定とエンコードの種類を示すメタデータのみが挿入されています。これら以外のメタデータは追加していく必要があります。

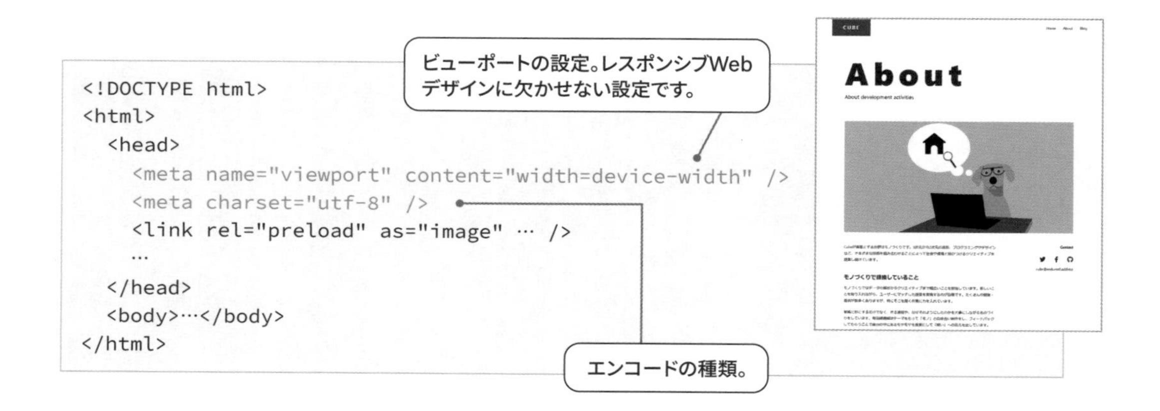
ビューポートの設定。レスポンシブWebデザインに欠かせない設定です。
```
<!DOCTYPE html>
<html>
<head>
<meta name="viewport" content="width=device-width" />
<meta charset="utf-8" />
<link rel="preload" as="image" … />
…
</head>
<body>…</body>
</html>
```
エンコードの種類。
About
About development activities

❖ 追加したいメタデータ

各ページには現在のWebページに求められる主要なメタデータを追加していきます。HTMLの記述でリストアップすると、追加したいメタデータは次のⒶ～Ⓖのようになります。
赤字はページ固有の情報なため、ページごとに管理します。青字はサイトに関する情報なため、ページとは別に共有できる形で管理することを考えます。

```
<!DOCTYPE html>
<html lang="ja">  ● Ⓐ言語の種類
  <head>
    <meta name="viewport" content="width=device-width" />
    <meta charset="utf-8" />

    Ⓑページのタイトル
    <title>ページのタイトル | サイト名</title>
    <meta property="og:title" content="ページのタイトル | サイト名" />

    Ⓒページの説明
    <meta name="description" content="ページの説明" />
    <meta property="og:description" content="ページの説明" />

    ⒹページのURL
    <link rel="canonical" href="https://サイトのURL/ページのパス" />
    <meta property="og:url" content="https://サイトのURL/ページのパス" />

    Ⓔサイトに関する情報
    <meta property="og:site_name" content="サイト名" />
    <meta property="og:type" content="コンテンツの種類" />
    <meta property="og:locale" content="ロケール" />

    Ⓕサイトのアイコン
    <link rel="icon" href="アイコン画像" />
    <link rel="apple-touch-icon" href="アイコン画像" />

    ⒼOGP画像
    <meta property="og:image" content="https://サイトのURL/OGP画像" />
    <meta property="og:image:width" content="OGP画像の横幅" />
    <meta property="og:image:height" content="OGP画像の高さ" />
    <meta name="twitter:card" content="summary_large_image" />

    <link rel="preload" as="image" … />
    …
  </head>
  <body>…</body>
</html>
```

6

Metadata

`<meta />`の`property`属性の値が「og:」で始まるものは、OGP（Open Graph Protocol）のメタデータです。SNSなどでページがシェアされたときに使用されます。特に、OGP画像はページのサムネイルとして使用されるため、きちんと設定しておきたいデータです。

メタデータをどのように使うかは検索エンジンやSNSなどによって異なります。

6.2 Headコンポーネントでメタデータを追加する

HTML の <head> 内に入れたいメタデータは、 next/head の Head コンポーネントを使って追加します。

まずはアバウトページにⒶのページのタイトルを追加してみます。 about.js に Head コンポーネントをインポートし、 <Head> ～ </Head> 内にページのタイトル <title> を記述します。ここではタイトルを「アバウト」と指定しています。

```
import Head from 'next/head'
import Container from 'components/container'
import Hero from 'components/hero'
…

export default function About() {
  return (
    <Container>
      <Head>
        <title> アバウト </title>
      </Head>

      <Hero title="About" subtitle="About development activities" />
      …
```

メタデータを記述。

pages/about.js

これで生成コードに <title> が追加され、ブラウザのタブにもタイトルが表示されるようになります。

```
<!DOCTYPE html>
<html>
  <head>
    <meta name="viewport" content="width=device-width" />
    <meta charset="utf-8" />
    <title> アバウト </title>
    <link rel="preload" as="image" … />
    …
```

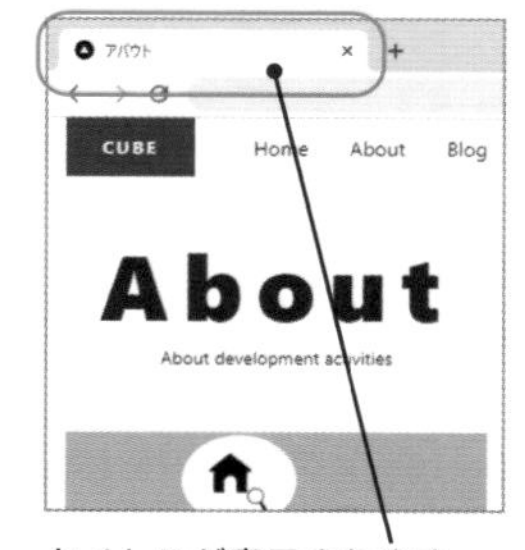

タイトルが表示されます。

Metaコンポーネントでメタデータを管理する

`Head` を使えば `<head>` 内に入ることが確認できたので、コンポーネントにして各ページで簡単に扱えるようにします。ここでは `Meta` コンポーネントで管理するため、`components` ディレクトリに `meta.js` を追加します。

meta.jsを追加

`meta.js` では `Head` コンポーネントをインポートし、`<Head>` ～ `</Head>` 内にタイトル `<title>` を記述します。タイトルの中身は `pageTitle` で受け取り、`<title>` 内に挿入するように指定します。
さらに、OGP によるページタイトルの記述も追加しておきます。こちらは `<meta />` の `content` 属性でタイトルを指定します。

```
import Head from 'next/head'

export default function Meta({ pageTitle }) {
  return (
    <Head>
      <title>{pageTitle}</title>
      <meta property="og:title" content={pageTitle} />
    </Head>
  )
}
```

components/meta.js

アバウトページ about.js では Head の代わりに Meta コンポーネントをインポートし、<Head> ～ </Head> を <Meta /> に書き換えます。ページのタイトルは <Meta /> の pageTitle 属性で指定します。

```
import Head from 'next/head'
import Container from 'components/container'
import Hero from 'components/hero'
…

export default function About() {
  return (
    <Container>
      <Head>
        <title> アバウト </title>
      </Head>

      <Hero title="About" subtitle="About development activities" />
      …
```

pages/about.js

```
import Meta from 'components/meta'
import Container from 'components/container'
import Hero from 'components/hero'
…

export default function About() {
  return (
    <Container>
      <Meta pageTitle=" アバウト " />

      <Hero title="About" subtitle="About development activities" />
      …
```

Headの代わりにMetaをインポート。

<Head>～</Head>を<Meta />に変更。

pages/about.js

Meta コンポーネントへの移行は完了です。生成コードは次のようになります。ブラウザのタブの表示は変化しません。

```
<head>
  <meta name="viewport" content="width=device-width" />
  <meta charset="utf-8" />
  <title> アバウト </title>
  <meta property="og:title" content=" アバウト " />
  <link rel="preload" as="image" … />
  …
```

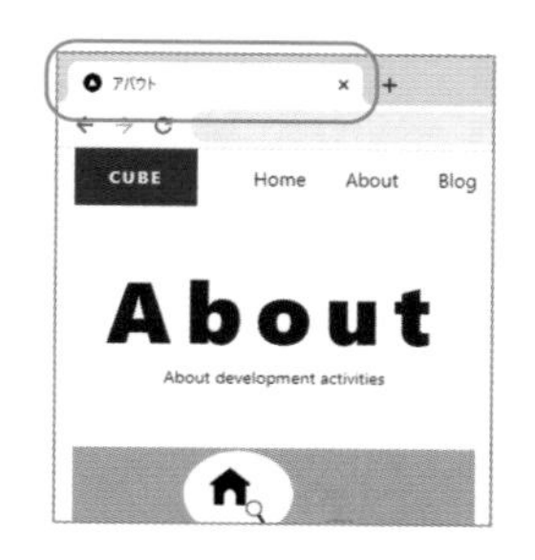

サイトに関する情報を共有できる形で用意する

ページのタイトルにはサイト名を付加し、「**ページのタイトル | サイト名**」という形にします。ただし、サイト名はページ固有の情報ではなく、サイトに関する情報です。そのため、`pageTitle` 属性の指定には含めず、`Meta` コンポーネント側で付加します。

さらに、サイトに関する情報はメタデータ以外でも使用する可能性があるため、共有できる形で管理し、`Meta` コンポーネントにインポートして利用できるようにします。ここではルートディレクトリ内に `lib` ディレクトリを追加し、`constants.js` というファイルを作成してモジュールとして管理します。

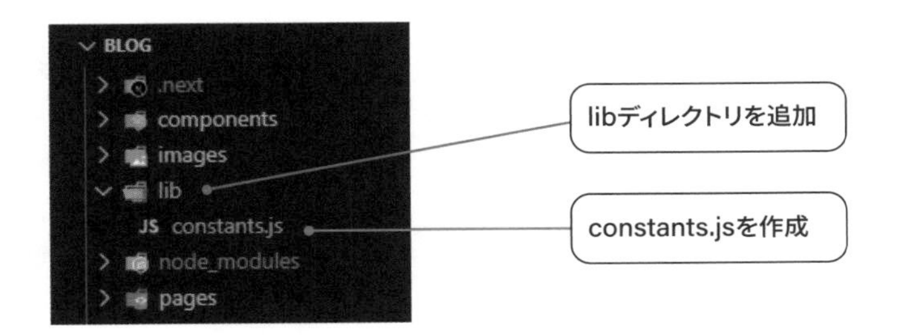

`constants.js` には P.187 の青字で示したサイトに関する情報を記述します。ここでは `siteMeta` オブジェクトで次のように情報を記述しています。サイトの URL は最終的に公開する場所に合わせて書き換えます。アイコンの画像（favicon.png）は後から `public` ディレクトリに用意しますので、パスを指定しておきます。

```
export const siteMeta = {
  siteTitle: 'CUBE',
  siteDesc: ' アウトプットしていくサイト ',
  siteUrl: 'https://*********',
  siteLang: 'ja',
  siteLocale: 'ja_JP',
  siteType: 'website',
  siteIcon: '/favicon.png',
}
```

```
siteTitle....... サイト名
siteDesc........ サイトの説明
siteUrl......... サイトの URL
siteLang........ 言語
siteLocale ..... ロケール
siteType ....... コンテンツの種類
siteIcon ....... アイコン画像
```

lib/constants.js

`Meta` コンポーネントに `siteMeta` をインポートし、分割代入で使いたい情報を取り出します。ここでは <head> 内に入れる❸〜❼の設定に必要なもの（`siteLang` 以外）を取り出しています。

ページのタイトル `pageTitle` にはサイト名 `siteTitle` を付加します。これらの間は「|」で区切ります。`<meta />` の `content` 属性の値はテンプレートリテラルを使って記述します。

```
import Head from 'next/head'

// サイトに関する情報
import { siteMeta } from 'lib/constants'
const { siteTitle, siteDesc, siteUrl, siteLocale, siteType, siteIcon } = siteMeta

export default function Meta({ pageTitle }) {
  return (
    <Head>
      <title>{pageTitle} | {siteTitle}</title>
      <meta property="og:title" content={`${pageTitle} | ${siteTitle}`} />
    </Head>
  )
}
```

components/meta.js

```
<head>
  <meta name="viewport" content="width=device-width" />
  <meta charset="utf-8" />
  <title>アバウト | CUBE</title>
  <meta property="og:title" content="アバウト | CUBE" />
  <link rel="preload" as="image" … />
  …
```

ページのタイトルにサイト名が追加されます。

テンプレートリテラル

``（バッククォート）で囲んだ範囲を文字列とする文字列リテラル（記述のための構文）です。テンプレートリテラルを使うと、複数行の文字列をそのまま記述したり、`${ 変数 }` の形で変数の値を埋め込むことができます。

ページタイトルが未指定な場合の処理を指定する

`<Meta />` の `pageTitle` 属性でページのタイトルが未指定な場合、サイト名 `siteTitle` をタイトルにします。
ここでは条件演算子（P.95）を使用して、`pageTitle` が指定されている場合は「ページタイトル | サイト名」、未指定な場合は「サイト名」を返すようにしています。

```
…
export default function Meta({ pageTitle }) {
  // ページのタイトル
  const title = pageTitle ? `${pageTitle} | ${siteTitle}` : siteTitle

  return (
    <Head>
      <title>{title}</title>
      <meta property="og:title" content={title} />
    </Head>
  )
}
```

ページタイトル | サイト名

サイト名

components/meta.js

アバウトページの生成コードはこの処理では変化しないため、トップページとブログの記事一覧ページにも `Meta` コンポーネントを追加します。トップページでは `pageTitle` 属性を指定せず、ページのタイトルがサイト名になることを確認します。

```
import Meta from 'components/meta'
import Container from 'components/container'
…
export default function Home() {
  return (
    <Container>
      <Meta />
      …
```

pages/index.js

トップページのタイトル。サイト名になります。

```
import Meta from 'components/meta'
import Container from 'components/container'
…
export default function Blog() {
  return (
    <Container>
      <Meta pageTitle="ブログ" />
      …
```

pages/blog/index.js

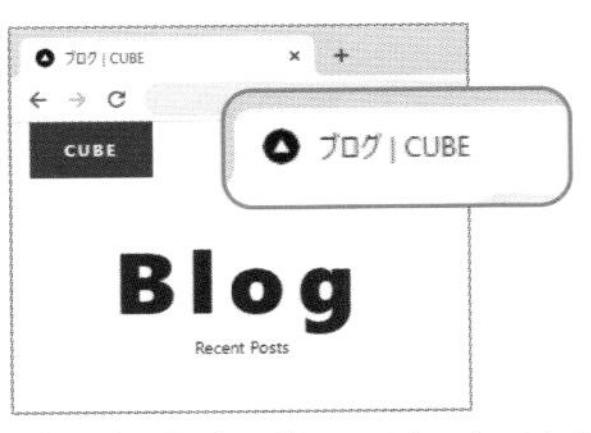

ブログの記事一覧ページのタイトル。
「ページタイトル　|　サイト名」の形になります。

ページタイトル以外のメタデータを追加する

ページタイトル以外のメタデータ**C**〜**G**を追加していきます。

ページの説明を追加する

Cのページの説明は `<Meta />` の `pageDesc` 属性で指定する形にします。Null 合体演算子を使い、`pageDesc` 属性が指定されている場合は `pageDesc` を、未指定の場合はサイトの説明 `siteDesc` を返すようにしています。

```
...
export default function Meta({ pageTitle, pageDesc }) {
  // ページのタイトル
  const title = pageTitle ? `${pageTitle} | ${siteTitle}` : siteTitle

  // ページの説明
  const desc = pageDesc ?? siteDesc
                 ページの説明   サイトの説明
  return (
    <Head>
      <title>{title}</title>
      <meta property="og:title" content={title} />

      <meta name="description" content={desc} />
      <meta property="og:description" content={desc} />
    </Head>
  )
}
```

components/meta.js

各ページの `<Meta />` に `pageDesc` 属性を追加し、ページの説明を記述します。ただし、トップページでは `pageDesc` 属性を追加せず、サイトの説明が入るようにします。各ページの生成コードは次のようになります。

Null 合体演算子（??）

`expr1` の評価が `null` または `undefined` の場合は `expr2` を返し、そうでない場合には `expr1` を返します。論理和（||）の特殊形と考えられ、既定値を設定するのに使われます。

```
item = expr1 ?? expr2
```

画面表示には影響しません。

トップページ

```
<Container>
  <Meta />
  …
```

pages/index.js

```
<title>CUBE</title>
<meta property="og:title" content="CUBE" />
<meta name="description" content="アウトプットしていくサイト" />
<meta property="og:description" content="アウトプットしていくサイト" />
…
```

アバウトページ

```
<Container>
  <Meta pageTitle="アバウト" pageDesc="About development activities" />
  …
```

pages/about.js

```
<title>アバウト | CUBE</title>
<meta property="og:title" content="アバウト | CUBE" />
<meta name="description" content="About development activities" />
<meta property="og:description" content="About development activities" />
…
```

ブログの記事一覧ページ

```
<Container>
  <Meta pageTitle="ブログ" pageDesc="ブログの記事一覧" />
  …
```

pages/blog/index.js

```
<title>ブログ | CUBE</title>
<meta property="og:title" content="ブログ | CUBE" />
<meta name="description" content="ブログの記事一覧" />
<meta property="og:description" content="ブログの記事一覧" />
…
```

ページのURLを追加する

Ⓓのページの URL は、`next/router` を使って `router` オブジェクト（P.332）にアクセスすることで次のように指定できます。

```
import Head from 'next/head'
import { useRouter } from 'next/router'
…
  // ページの説明
  const desc = pageDesc ?? siteDesc

  // ページの URL
  const router = useRouter()
  const url = `${siteUrl}${router.asPath}`

  return (
    <Head>
      …
      <meta name="description" content={desc} />
      <meta property="og:description" content={desc} />

      <link rel="canonical" href={url} />
      <meta property="og:url" content={url} />
    </Head>
  )
}
```

router.asPathでページのパスを取得。サイトのURLをsiteUrlで付加してページのURLを作成しています。

components/meta.js

```
<meta property="og:description" content=" アウトプットしていくサイト " />
<link rel="canonical" href="https://*********/" />
<meta property="og:url" content="https://*********/" />
…
```

```
<meta property="og:description" content="About development activities" />
<link rel="canonical" href="https://*********/about" />
<meta property="og:url" content="https://*********/about" />
…
```

```
<meta property="og:description" content=" ブログの記事一覧 " />
<link rel="canonical" href="https://*********/blog" />
<meta property="og:url" content="https://*********/blog" />
…
```

サイトに関する情報とアイコン画像を追加する

Ⓔのサイトに関する情報とⒻのアイコン画像のメタデータは全ページ共通です。そのため、次のように指定します。アイコン画像は `public` ディレクトリに置きます。

```
    return (
      <Head>
        …
        <link rel="canonical" href={url} />
        <meta property="og:url" content={url} />

        <meta property="og:site_name" content={siteTitle} />
        <meta property="og:type" content={siteType} />
        <meta property="og:locale" content={siteLocale} />

        <link rel="icon" href={siteIcon} />
        <link rel="apple-touch-icon" href={siteIcon} />
      </Head>
    )
  }
```

サイト名（siteTitle）、コンテンツの種類（siteType）、ロケール（siteLocale）を指定。

アイコン画像（siteIcon）を指定。パスの指定で問題ありません。

components/meta.js

public
favicon.ico
favicon.png
styles

favicon.ico
favicon.png

アイコン画像を追加。publicディレクトリ内の他のファイルは削除します。

これで、指定したアイコンがブラウザのタブなどに表示されるようになります。

```
<meta property="og:site_name" content="CUBE" />
<meta property="og:type" content="website" />
<meta property="og:locale" content="ja_JP" />
<link rel="icon" href="/favicon.png" />
<link rel="apple-touch-icon" href="/favicon.png" />
…
```

アイコンが表示されます。

ⓘ ここでは iOS と Android で使用される最大サイズ（192 × 192 ピクセル）で favicon.png を用意しています。

ⓘ 通常、ブラウザは /favicon.ico を探します。ただし、<link> が理解できるブラウザでは <link> を使って画像を指定できます。

❖ OGP画像を追加する

Ⓖの OGP 画像はページごとに指定できるようにします。そのため、画像の URL、横幅、高さを `<Meta />` の `pageImg`、`pageImgW`、`pageImgH` で指定する形にします。アバウトページでは `eyecatch` としてインポートしているアイキャッチ画像（about.jpg）を OGP 画像にするため、次のように指定します。

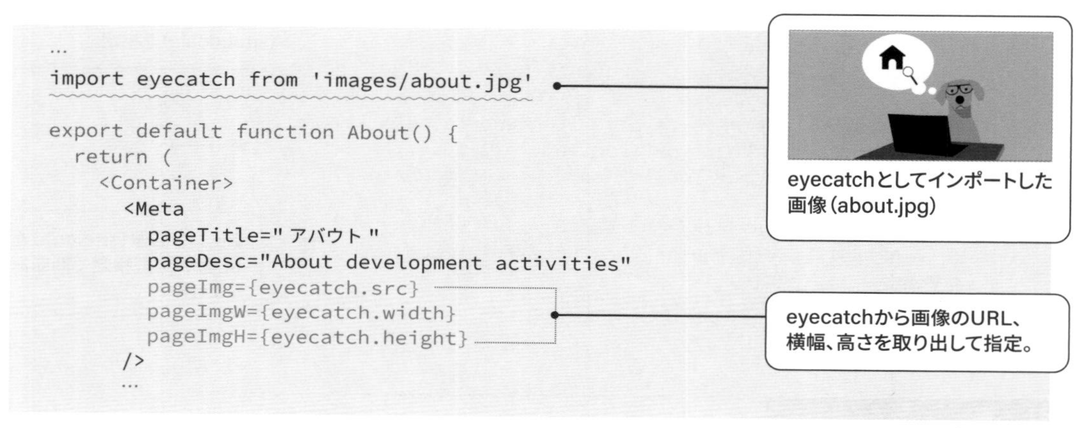


```
…
import eyecatch from 'images/about.jpg'

export default function About() {
  return (
    <Container>
      <Meta
        pageTitle="アバウト"
        pageDesc="About development activities"
        pageImg={eyecatch.src}
        pageImgW={eyecatch.width}
        pageImgH={eyecatch.height}
      />
      …
```

pages/about.js

一方、トップページやブログの記事一覧ページで個別に画像を用意するのは大変です。そのため、汎用 OGP 画像を用意します。ここでは `images` ディレクトリに `ogp.jpg` を追加し、汎用 OGP 画像として使用します。

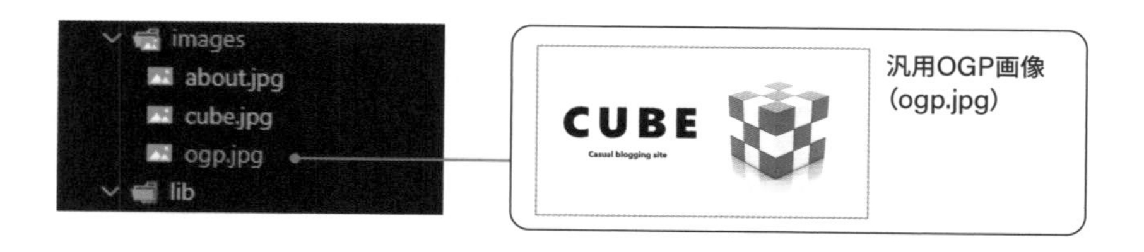

`meta.js` では汎用 OGP 画像を `siteImg` としてインポートしておき、ページで指定した画像 `pageImg` がない場合に使用するように設定します。
OGP 画像の URL は外部からアクセスできる形でなければなりません。そのため、そういう形になるように処理を加えます。ここでは `startsWith()` メソッドを使って URL を確認し、「https」から始まっていればそのまま使い、そうでない場合（ローカルの画像をインポートした場合）には `siteUrl` を付け加えています。

```
…
// サイトに関する情報
import { siteMeta } from 'lib/constants'
const { siteTitle, siteDesc, siteUrl, siteLocale, siteType, siteIcon } = siteMeta

// 汎用 OGP 画像
import siteImg from 'images/ogp.jpg'

export default function Meta({ pageTitle, pageDesc, pageImg, pageImgW, pageImgH }) {
  …
  const url = `${siteUrl}${router.asPath}`

  // OGP 画像
  const img = pageImg || siteImg.src
  const imgW = pageImgW || siteImg.width
  const imgH = pageImgH || siteImg.height
  const imgUrl = img.startsWith('https') ? img : `${siteUrl}${img}`

  return (
    <Head>
      …
      <link rel="icon" href={siteIcon} />
      <link rel="apple-touch-icon" href={siteIcon} />

      <meta property="og:image" content={imgUrl} />
      <meta property="og:image:width" content={imgW} />
      <meta property="og:image:height" content={imgH} />
      <meta name="twitter:card" content="summary_large_image" />
    </Head>
  )
}
```

画像をpageImgに、pageImgがない場合はsiteImgに設定。

startsWith()メソッドを使って確認し、必要に応じてsiteUrlを付加。

components/meta.js

以上で、<head> 内に入れるメタデータの設定は完了です。公開後に SNS などでページがシェアされると、ページのタイトル、説明、OGP 画像などが表示されるようになります。

```
<meta property="og:image" content="https://*********/_next/static/media/about.d19731d6.jpg" />
<meta property="og:image:width" content="1920" />
<meta property="og:image:height" content="960" />
<meta name="twitter:card" content="summary_large_image" />
…
```

アバウト | CUBE
About development activities
****

```
<meta property="og:image" content="https://*********/_next/static/media/ogp.a13e6712.jpg" />
<meta property="og:image:width" content="1200" />
<meta property="og:image:height" content="630" />
<meta name="twitter:card" content="summary_large_image" />
…
```

CUBE
Casual blogging site
CUBE
アウトプットしていくサイト
****

Twitter でシェアしたときのプレビュー（https://cards-dev.twitter.com/validator）

6
Metadata

カスタムDocumentコンポーネントで<html>にlangを入れる

<html> にはⒶのように lang 属性を追加します。Next.js での <html> と <body> のカスタマイズは `Document` コンポーネントで指定する必要があります。
ただし、`App` コンポーネントと同じように `Document` コンポーネントを直接カスタマイズすることはできません。そこで、`pages` 内に `_document.js` を作成し、カスタム Document コンポーネントを用意してカスタマイズします。`_document.js` には以下のように記述します。カスタム Document コンポーネントの基本形です。

```
import { Html, Head, Main, NextScript } from 'next/document'

export default function Document() {
  return (
    <Html>
      <Head />
      <body>
        <Main />
        <NextScript />
      </body>
    </Html>
  )
}
```

pages
　api
　blog
　_app.js
　_document.js
　about.js

_document.jsを作成。基本形のコードは下記ページからコピーできます。
https://nextjs.org/docs/advanced-features/custom-document

pages/_document.js

<Html> に lang 属性を追加し、言語を「ja（日本語）」に指定します。ここでは `constants.js` の `siteMeta` をインポートし、言語の値 `siteLang` を取り出して指定しています。以上でメタデータの設定は完了です。

```
import { Html, Head, Main, NextScript } from 'next/document'

import { siteMeta } from 'lib/constants'
const { siteLang } = siteMeta

export default function Document() {
  return (
    <Html lang={siteLang}>
      <Head />
…
```

```
<!DOCTYPE html>
<html lang="ja">
  <head>
    …
  </head>
  <body>
    …
  </body>
</html>
```

pages/_document.js

❗ `_document.js` で使う `<Head>` は `next/head` の `<Head>` とは別物です。この `<Head>` でメタデータを挿入すると、すべてのページに挿入されます。

Chapter

7

外部データの利用

Next.js/React

7.1 外部データを使ったページ作成の方法

Next.js には、ヘッドレス CMS（Headless CMS）などの外部データを使ってページを作成する機能が用意されています。ブログの作成でも欠かせないため、この機能についておさえておきます。

SG と SSR（静的生成とサーバーサイドレンダリング）

Next.js では、外部データを必要としないページはビルドの際に HTML が生成されます。

外部データを必要とするページはデータを取得した上でプリレンダリングが行われますが、データを取得するタイミングの異なる **SG**（Static Generation）と **SSR**（Server-side Rendering）をページ単位で選択することができます。SG と SSR の特徴は以下のとおりです。

SG（Static Generation：静的生成）

- ビルド時に必要なデータを取得しページをプリレンダリングする。
- ページがリクエストされたときには、プリレンダリングしてあるものを返すだけなので速い。
- データの更新はできない。
- ビルド時にページを生成するため、ビルドに時間がかかる。

SSR（Server-side Rendering：サーバーサイドレンダリング）

- ページがリクエストされた際にデータを取得し、それをもとにページをプリレンダリング。HTML&JSON ができたらそれを返す。
- 常に最新のデータでページが構成される。
- ビルドの時間は必要ない。
- リクエストを受けてからすべての処理が行われるため、SG より遅い。

Next.js では **SSR** ベースなシステムに **SG** を取り込んでいるため、**SG** の弱点を補うバリエーションが用意されています。そこで、そのバリエーションとプリレンダリングのタイミングを確認しておきます。

❖ プリレンダリングのタイミング

プリレンダリングが行われるタイミングとレスポンスの内容です。

	プリレンダリングが行われるタイミング	レスポンスの内容
SSR	ページがリクエストされたとき。	新しくプリレンダリングされた HTML&JSON。
SG	ビルドを実行したとき。	プリレンダリング済の HTML&JSON。
fallback (false以外を設定した場合)	最初にページがリクエストされたとき。	新しくプリレンダリングされたHTML&JSON(その後は、この HTML&JSON を使う)。
ISR (Incremental Static Regeneration)	指定時間が経過したあとにページがリクエストされたとき。	それまでのデータ(新しくプリレンダリングされた HTML&JSON は次のリクエストから使われる。また、指定時間後の処理は、以降繰り返し)。
On-demand ISR (On-demand Revalidation)	レスポンスヘルパー(ヘルパー関数)である unstable_revalidate 関数が実行されたタイミング。	プリレンダリング済の HTML&JSON。

fallback(false 以外を設定した場合)や **ISR** はリクエストのタイミングでプリレンダリングが行われます。**SG** のバリエーションとして用意されていますが、そのふるまいは **SSR** そのものです。そのため、Next.js の機能をフルで活かすためには、Next.js に対応したデプロイ環境が必要になります。

getStaticPropsとgetServerSideProps

Next.jsで**SG**や**SSR**を実現するのは簡単です。ページコンポーネントと合わせて、`getStaticProps`をエクスポートすれば**SG**で、`getServerSideProps`をエクスポートすれば**SSR**で処理するようになります。
そして、これらの関数が返す`props`を使ってページを生成することができます。つまり、これらの関数の中で必要なデータを取得し、そのデータを使ってページを生成することになります。

また、`getStaticProps`や`getServerSideProps`はサーバーサイドで実行され、クライアントで処理されることはありません。

データの流れ

`getStaticProps`を例に、データの流れを確認しておきます（`getServerSideProps`に置き換えても問題ありません）。

`getStaticProps`から返り値として`props`を返すと、その値は`App`コンポーネントの`pageProps`となり、それがページコンポーネントに渡されます。

ページコンポーネント（pages/test.js）

```
export default function Test(props) {
  console.log('test.js: ', props) // 受け取ったprops

  return <h1>Test</h1>
}

// export async function getServerSideProps() {
export async function getStaticProps() {
  return {
    props: {
      message: 'データの流れ',
    },
  }
}
```

propsがAppコンポーネントに渡されます

カスタムAppコンポーネント(pages/_app.js)

```
...
function MyApp({ Component, pageProps }) {
  console.log('app.js: ', pageProps) // 受け取ったpageProps

  return (
    <Layout>
      <Component {...pageProps} />
    </Layout>
  )
}

export default MyApp
```

pagePropsがページコンポーネントに渡されます

ターミナルへの出力

```
app.js:  { message: 'データの流れ' }
test.js:  { message: 'データの流れ' }
```


❖ Dynamic Routes(動的なルーティング)

トップページにブログの最新記事をリストアップするようなケースであれば、最新記事のリストを取得するだけですのでここまでの話で問題ありません。しかし、ブログの記事ページのようにページごとにデータを変えなければならない場合、そのページがどのページなのかを知る必要があります。

そこで用意されているのがNext.jsの**Dynamic Routes**です。たとえば、`blog`ディレクトリ内に`[slug].js`というページコンポーネントを作成します。すると、`/blog/schedule`や`/blog/music`といったURLでページにリクエストがあると、このページコンポーネントが使われます。

ページコンポーネント(pages/blog/[slug].js)

```
export async function getServerSideProps(context) {
  console.log('params:', context.params)
  return {
    props: { message: "Dynamic Routes" }
  }
}
```

さらに、`{"slug":"schedule"}` や `{"slug":"music"}` といったオブジェクトが作成され、`context` を通して `getServerSideProps` へ渡されます（`getStaticProps` ではありません）。そのため、この情報をもとにデータを取得することができます。

ターミナルへの出力

```
params:  { slug: 'schedule' }
params:  { slug: 'music' }
```

SSR であればこの流れで問題ないのですが、ビルドの段階、つまり、リクエストの前にページを用意する **SG** ではちょっと困ることになります。

そこで用意されているのが、`getStaticPaths` です。

getStaticPaths

`getStaticPaths` は `getStaticProps` とセットで使うために用意された関数です。

`getStaticPaths` の中に Dynamic Routes から渡されるオブジェクトと同様のものを用意しておくと、ビルドの際に `context` を通して `getStaticProps` に渡され、プリレンダリングが行われます。たとえば次のようになります。

ページコンポーネント（pages/blog/[slug].js）

```
export async function getStaticPaths() {
  return {
    paths: [{ params: { slug: 'schedule' } }, { params: { slug: 'music' } }],
    fallback: false,
  }
}

export async function getStaticProps(context) {
  // export async function getServerSideProps(context) {
  console.log('posts:', context.params)
  return {
    props: { message: "Dynamic Routes" }
  }
}
```

`blog` ディレクトリ内の `[slug].js` で処理しているため、`/blog/schedule` や `/blog/music` がプリレンダリングされます。`paths` の中身は、プリレンダリングが必要なページの分だけ配列の形で用意します（`getServerSideProps` で確認した `context.params` を配列の形で用意するイメージです）。

ターミナルへの出力

```
post:  { slug: 'schedule' }
post:  { slug: 'music' }
```

もっとシンプルに、URL の形で指定することもできます。

```
export async function getStaticPaths() {
  return {
    paths: ['/blog/schedule', '/blog/music'],
    fallback: false,
  }
}
```

`fallback` は、`paths` にない URL に対する処理を指定します。

fallback の値	処理
`false`	ページはないものとして、404 ページが表示されます。
`true`	データがない状態でページを表示し、バックグラウンドでデータを取得、JSON を作成、クライアントへ送ってページを完成させます。
`blocking`	プリレンダリングを済ませてからページを送る処理となります。

fallback の設定方法が出てきましたので、合わせて **ISR** の設定方法もおさえておきましょう。

7
External Data

ISR の設定は、`getStaticProps` で行います。返り値のオブジェクトの中で、`revalidate` を使って時間（秒）を指定します。

```
export async function getStaticProps(context) {

  return {
    props: { message: "Dynamic Routes" },
    revalidate: 60,
  }
}
```

ここでは `60` 秒に指定していますので、最初のリクエストから 60 秒たったあとのリクエストでプリレンダリングが行われ、ページが更新されます（ただし、プリレンダリングのきっかけになったリクエストには古いページが返されます）。**fallback** とは関係なく設定できます。

• • •

fallback（false 以外を設定した場合）や **SSR** を使う場合、データの存在しないページへのアクセスに対する処理を用意しなければなりません。シンプルに 404 ページを表示する場合は、`getStaticProps` や `getServerSideProps` で `notFound: true` を返します。

(!) データの存在しないページへのアクセスに対する処理について詳しくは、P.264 を参照してください。

どの方法でどのようにサイトを構成するかを検討する

Next.js では、**SG**（静的生成）と **SSR**（サーバーサイドレンダリング）のどちらの方法でもサイトを構成できます。ページごとに使い分け、両方が混在する構成にもできますし、必要に応じて **fallback**（false 以外を設定した場合）や **ISR** の利用も可能です。そのため、どの方法を使い、どのようにサイトを構成するかを検討する必要があります。

ただ、ステップ 7.1 で見てきたように、基本的には **SG** と **SSR** のどちらで作っても、**SG** 側に `getStaticPaths` の追加設定があるだけです。そのため、機能を理解するためにも、ブログサイトは基本的な Jamstack の構成として **SG** で作成していきます。
試してみたい場合には、**SSR** の構成にもチャレンジしてみてください。

Jamstack

Jamstack は Netlify の Matt Biilmann 氏が提唱したもので、「**J**avaScript」「**A**PI 」「プリレンダリングされた **M**arkup（HTML）」で構成された、サイトやアプリを作成するモダンなアーキテクチャです。優れたパフォーマンスと高いセキュリティの確保が容易で、API による外部システムの活用により、サイトの規模や要件に応じた柔軟な設計やスケーリングを実現できます。
基本的にはページを静的に生成して運用するため、ブログなどのメディア系サイトやコーポレート系サイトの作成に適しています。ただし、Jamstack が指す範囲は年々広がっており、SG と SSR の両方を利用できる Next.js のようなフレームワークを利用すると、さまざまな構成のサイトも作成できるようになっています。

7.3 External Data microCMSからデータを取得するための準備

続いて、実際に外部データを取得する部分の準備と確認をしておきます。今回は、外部データとしてmicroCMSを利用します。

microCMSの設定とデータの準備は、ダウンロードデータ（P.7）に収録したセットアップPDFを参照して済ませておいてください。

microCMS
https://microcms.io/

microCMSからデータを取得するためには、microCMSのAPIにアクセスする必要がありますが、今回はmicroCMSから提供されている「microCMS JavaScript SDK」を利用します。使い方は、こちらのページにあります。

microCMS JavaScript SDK
https://github.com/microcmsio/microcms-js-sdk

・・・

それでは、使い方にそって進めていきます。まず、microCMS JavaScript SDKのパッケージをインストールします。

```
$ npm install microcms-js-sdk
```

続いて、microCMSのデータにアクセスするためのAPIキーを環境変数として用意します。コードの中にAPIキーを埋め込んでしまうと、セキュリティの問題になるためです。Next.jsでは `.env` ファイルを用意することで、環境変数を設定できます。また、ローカル環境に限定したい環境変数の場合は `.env.local` を利用します。

そこで、プロジェクトのルートディレクトリ内に `.env.local` というファイルを作成し、API キーの設定を記述します。さらに、microCMS で設定したサービス ID（サービスドメイン）も記述しておきます。ここでは「cube-blog」と指定しています。

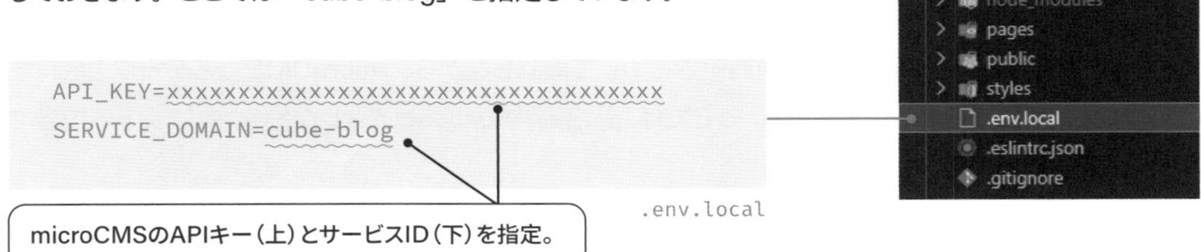

.env.local

また、このファイルが外部に流出しないように、`.gitignore` の中に `.env.local` があることを確認してください。ない場合は追加します。

この環境変数の値を読み込んで、microCMS からデータを取得するためのクライアントを作成します。microCMS JavaScript SDK のページの通りで問題ありませんが、使い回しが楽なようにモジュールにしておきます。`lib` ディレクトリ内に以下の内容で `api.js` を作成します。

```
import { createClient } from 'microcms-js-sdk'

export const client = createClient({
  serviceDomain: process.env.SERVICE_DOMAIN,
  apiKey: process.env.API_KEY,
})
```

lib/api.js

`serviceDomain` ではサービス ID を、`apiKey` では API キーを指定します。それぞれ、`SERVICE_DOMAIN` と `API_KEY` で指定した値を、Node.js で環境変数を扱う API である `process.env` を使って読み込んでいます。

`createClient()` で作成したオブジェクトには、`get`、`getList`、`getListDetail`、`getObject` の 4 つのメソッドが用意されていますので、これらを使ってデータを取得することになります。ただし、この 4 つのメソッドは**非同期処理**です。そして、**Promise のオブジェクトを返す関数**ですので、その扱いを理解しておく必要があります。

7.4 External Data 非同期処理

ページコンポーネントを作成し、非同期処理について確認しながら、microCMS からデータを取得する基本的なコードを作成していきます。ここでは `pages` 内の `blog` ディレクトリの中に以下の内容で `schedule.js` を作成します。

```
export default function Schedule() {
  return <h1>記事のタイトル</h1>
}

export async function getStaticProps() {
  console.log('処理1')
  console.log('処理2')
  console.log('処理3')

  return {
    props: {},
  }
}
```

pages/blog/schedule.js

```
pages
  api
  blog
    index.js
    schedule.js
  _app.js
  _document.js
  about.js
  index.js
public
```

このページ `/blog/schedule` にアクセスすると、`getStaticProps()` の中身が実行されます。ターミナルには次のように表示されます。

```
処理1
処理2
処理3
```

非同期処理の定番である `setTimeout()` を追加し、「処理2」を1000ミリ秒待ってから実行するように書き換えてみます。

```
...
export async function getStaticProps() {
  console.log('処理1')
  setTimeout(() => console.log('処理2'), 1000)
  console.log('処理3')
...
```

pages/blog/schedule.js

再びページにアクセスすると、次のような結果になります。

```
処理 1
処理 3
処理 2
```

`setTimeout` は実行されるのですが、その終了を待つことなく「処理 3」が実行された結果です。そして、1000 ミリ秒経過したところで「処理 2」が実行されています。順番に処理されない処理なので、**非同期処理**なのです。

このような結果になるのは、時間のかかる処理が全体の処理をブロックしてしまわないようにJavaScript がデザインされているためです。`setTimeout` のようなタイマーに関する処理ばかりでなく、API からデータを取得したり、ファイルを読み込むといった外部が関わってくる処理も非同期処理です。そのため、非同期処理を適切に扱えないと、データを取得する前に加工を始めるおかしな処理になってしまいます。

そこで、非同期処理を適切に処理するために導入されたのが `Promise` オブジェクトです。

Promise

現在では、非同期処理は `Promise` オブジェクトを使って処理するのが一般的です。非同期処理を行う多くの関数が `Promise` オブジェクトを返すようにデザインされています。そのため、そうした関数の作り方ではなく、`Promise` を返す関数の扱い方を見ていきます。

ステップ 7.3 で作成した `api.js` から `client` をインポートしてデータを取得し、`Promise` オブジェクトを確認します。まずは、次のように `schedule.js` にインポートします。

```
import { client } from 'lib/api'

export default function Schedule() {
...
```

pages/blog/schedule.js

`client` をインポートしただけではエラーが表示される場合がありますが、続けてこの後の設定をしていけば問題はありません。エラーについて詳しくは P.217 を参照してください。

続けて、`getStaticProps()` を次のように書き換えます。`endpoint` では microCMS で作成した API のエンドポイント名を指定します。ここではブログの記事コンテンツを管理している API のエンドポイント名「blogs」を指定しています。

```
…
export async function getStaticProps() {
  const resPromise = client.get({
    endpoint: 'blogs',
  })
  console.log(resPromise)

  return {
    props: {},
  }
}
```

microCMSのAPIのエンドポイント名を指定。

pages/blog/schedule.js

ページにアクセスするとターミナルには次のように表示され、`Promise` オブジェクトを受け取っていることが確認できます。

```
Promise { <pending> }
```

この `Promise` オブジェクトには 3 つの状態があります。

`Fulfilled`	処理が成功したとき。Promise を返す関数の中で resolve() を実行。 resolve() に引数を渡すこともできる。
`Rejected`	処理が失敗したとき。Promise を返す関数の中で reject() を実行。 reject() に引数を渡すこともできる。
`Pending`	Fulfilled でも Rejected でもない状態。

そして、この状態に応じて `Fulfilled` の場合には `.then()` メソッドに指定されたコールバック関数が、`Rejected` の場合は `.catch()` で指定されたコールバック関数が実行されます。また、`resolve()` や `reject()` の引数を受け取ることも可能です。

そこで、microCMS JavaScript SDKの使い方にそって、次のように書き換えます。`Promise` オブジェクトを意識できるように、`resPromise` を残しています。

```
…
export async function getStaticProps() {
  const resPromise = client.get({
    endpoint: 'blogs',
  })
  resPromise.then((res) => console.log(res)).catch((err) => console.log(err))

  return {
    props: {},
  }
}
```

pages/blog/schedule.js

ページにアクセスすると、取得したデータがターミナルに流れます。データが無事に取得でき、`Promise` オブジェクトの状態が `Fulfilled` になり、`.then()` メソッドのコールバック関数が呼ばれたわけです。


```
{
  contents: [
    {
      id: 'eetm608im5d5',
      createdAt: '2022-05-07T21:26:28.324Z',
      updatedAt: '2022-05-07T21:32:20.065Z',
      publishedAt: '2022-05-07T21:26:28.324Z',
      revisedAt: '2022-05-07T21:32:20.065Z',
      title: 'スケジュール管理と猫の理論',
      slug: 'schedule',
      publishDate: '2022-05-07T01:00:00.000Z',
      content: '<p>何でもすぐに忘れてしまうので、予定を忘れないようにスケジュール管理手帳で予定を管理しています。でも、
本当はスケジュールをスケジュールとして正しく認識できていないのかもしれません。<br></p><h2 id="h5dd003c520">スケジュール
管理は猫にまかせろ？</h2><p>スケジュール管理も1つのデザインです。スケジュール管理の理論として有名な本もあります。『仕事
と生活のバランス』で話題の著者は、学問的基礎に基づく仕事と家庭の両立の方法論の形成をめざし、仕事と生活の両立に有用なソー
シャルメディアの使い方、ダイバーシティマネジメント、フレックスタイム制度の使い方などに言及しています。<br><br><img src="
https://images.microcms-assets.io/assets/685202f4a72941a684eba6258a13c725/c3c765a49b7b4579bf021495fc137115/cat.jpg" alt=
"" width="1920" height="682"><br><br>「難しいことは猫にまかせろ」という言葉があるように、自分で把握する方法もありますが
、誰かに把握してもらう方法もあります。自分ひとりで完璧に把握しようとすると、必要な内容以外まで管理しはじめるので、余分な
時間や労力を使うからです。<br><br>なんだか難しく感じますが、ポイントは「時間と場所と目的を忘れないこと」が大前提だと思い
ます。どうせなら楽しく、しっかりスケジュール管理ができるようになりたいものです。</p>',
      eyecatch: [Object],
```


`.then()` メソッドは、処理の結果として新しい `Promise` オブジェクトを返します。そのため、`.then()` メソッドをつなげていけば**非同期処理を同期的に処理する**ことができます。

しかし、処理をコールバック関数の形で扱わなければなりませんし、取得したデータもコールバック関数の中で扱うことになるため、ちょっと面倒です。そこで、`Promise` オブジェクトを便利に扱える `async` と `await` が導入されました。

7
External Data

❖ async / await

`getStaticProps()` にはすでに `async` を付けてエクスポートしていますが、 `async` を付けて関数を宣言すると非同期関数を定義することができます。非同期関数の返り値は、特別な処理をしなくても `Promise` オブジェクトになります。

非同期関数の中では、 `await` をつけた `await` 式を使えます。 `await` 式は `Promise` オブジェクトの状態を評価し、その状態が `Fulfilled` か `Rejected` に変わるまで待ちます。そして、 `Fulfilled` か `Rejected` に変わると、次の処理へと進みます。

状態が `Fulfilled` になったとき、関数の中で `resolve()` に渡された引数が `await` 式の返り値となります。 `Rejected` になった場合は、エラーを `throw` しますので、 `try...catch` 構文でキャッチすることができます。

`await` を使って `schedule.js` を書き換えると次のようになります。 `Promise` オブジェクトを意識することなく、非常にシンプルに記述できます。

```
…
export async function getStaticProps() {
  const resPromise = client.get({
    endpoint: 'blogs',
  })

  try {
    const res = await resPromise
    console.log(res)
  } catch (err) {
    console.log(err)
  }

  return {
    props: {},
  }
}
```

pages/blog/schedule.js

ページにアクセスすると、取得したデータがターミナルに流れることも確認できます。

```
{
  contents: [
    {
      id: 'eetm608im5d5',
      createdAt: '2022-05-07T21:26:28.324Z',
      updatedAt: '2022-05-07T21:32:20.065Z',
      publishedAt: '2022-05-07T21:26:28.324Z',
      revisedAt: '2022-05-07T21:32:20.065Z',
      title: 'スケジュール管理と猫の理論',
      slug: 'schedule',
      publishDate: '2022-05-07T01:00:00.000Z',
      content: '<p>何でもすぐに忘れてしまうので、予定を忘れないようにスケジュール管理手帳で予定を管理しています。でも、
本当はスケジュールをスケジュールとして正しく認識できていないのかもしれません。<br></p><h2 id="h5dd003c520">スケジュール
管理は猫にまかせろ？</h2><p>スケジュール管理も1つのデザインです。スケジュール管理の理論として有名な本もあります。「仕事
と生活のバランス」で話題の著者は、学問的基礎に基づく仕事と家庭の両立の方法論の形成をめざし、仕事と生活の両立に有用なソー
シャルメディアの使い方、ダイバーシティマネジメント、フレックスタイム制度の使い方などに言及しています。<br><br><img src="
https://images.microcms-assets.io/assets/685202f4a72941a684eba6258a13c725/c3c765a49b7b4579bf021495fc137115/cat.jpg" alt=
"" width="1920" height="682"><br><br>「難しいことは猫にまかせろ」という言葉があるように、自分で把握する方法もありますが
、誰かに把握してもらう方法もあります。自分ひとりで完璧に把握しようとすると、必要な内容以外まで管理しはじめるので、余分な
時間や労力を使うからです。<br><br>なんだか難しく感じますが、ポイントは「時間と場所と目的を忘れないこと」が大前提だと思い
ます。どうせなら楽しく、しっかりスケジュール管理ができるようになりたいものです。</p>',
      eyecatch: [Object],
      categories: [Array]
    },
    {
```

以上で、非同期処理の確認と、データを取得する基本的なコードの作成は完了です。`async` と `await` を使ったこのコードを基本とし、必要なデータを取得してブログを構築していくことになります。

コールバック関数

他の関数の引数として指定する関数のことを「コールバック関数」と呼びます。

clientのエラー

`client` をインポートした直後に、次のようなエラーが表示されることがあります。

```
Unhandled Runtime Error
Error: parameter is required (check serviceDomain and apiKey)
```

これは `client` が使われる場所が明確ではないため、クライアント側にバンドルされるためです。その結果、ページを表示する際にクライアント側では環境変数が取得できないため、このようなエラーとなります。

getStaticProps() や getServerSideProps() などへサーバー側の処理のコードを追加し、クライアント側では使わないことが明確になると、このエラーはなくなります。

クライアント側のコードに何がバンドルされ、どのようなコードになるかは、Code Elimination で確認できます。今回の `client` 以外でも、クライアント側にバンドルされた結果エラーになることがありますので、まずは確認してみることをオススメします。

> **Code Elimination**
> https://next-code-elimination.vercel.app/

7

External Data

ブログのページ構成と必要なデータ

作成していくページの構成と必要なデータを確認しておきます。

ページ構成

ブログ関連のデータを表示するページは次の通りです。

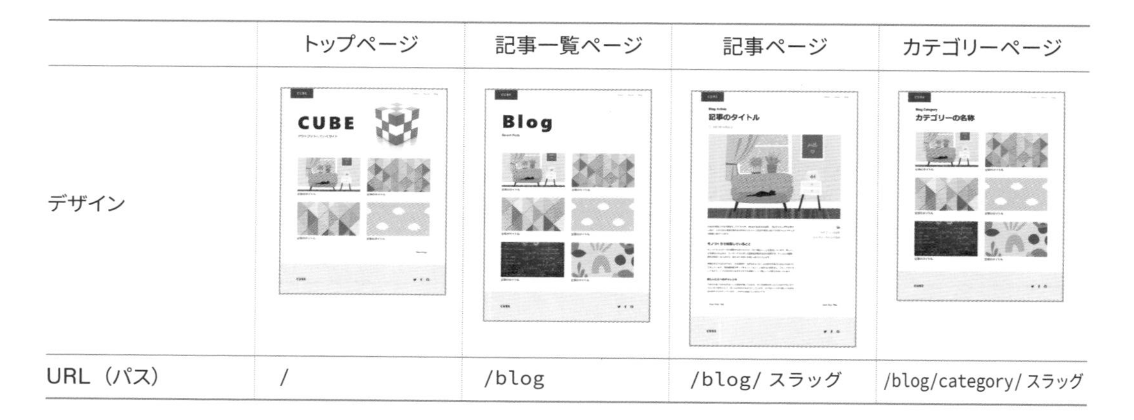

	トップページ	記事一覧ページ	記事ページ	カテゴリーページ
デザイン				
URL（パス）	/	/blog	/blog/ スラッグ	/blog/category/ スラッグ

必要なデータ

上記のページを作成するのに必要なデータです。スラッグは URL（パス）の作成に使用します。

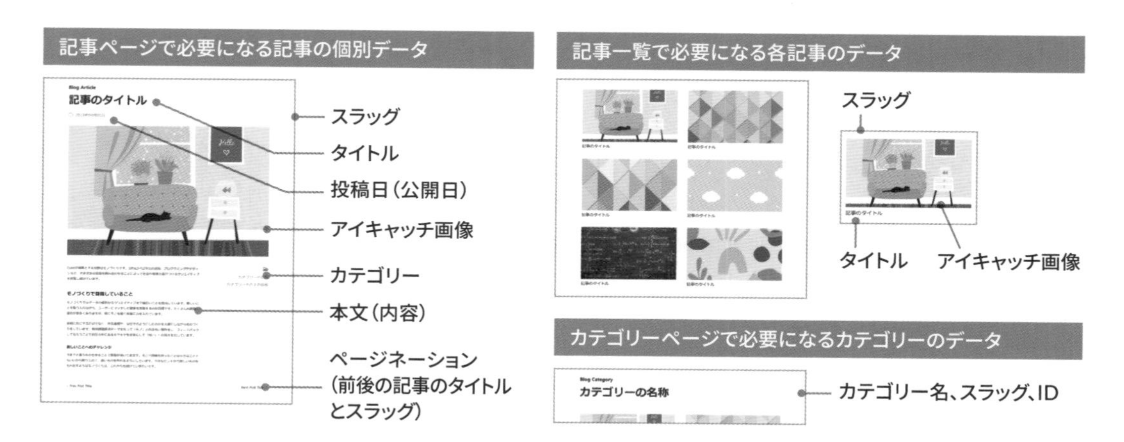

microCMSで管理しているデータ

必要なデータは、microCMS で次のように管理しています。データの取得や利用の際に必要となるエンドポイント名とフィールド ID を確認しておきます。

ブログ （エンドポイント名：`blogs` ）

記事のデータを管理しています。15 件の記事を投稿してあります。

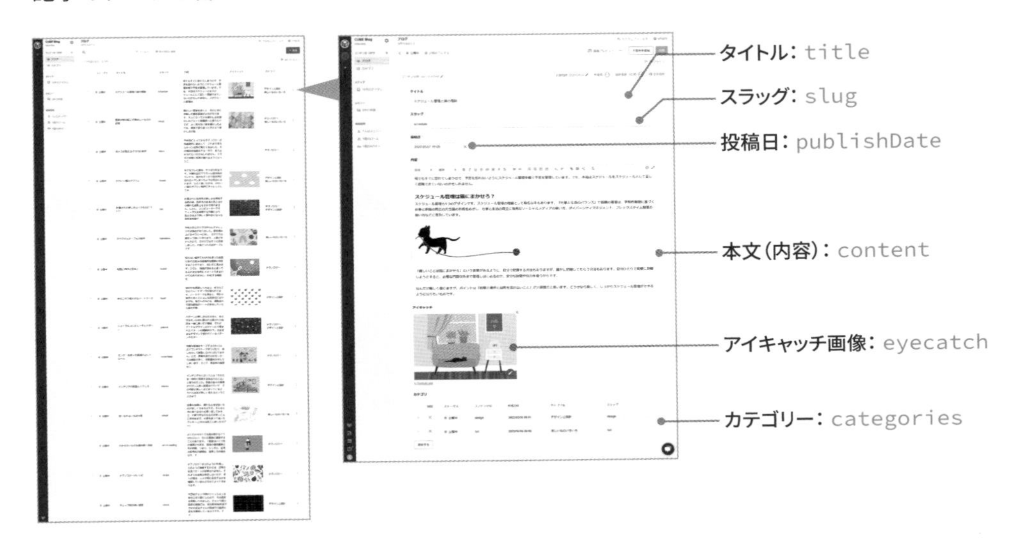

カテゴリ （エンドポイント名：`categories` ）

記事の分類に使用するカテゴリーのデータを管理しています。3 件のカテゴリーを登録してあります。

URLにスラッグを使用する理由

「スラッグ」は個々の記事やカテゴリーをわかりやすい語句で表したものです。たとえば、「スケジュール管理と猫の理論」という記事のスラッグは「schedule」にしているため、記事ページの URL（パス）は `/blog/schedule` になります。Google のガイドライン（https://developers.google.com/search/docs/advanced/guidelines/url-structure）でも URL には長い ID ではなく、シンプルでわかりやすい単語の使用が推奨されており、スラッグの使用は SEO やクローラー対策にも有効です。

7
External Data

7.6 External Data 記事ページに必要なデータを取得する関数を用意する

ページごとに必要なデータを取得して構築を進めていきます。このとき、必要なデータは決まっていますので、そのための関数を用意して `api.js` に追加します。まずは、記事ページの作成に必要なデータを取得する関数を用意します。

getPostBySlug(slug)を作成する

P.216 のコードをベースに、指定したスラッグ `slug` の記事データを取得する `getPostBySlug()` という関数を作成します。`api.js` に次のようにコードを追加します。

```
import { createClient } from 'microcms-js-sdk'

export const client = createClient({
  serviceDomain: process.env.SERVICE_DOMAIN,
  apiKey: process.env.API_KEY,
})

export async function getPostBySlug(slug) {
  try {
    const post = await client.get({
      endpoint: 'blogs',
      queries: { filters: `slug[equals]${slug}` },
    })
    return post.contents[0]
  } catch (err) {
    console.log('~~ getPostBySlug ~~')
    console.log(err)
  }
}
```

指定したスラッグの記事データを取得して返す処理。

エラー処理。エラーの内容errを表示するだけではなく、この関数であることがわかるようにしています。

lib/api.js

`client.get()` でデータを取得する処理では、microCMS の「ブログ」で管理している記事データを取得するため、`endpoint` でエンドポイント名を「blogs」と指定しています。さらに、microCMS のフィルター機能 `filters` を利用し、`slug` が一致する記事のデータを取得しています。

また、この設定で microCMS から取得するデータは以下のような構造になります。1 つの記事を取得した場合でも `contents` プロパティ内の配列になるため、`post.contents[0]` でデータのオブジェクトを取り出して返すようにしています。

```
{
  contents: [
    {
      id: 'eetm608im5d5',
      createdAt: '2022-05-07T21:26:28.324Z',
      updatedAt: '2022-05-07T21:32:20.065Z',
      publishedAt: '2022-05-07T21:26:28.324Z',
      revisedAt: '2022-05-07T21:32:20.065Z',
      title: ' スケジュール管理と猫の理論 ',
      slug: 'schedule',
      publishDate: '2022-05-07T01:00:00.000Z',
      content: '<p> 何でもすぐに忘れてしまうので、…できるようになりたいものです。</p>',
      eyecatch: [Object],
      categories: [Array]
    }
  ],
  totalCount: 1,
  offset: 0,
  limit: 10
}
```

データのオブジェクト

オブジェクトにはP.218で確認した記事ページに必要なデータのうち、ページネーション以外のすべてのデータ(タイトル、スラッグ、投稿日、本文、アイキャッチ画像、カテゴリー)が含まれています。

APIプレビュー

microCMS の「API プレビュー」を利用すると、取得するデータを確認できます。

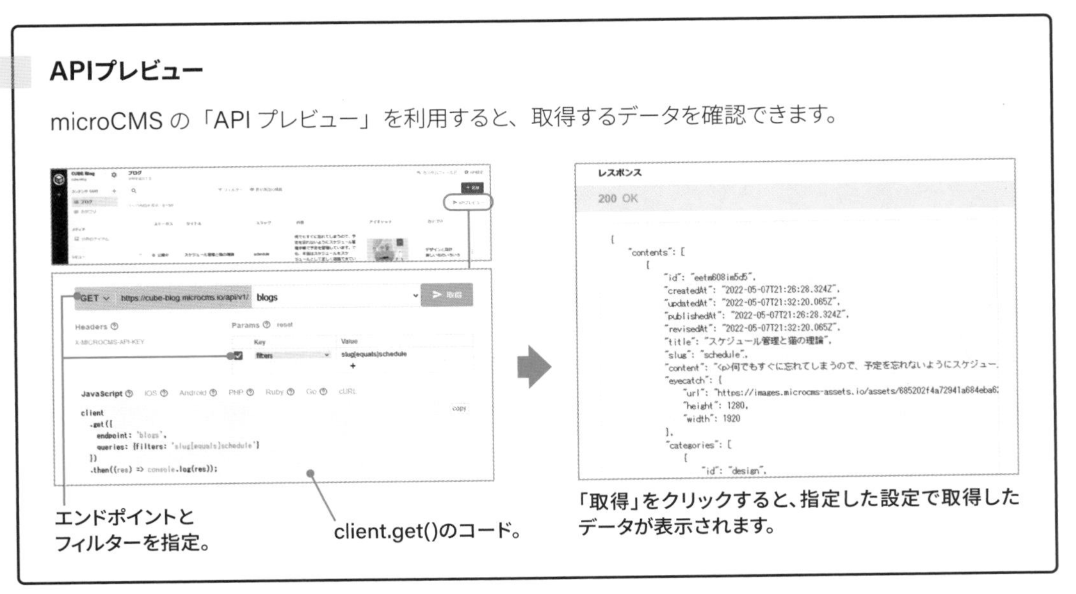
GET
blogs
レスポンス
200 OK
エンドポイントと
フィルターを指定。
client.get()のコード。
「取得」をクリックすると、指定した設定で取得したデータが表示されます。

作成した関数で記事データを取得して表示する

作成した関数 `getPostBySlug()` で記事データを取得して表示してみます。ここでは `schedule.js` を開き、スラッグが「schedule」の記事のデータを取得し、取得したデータの中から記事のタイトル `title` を表示するように指定します。

```
import { getPostBySlug } from 'lib/api'
import Container from 'components/container'

export default function Schedule({
  title,
  publish,
  content,
  eyecatch,
  categories,
}) {
  return (
    <Container>
      <h1>{title}</h1>
    </Container>
  )
}

export async function getStaticProps() {
  const slug = 'schedule'

  const post = await getPostBySlug(slug)

  return {
    props: {
      title: post.title,
      publish: post.publishDate,
      content: post.content,
      eyecatch: post.eyecatch,
      categories: post.categories,
    },
  }
}
```

作成した関数getPostBySlug()をインポート。P.213でインポートしたclientは削除します。

B 取得したデータの中から記事のタイトルtitleを表示。<Container>では横幅を整えます。

A スラッグが「schedule」の記事のデータを取得するように指定。

pages/blog/schedule.js

このページ `/blog/schedule` にアクセスすると `getStaticProps()` の中身Ⓐが実行され、`getPostBySlug()` で取得したデータが `post` に入ります。

`post` の中身は P.221 のオブジェクトになっていますので、記事ページに表示するデータ（タイトル、投稿日、本文、アイキャッチ画像、カテゴリー）を取り出し、使いやすい形にして `props` として渡しています。
基本的には P.219 のフィールド ID で使えるようにしていますが、投稿日の `publishDate` は短くし、`publish` で使えるようにしています。

こうして `props` として渡したデータは P.204 のデータの流れに従い、App コンポーネントを経由してページコンポーネントに渡されるため、Ⓑのように使用して記事のタイトルを表示できます。

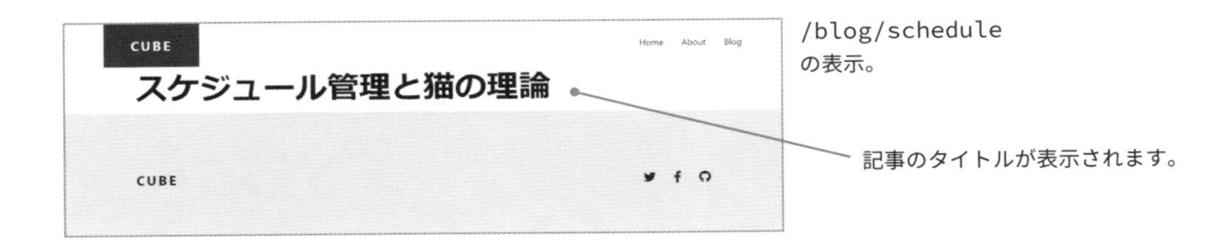

/blog/schedule
の表示。

以上で、関数の作成と、記事データを取得して表示する設定は完了です。次の章ではこのデータを使用して記事ページを仕上げていきます。
なお、ここで取得したデータにはページネーションに必要なデータが含まれていませんが、ページネーションを作成する段階で同じように関数を用意してデータを取得できるようにします。

関数とアロー関数

関数は一連の処理を 1 つにまとめたものですが、アロー関数を使うことでコードを短く、スッキリと書くことができます。
ただし、状況に応じて省略できるものがコロコロと変化するという特徴があります。アロー関数の変化に慣れていないと、エディタのコードフォーマッターに自動的に修正され、混乱することも少なくありません。そこで、アロー関数の変化を確認しておきます。

たとえば、元の関数が次のようになっているとします。

```
const test = function (a) {
  return a * 100
}
```

これをアロー関数に分解すると、次のようになります。

```
const test = (a) => {
  return a * 100
}
```

関数が `return`（返り値）しか持たない場合は、`return` とともに `{}` を省略できます。

```
const test = (a) => a * 100
```

さらに、引数が 1 つの場合は引数を囲む `()` を省略できます。

```
const test = a => a * 100
```

ただし、`return` 以外の処理が必要な場合は、`return` と `{}` が必要です

```
const test = (a) => {
  a = a + 1
  return a * 100
}
```

Chapter

8

記事データの表示

Next.js/React

PostHeaderコンポーネントで記事のヘッダーを作成する

ステップ 7.5 で取得した記事「スケジュール管理と猫の理論」のデータを使い、記事ページの表示を整えていきます。

まずは、記事のタイトル、サブタイトル、投稿日を表示するヘッダーを作成します。このヘッダーはカテゴリーページでも使用するため、`PostHeader` コンポーネントとして作成します。`Hero` コンポーネントと同じように、タイトルは `title` 属性、サブタイトルは `subtitle` 属性で指定できるようにします。投稿日は `publish` 属性で指定しますが、未指定な場合は表示をオフにします。

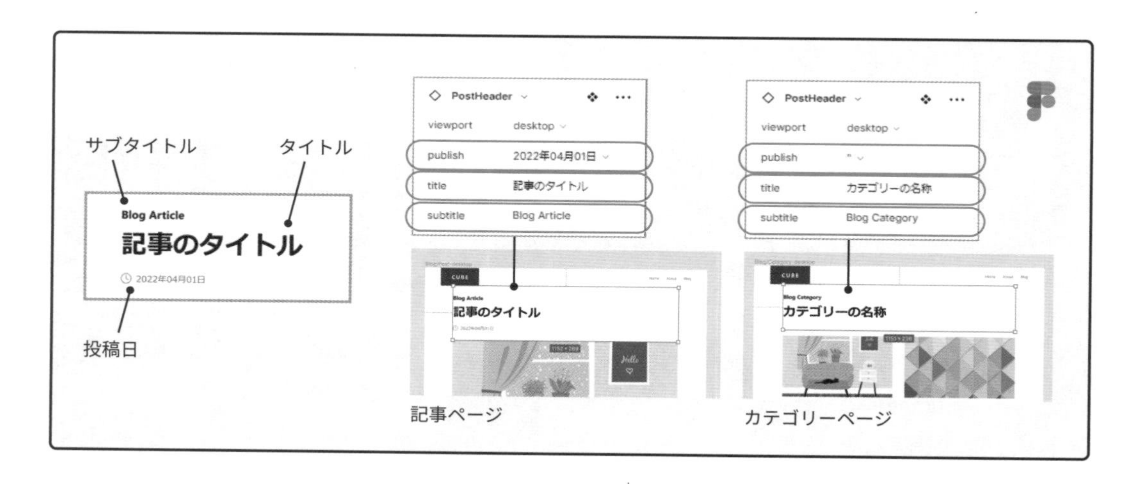

PostHeaderコンポーネントを作成する

`PostHeader` コンポーネントを作成するため、`components` ディレクトリに `post-header.js` を、`styles` ディレクトリに `post-header.module.css` を追加します。

post-header.jsとpost-header.module.cssを追加

`post-header.js` では、`title`、`subtitle`、`publish` 属性で指定するタイトル、サブタイトル、投稿日を受け取り、それぞれ <h1>、<p>、<div> でマークアップします。`publish` 属性が未指定な場合は値を空にし、<div> を出力しないように指定しています。

さらに、各要素には `post-header.module.css` の .title、.sbutitle、.publish の CSS を適用し、スタイルを調整できるようにします。全体は <div> でグループ化し、各要素の間隔を調整する .stack を適用するようにしています。

```
import styles from 'styles/post-header.module.css'

export default function PostHeader({ title, subtitle, publish = '' }) {
  return (
    <div className={styles.stack}>
      <p className={styles.subtitle}>{subtitle}</p>
      <h1 className={styles.title}>{title}</h1>
      {publish && <div className={styles.publish}>{publish}</div>}
    </div>
  )
}
```

components/post-header.js

続けて、`schedule.js` に `PostHeader` コンポーネントをインポートし、`<Container>` 内に記述していた <h1> を `<PostHeader />` に置き換えます。

```
import { getPostBySlug } from 'lib/api'
import Container from 'components/container'
import PostHeader from 'components/post-header'

export default function Schedule({
  title,
  publish,
  content,
  eyecatch,
  categories,
}) {
  return (
    <Container>
      <article>
        <PostHeader title={title} subtitle="Blog Article" publish={publish} />
      </article>
    </Container>
  )
}
```

ステップ7.5で取得した記事データ。

<PostHeader />のtitle属性でタイトル、subtitle属性でサブタイトル、publish属性で投稿日を指定。

タイトルと投稿日は取得した記事データの中からtitleとpublishを指定しています。

サブタイトルは記事ごとに変える必要がないため、「Blog Article」と指定しています。

全体は<article>でマークアップし、記事コンテンツであることを明示。

pages/blog/schedule.js

記事ページ `/blog/schedule` にアクセスすると、サブタイトル、タイトル、投稿日が表示されます。投稿日は「2022-05-07T01:00:00.000Z」となっているため、このあとのステップ 8.2 で表記とマークアップを整えます。

/blog/schedule
の表示。

スタイルを指定する

記事のヘッダーのスタイルを指定します。まず、投稿日には Font Awesome の時計アイコン `faClock` を付けるため、`<FontAwesomeIcon />` を追加します。

アイコンのサイズと色は投稿日のテキストと同じであれば指定する必要はありません。しかし、サイズは投稿日のフォントサイズの 1.25 倍に、色は投稿日と異なるグレーにしたいので、`<FontAwesomeIcon />` の `size` 属性を `lg`、`color` 属性を `var(--gray-25)` と指定しています。

```
import styles from 'styles/post-header.module.css'
import { FontAwesomeIcon } from '@fortawesome/react-fontawesome'
import { faClock } from '@fortawesome/free-regular-svg-icons'

export default function PostHeader({ title, subtitle, publish = '' }) {
  return (
    <div className={styles.stack}>
      <p className={styles.subtitle}>{subtitle}</p>
      <h1 className={styles.title}>{title}</h1>
      {publish && (
        <div className={styles.publish}>
          <FontAwesomeIcon icon={faClock} size="lg" color="var(--gray-25)" />
          {publish}
        </div>
      )}
    </div>
  )
}
```

components/post-header.js

`post-header.module.css` に CSS を追加して表示を整えます。ヘッダー内の要素の間隔はサイズが一律ではないため、P.121 と同じようにフクロウセレクタ `* + *` を使用して調整しています。これで、スタイルの指定は完了です。

記事のヘッダーの表示が整います。

```css
.stack {
  padding: var(--space-sm) 0;
}

.stack > * + * {
  margin-top: var(--stack-space, 1em);
}

.subtitle {
  font-size: var(--small-heading2);
  font-weight: 700;
}

.title {
  --stack-space: 0.2em;
}

.publish {
  display: flex;
  gap: 0.5em;
  color: var(--gray-50);
  font-size: var(--small-heading3);
}
```

ヘッダーの上下に余白を挿入。

<div className={styles.stack}>の直近の子要素（1つ目以外）の間隔を上マージンで1emに指定。

サブタイトル<p>のフォントサイズと太さを指定。

タイトル<h1>は上の間隔が1emでは大きくなりすぎるため、小さくしています。

投稿日<div>はFlexboxでアイコンとテキストを横並びにし、gapで間隔を指定。colorとfont-sizeでテキストの色とフォントサイズを指定しています。

styles/post-header.module.css

投稿日の表記とマークアップを整える

microCMSから取得できる日時のフォーマットはISO 8601形式です。投稿日の場合は「2022-05-07T01:00:00.000Z」となっています。HTMLの `<time>` 要素の `datetime` 属性で使うのには問題ありませんが、ページ上に表示する場合は年月日の形に変換する必要があります。また、タイムゾーンがUTCのものですので、JSTに変換する必要もあります。

JavaScriptでの変換方法は色々と考えられますが、ここでは「**date-fns**」を利用します。変換処理を行う場所はサーバー側で行うのがベストですが、コンポーネントでのデータの取り回しを考え、コンポーネントで処理することにします。

> date-fns
> https://date-fns.org/

date-fnsの使い方

まず、date-fnsをインストールします。

```
$ npm install date-fns
```

使用するにはdate-fnsから `parseISO` と `format` をインポートします。さらに、localeを指定することでUTCからJSTへと変換してくれるので、 `ja` のlocaleもインポートします。

```
import { parseISO, format } from 'date-fns'
import ja from 'date-fns/locale/ja'
```

あとは、日時のデータをパースし、フォーマットを指定して変換します。

```
const dateJA = format(parseISO('2022-05-07T01:00:00.000Z'), 'yyyy年MM月dd日', {
  locale: ja,
})
```

ISO 8601形式のデータをパース

フォーマットを指定

❖ 変換処理を行うコンポーネントの作成

このように date-fns を使用し、変換処理を行うコンポーネントを作成します。ここでは `components` ディレクトリに `convert-date.js` を追加し、`ConvertDate` コンポーネントとして作成します。

日時のデータは `<ConvertDate />` の `dateISO` 属性で受け取り、年月日の形に変換します。年月日は HTML の `<time>` でマークアップし、`dateTime` 属性では変換前の ISO 8601 形式のデータを指定します。

components
- contact.js
- container.js
- convert-date.js
- footer.js
- header.js
- hero.js
- layout.js
- logo.js
- meta.js
- nav.js
- post-body.js
- post-header.js

```
import { parseISO, format } from 'date-fns'
import ja from 'date-fns/locale/ja'

export default function ConvertDate({ dateISO }) {
  return (
    <time dateTime={dateISO}>
      {format(parseISO(dateISO), 'yyyy年MM月dd日', {
        locale: ja,
      })}
    </time>
  )
}
```

components/convert-date.js

`post-header.js` を開き、`ConvertDate` コンポーネントをインポートします。投稿日の `publish` を `<ConvertDate />` の `dateISO` 属性で指定すると、年月日の形に変換されます。

2022-05-07T01:00:00.000Z

2022年05月07日

```
import styles from 'styles/post-header.module.css'
import ConvertDate from 'components/convert-date'
import { FontAwesomeIcon } from '@fortawesome/react-fontawesome'
…
      {publish && (
        <div className={styles.publish}>
          <FontAwesomeIcon icon={faClock} size="lg" color="var(--gray-25)" />
          <ConvertDate dateISO={publish} />
        </div>
      )}
…
```

components/post-header.js

8
Post Data

8.3 アイキャッチ画像をnext/imageで最適化して表示する

Post Data

記事ページにアイキャッチ画像を表示します。この画像も `next/image` で最適化して表示します。

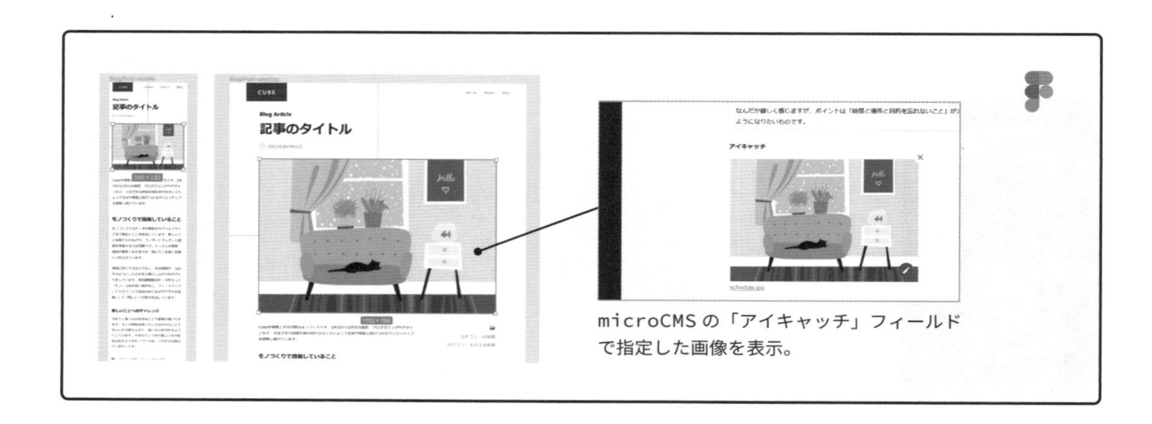

microCMSの「アイキャッチ」フィールドで指定した画像を表示。

ステップ 7.5 で取得したアイキャッチ画像のデータは、`eyecatch` で使えるようにしています。次のように画像の URL とサイズを含むオブジェクトになっていますので、これを使って表示していきます。

```
{
  url: 'https://images.microcms-assets.io/assets/68520…3c725/9d6b8…fc2da/schedule.jpg',
  height: 1280,
  width: 1920
}
```

まず、アイキャッチ画像は外部サイトの画像なため、`next.config.js` でドメインを指定し、`next/image` で扱えるようにしておきます。

```
/** @type {import('next').NextConfig} */
const nextConfig = {
  reactStrictMode: true,
  images: {
    domains: ['images.microcms-assets.io'],
  },
}

module.exports = nextConfig
```

next.config.js

`schedule.js` に `next/image` の `Image` コンポーネントをインポートし、アイキャッチ画像を表示します。`<Image />` の属性はステップ 5.5（P.160）のアバウトページの画像と同じように指定し、可変サイズのレスポンシブイメージにします。ただし、外部サイトの画像なため、width と height で横幅と高さを指定しなければなりません。また、ブラー画像のソースは個別に用意する必要があるため、`placeholder` 属性は指定せず、あとからステップ 9.1（P.250）で設定します。

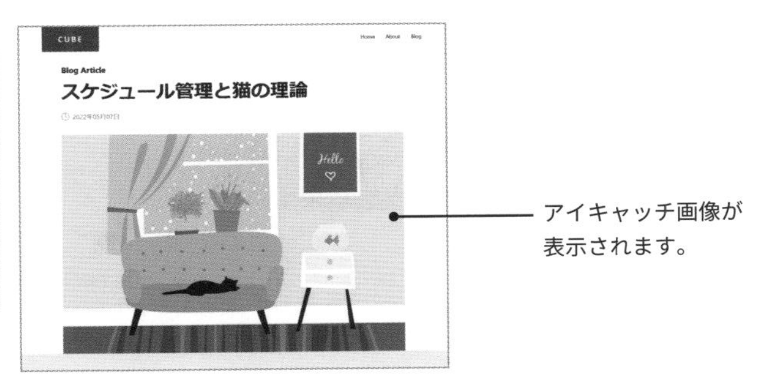


```
import { getPostBySlug } from 'lib/api'
import Container from 'components/container'
import PostHeader from 'components/post-header'
import Image from 'next/image'

export default function Schedule({
  …
  eyecatch,
  categories,
}) {
  return (
    <Container>
      <article>
        <PostHeader title={title} subtitle="Blog Article" publish={publish} />

        <figure>
          <Image
            src={eyecatch.url}
            alt=""
            layout="responsive"
            width={eyecatch.width}
            height={eyecatch.height}
            sizes="(min-width: 1152px) 1152px, 100vw"
            priority
          />
        </figure>
      </article>
    </Container>
  )
}
```

<Image />のsrc、width、height属性で取得した画像データのURL、横幅、高さを指定。

pages/blog/schedule.js

8.4 記事の本文を表示する

アイキャッチ画像の下には記事の本文を表示します。

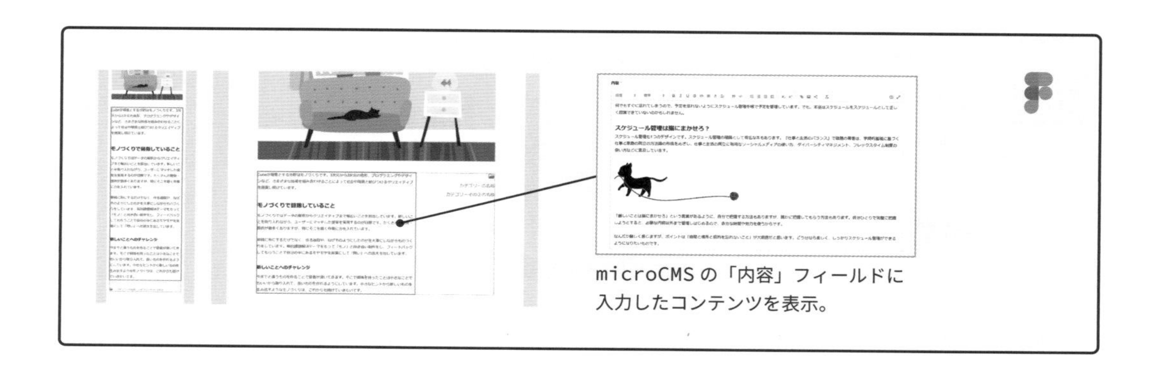

microCMSの「内容」フィールドに入力したコンテンツを表示。

記事の本文は、アバウトページの本文と同じように `<PostBody>` で見出しや文章のスタイルを整え、`<TwoColumn>` の `<TwoColumnMain>` で2段組みのメインの段にレイアウトします。

そのため、`schedule.js` に `PostBody` と2段組み用の3つのコンポーネント `TwoColumn`、`TwoColumnMain`、`TwoColumnSidebar` をインポートします。ステップ7.5で取得した記事本文のデータは `content` で使えるようにしていますので、次のようにマークアップします。しかし、HTMLがそのまま表示されてしまいます。

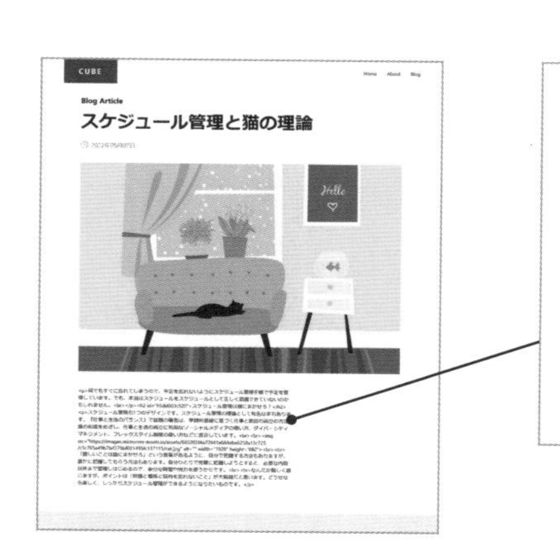

<p>何でもすぐに忘れてしまうので、予定を忘れないようにスケジュール管理手帳で予定を管理しています。でも、本当はスケジュールをスケジュールとして正しく認識できていないのかもしれません。
</p><h2 id="h5dd003c520">スケジュール管理は猫にまかせろ？</h2><p>スケジュール管理も1つのデザインです。スケジュール管理の理論として有名な本もあります。『仕事と生活のバランス』で話題の著者は、学問的基礎に基づく仕事と家庭の両立の方法論の形成をめざし、仕事と生活の両立に有用なソーシャルメディアの使い方、ダイバーシティマネジメント、フレックスタイム制度の使い方などに言及しています。

<img src="https://images.microcms-assets.io/assets/685202f4a72941a684eba6258a13c725/c3c765a49b7b4579bf021495fc137115/cat.jpg" alt="" width="1920" height="682">

「難しいことは猫にまかせろ」という言葉があるように、自分で把握する方法もありますが、誰かに把握してもらう方法もあります。自分ひとりで完璧に把握しようとすると、必要な内容以外まで管理しはじめるので、余分な時間や労力を使うからです。

なんだか難しく感じますが、ポイントは「時間と場所と目的を忘れないこと」が大前提だと思います。どうせなら楽しく、しっかりスケジュール管理ができるようになりたいものです。</p>

```
import { getPostBySlug } from 'lib/api'
import Container from 'components/container'
import PostHeader from 'components/post-header'
import PostBody from 'components/post-body'
import { TwoColumn, TwoColumnMain, TwoColumnSidebar } from 'components/two-column'
import Image from 'next/image'

export default function Schedule({
  …
  content,
  eyecatch,
  categories,
}) {
  return (
    <Container>
      <article>
        <PostHeader title={title} subtitle="Blog Article" publish={publish} />

        <figure>
          …
        </figure>

        <TwoColumn>
          <TwoColumnMain>
            <PostBody>{content}</PostBody>
          </TwoColumnMain>
          <TwoColumnSidebar></TwoColumnSidebar>
        </TwoColumn>
      </article>
    </Container>
  )
}
```

pages/blog/schedule.js

microCMSから取得した本文のデータはHTMLの文字列です。そのため、この文字列を**React要素**に変換しなければ、ReactコンポーネントのなかでHTML（DOM）として扱うことができません。

最もシンプルな方法としては、Reactの機能である `dangerouslySetInnerHTML` 属性を利用する方法があります。`dangerouslySetInnerHTML` 属性はDOM APIの `innerHTML` プロパティに相当するもので、`__html` をキーにしたオブジェクトの形でHTMLの文字列を渡すことによってReact要素として表示できます。たとえば、`<PostBody>` 内の `{content}` を書き換えてみます。

```
<PostBody>
  <div dangerouslySetInnerHTML={{ __html: content }} />
</PostBody>
```

pages/blog/schedule.js

HTMLの文字列がReact要素として表示されます。ただし、`dangerouslySetInnerHTML` 属性では `innerHTML` として処理されるため、必ず <div> などの要素で囲まれます。その結果、階層が深くなり、そのままでは `<PostBody>` で指定したスタイルが適用されなくなります。さらに、HTMLの文字列をReact要素として表示するだけなため、画像を最適化できないといった問題もあります。

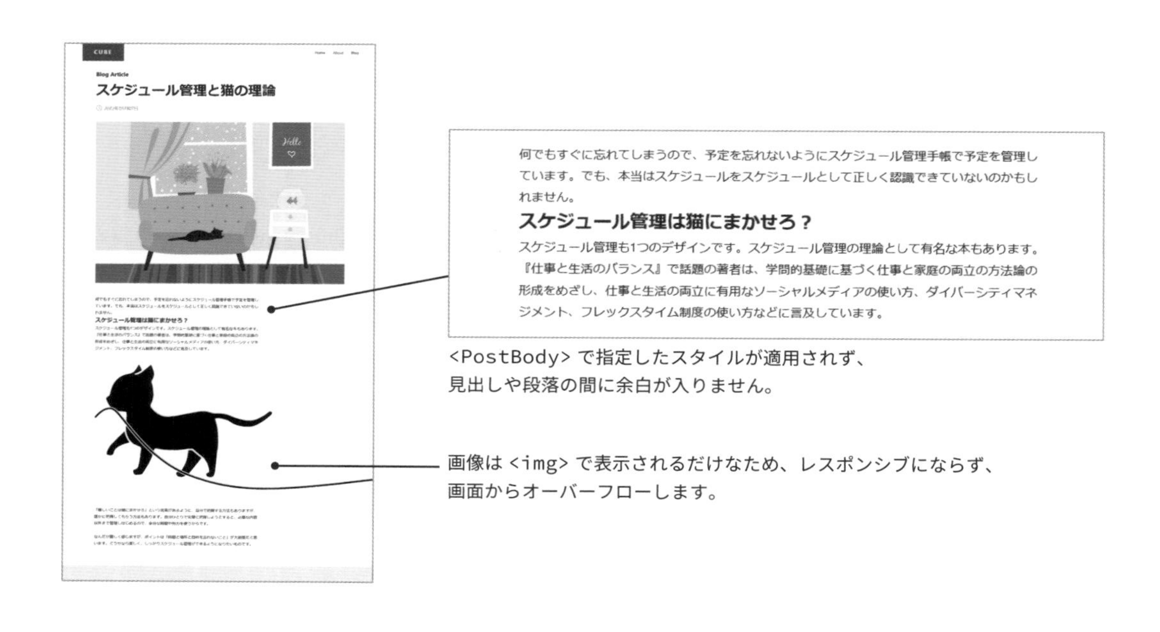

そのため、ここでは `dangerouslySetInnerHTML` 属性を使用せず、「**html-react-parser**」を使用してReact要素へ変換します。
html-react-parserを使用すれば階層が深くなることもありませんし、`<img>` 要素を `next/image` の `<Image />` に置き換えて画像を最適化することもできます。

html-react-parser
https://github.com/remarkablemark/html-react-parser

❖ html-react-parserの使い方

まず、html-react-parser をインストールします。

```
$ npm install html-react-parser
```

使用するには `parse` をインポートして、HTML 文字列を変換します。

```
import parse from 'html-react-parser'
…
const contentReact = parse('<h1> タイトル </h1>')
```

変換したものは、JSX の中で扱えます。

```
<div>{contentReact}</div>
```

❖ html-react-parserで画像をnext/imageに置き換える

`<img>` 要素を `<Image />` に置き換えるには `replace` オプションを追加します。

```
const contentReact = parse(
  '<h1> タイトル </h1><img src="/photo.jpg" width="1000" height="500" alt="">',
  {
    replace: (node) => {
      if (node.name === 'img') {
        const { src, alt, width, height } = node.attribs
        return <Image src={src} width={width} height={height} alt={alt} />
      }
    },
  },
)
```

`node` には AST 化された HTML 文字列の各ノード (節点、頂点) が順に入ります。そのため、`img` の `node` を確認して `<Image />` コンポーネントへ置き換えています。

変換処理を行うコンポーネントの作成

このようにhtml-react-parserを使用し、変換処理を行うコンポーネントを作成します。ここでは`components`ディレクトリに`convert-body.js`を追加し、`ConvertBody`コンポーネントとして作成します。
HTML文字列は`<ConvertBody />`の`contentHTML`属性で受け取り、React要素に変換します。`<img>`要素は`<Image />`に置き換え、レスポンシブイメージにします。

```
import parse from 'html-react-parser'
import Image from 'next/image'

export default function ConvertBody({ contentHTML }) {
  const contentReact = parse(contentHTML, {
    replace: (node) => {
      if (node.name === 'img') {
        const { src, alt, width, height } = node.attribs
        return (
          <Image
            layout="responsive"
            src={src}
            width={width}
            height={height}
            alt={alt}
            sizes="(min-width: 768px) 768px, 100vw"
          />
        )
      }
    },
  })
  return <>{contentReact}</>
}
```

components/convert-body.js

components
contact.js
container.js
convert-body.js
convert-date.js
footer.js
header.js
hero.js
layout.js
logo.js
meta.js
nav.js
post-body.js

２段組みのレイアウトでは本文の最大幅が768pxになるため、それに合わせて最適なサイズの画像が選択されるようにsizes属性を指定しています。

`schedule.js`に`ConvertBody`コンポーネントをインポートし、`dangerouslySetInnerHTML`属性を使ったコードを`<ConvertBody />`に置き換えます。本文のHTML文字列`content`は`<ConvertBody />`の`contentHTML`属性で指定します。

これで、記事の本文には `<PostBody>` で指定したスタイルが適用され、見出しや段落の間隔が整った表示になります。画像は `next/image` で最適化され、レスポンシブな表示になっていることがわかります。以上で、本文を表示する設定は完了です。

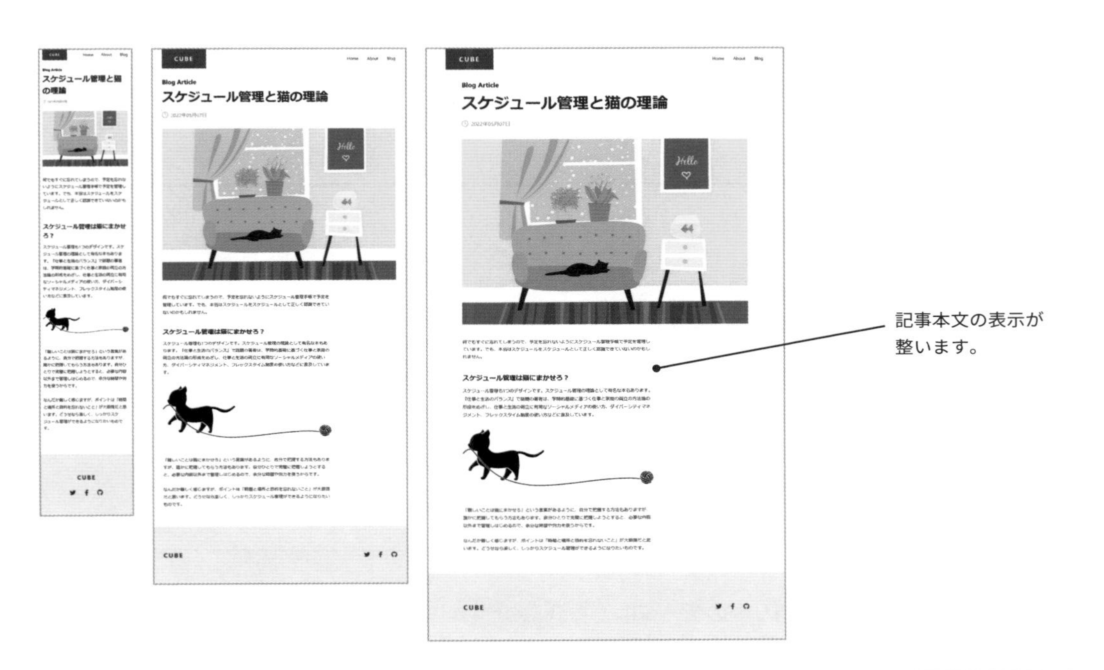


```
…
} from 'components/two-column'
import ConvertBody from 'components/convert-body'
import Image from 'next/image'
…
            <PostBody>
              <ConvertBody contentHTML={content} />
            </PostBody>
…
```

pages/blog/schedule.js

8.5 記事が属するカテゴリーをリスト表示する

２段組みのサイドバーには記事が属するカテゴリーを表示します。モバイルでは横並び、デスクトップでは縦並びのリストにして、カテゴリーページへのリンクを設定します。

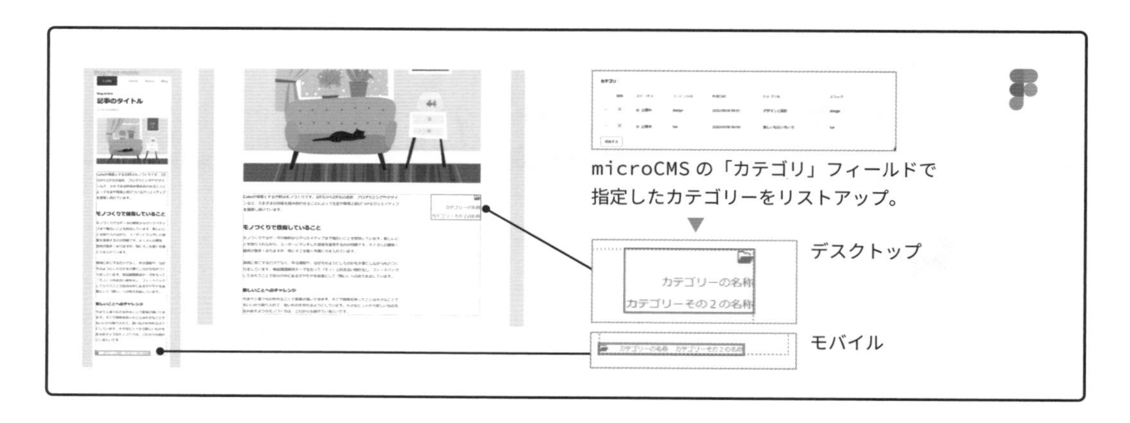

ステップ 7.5 で取得したカテゴリーのデータは、`categories` で使えるようにしています。記事ごとに複数のカテゴリーを指定できるため、次のように各カテゴリーのオブジェクトを含んだ配列になっています。ここからカテゴリー名 `name` とスラッグ `slug` を取り出し、リストの形にして表示します。この処理は `PostCategories` というコンポーネントを用意して行うことにします。

```
[
  {
    id: 'design',
    createdAt: '2022-05-06T00:01:15.205Z',
    updatedAt: '2022-05-06T04:15:44.022Z',
    publishedAt: '2022-05-06T00:01:15.205Z',
    revisedAt: '2022-05-06T00:01:15.205Z',
    name: 'デザインと設計',
    slug: 'design'
  },
  {
    id: 'fun',
    createdAt: '2022-05-06T00:00:41.016Z',
    updatedAt: '2022-05-06T04:15:53.253Z',
    publishedAt: '2022-05-06T00:00:41.016Z',
    revisedAt: '2022-05-06T00:00:58.262Z',
    name: '楽しいものいろいろ',
    slug: 'fun'
  }
]
```

記事が属するカテゴリーの名前とスラッグ

PostCategoriesコンポーネントを作成する

`PostCategories` コンポーネントを作成していきます。`components` ディレクトリに `post-categories.js` を、`styles` ディレクトリに `post-categories.module.css` を追加します。

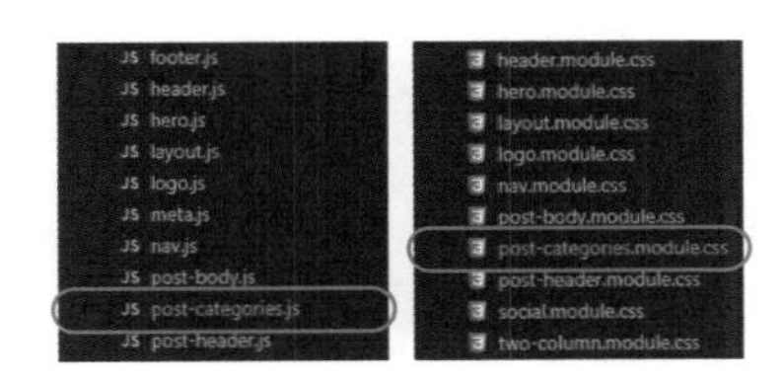

カテゴリーをリストにする

`post-categories.js` では `categories` 属性でカテゴリーのデータを受け取り、`map()` メソッドを使ってカテゴリーをリストアップします。

ここではカテゴリーごとにカテゴリー名 `name` とスラッグ `slug` を取り出し、カテゴリー名に `<a>` と next/link の `<Link>` でリンクを設定し、リストの項目として `<li>` でマークアップします。リンク先はスラッグを使って指定します。また、`<li>` には `key` 属性を追加し、ユニークな値としてスラッグを指定して React が要素を識別できるようにします。

`map()` メソッドの処理結果全体はリストとして `<ul>` でマークアップし、`post-categories.module.css` の `.list` を適用する形にしています。

```
import styles from 'styles/post-categories.module.css'
import Link from 'next/link'

export default function PostCategories({ categories }) {
  return (
    <ul className={styles.list}>
      {categories.map(({ name, slug }) => (
        <li key={slug}>
          <Link href={`/blog/category/${slug}`}>
            <a>{name}</a>
          </Link>
        </li>
      ))}
    </ul>
  )
}
```

リストの項目

※map()メソッドのコールバック関数は返り値が必要です。アロー関数でreturnが省略されていることに注意してください。

components/post-categories.js

8

Post Data

`schedule.js` に `PostCategories` コンポーネントをインポートし、`<PostCategories />` の `categories` 属性でカテゴリーのデータを渡します。カテゴリーのリストは2段組みのサイドバーに表示するため、`<TwoColumnSidebar>` 内に追加しています。

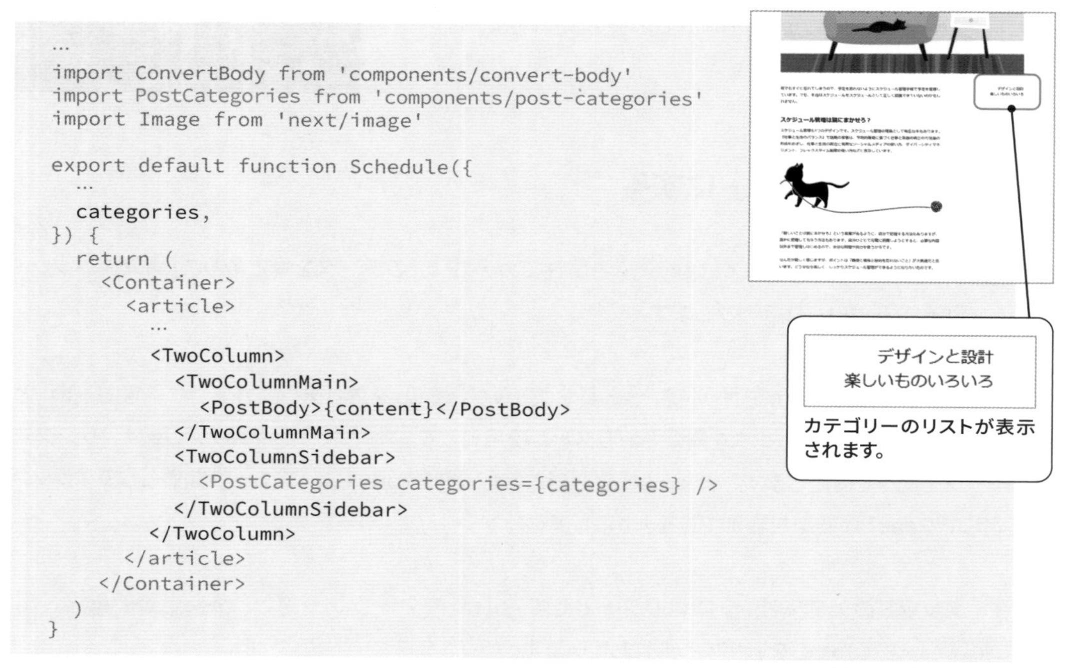

```
…
import ConvertBody from 'components/convert-body'
import PostCategories from 'components/post-categories'
import Image from 'next/image'

export default function Schedule({
  …
  categories,
}) {
  return (
    <Container>
      <article>
        …
        <TwoColumn>
          <TwoColumnMain>
            <PostBody>{content}</PostBody>
          </TwoColumnMain>
          <TwoColumnSidebar>
            <PostCategories categories={categories} />
          </TwoColumnSidebar>
        </TwoColumn>
      </article>
    </Container>
  )
}
```


pages/blog/schedule.js

リストのスタイルを整える

リストのスタイルを整えていきます。まず、`post-categories.js` ではリストに見出し `<h3>` を追加し、全体を `<div>` でグループ化します。見出しのテキストは非表示にして、記事を分類するものとして Font Awesome のフォルダアイコンを表示しています。

`post-categories.module.css` では `<div>` の `.flexContainer` と `<ul>` の `.list` に Flexbox の設定を適用し、見出しを含めたリスト全体をモバイルでは横並びに、デスクトップでは縦並びのレイアウトにします。
アイコンのサイズ `font-size` は画面幅に合わせて変化させるため、`<h3>` の `.heading` で `--small-heading2` に指定しています。以上で、カテゴリーをリスト表示する設定は完了です。

```
import styles from 'styles/post-categories.module.css'
import Link from 'next/link'
import { FontAwesomeIcon } from '@fortawesome/react-fontawesome'
import { faFolderOpen } from '@fortawesome/free-regular-svg-icons'

export default function PostCategories({ categories }) {
  return (
    <div className={styles.flexContainer}>
      <h3 className={styles.heading}>
        <FontAwesomeIcon icon={faFolderOpen} />
        <span className="sr-only">Categories</span>
      </h3>
      <ul className={styles.list}>
        {categories.map(({ name, slug }) => (
            …
        ))}
      </ul>
    </div>
  )
}
```

components/post-categories.js

```
.flexContainer {
  display: flex;
  align-items: baseline;
  gap: 1.25rem;
  color: var(--gray-50);
}

@media (min-width: 768px) {
  .flexContainer {
    flex-direction: column;
  }
}

.heading {
  font-size: var(--small-heading2);
}

.list {
  composes: flexContainer;
  font-size: var(--small-heading3);
  gap: 0.75rem;
}
```

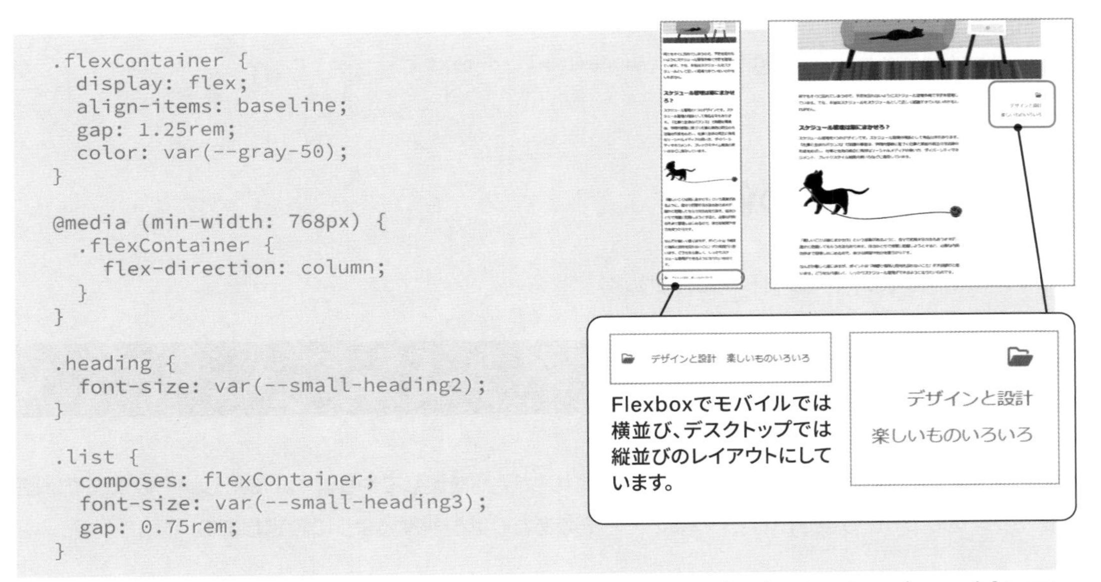

Flexboxでモバイルでは横並び、デスクトップでは縦並びのレイアウトにしています。

styles/post-categories.module.css

メソッド

オブジェクトのプロパティのうち、それが関数であるものをメソッドといいます。`map()` メソッドなど、JavaScript が標準で用意しているものばかりでなく、自分で定義することもできます。

8.6 Post Data 記事ページにメタデータを追加する

記事ページにメタデータを追加します。記事ページでもChapter 7で作成した `Meta` コンポーネントを使用し、アバウトページと同じように、記事のタイトル、説明、アイキャッチ画像（URL、横幅、高さ）のデータを指定します。

ただし、ステップ7.5で取得したデータには「説明」に適したものがありません。そのため、本文のHTML文字列からテキストだけを抜き出して用意します。方法は色々と考えられますが、ここでは「**html-to-text**」を利用します。

html-to-text
`https://github.com/html-to-text/node-html-to-text`

html-to-textの使い方

まず、html-to-textをインストールします。

```
$ npm install html-to-text
```

使用するには `convert` をインポートし、HTML文字列を渡してやります。ただし、そのままでは画像やリンクのURLも抜き出してくれるので、そのあたりは無視するように設定します。

```
import { convert } from 'html-to-text'

const text = convert('<p><a href="/">スケジュール管理</a>も1つのデザインです。</p>', {
  selectors: [
    { selector: 'img', format: 'skip' },
    { selector: 'a', options: { ignoreHref: true } },
  ],
})
```

テキストを切り出す関数の作成

このようにして抽出したテキストを、`slice()` メソッドを使って切り出すまでを関数にします。ここでは `lib` ディレクトリに `extract-text.js` を追加し、`extractText()` という関数を作成します。デフォルト引数で、切り出す文字数は `80` 文字に、テキストの末尾に付加する省略文字は `…` に設定しています。

```
import { convert } from 'html-to-text'

export function extractText(html, length = 80, more = '…') {
  const text = convert(html, {
    selectors: [
      { selector: 'img', format: 'skip' },
      { selector: 'a', options: { ignoreHref: true } },
    ],
  })

  return text.slice(0, length) + more
}
```

lib
api.js
constants.js
extract-text.js
node_modules

lib/extract-text.js

これで記事ページにメタデータを追加する準備は完了です。`schedule.js` に `extractText()` 関数と `Meta` コンポーネントをインポートします。まずは `getStaticProps()` で `extractText()` 関数を使って記事本文 `post.content` からテキストを切り出し、`description` に入れて `props` として渡します。

```
import { getPostBySlug } from 'lib/api'
import { extractText } from 'lib/extract-text'
import Meta from 'components/meta'
…
export async function getStaticProps() {
  const slug = 'schedule'

  const post = await getPostBySlug(slug)

  const description = extractText(post.content)

  return {
    props: {
      title: post.title,
      …
      categories: post.categories,
      description: description,
    },
  }
}
```

extractText()関数で記事本文のHTML文字列からテキストを切り出し、説明として利用できるようにします。

titleなどといっしょに、descriptionもpropsとして渡します。

pages/blog/schedule.js

`description` を受け取り、次のように `<Meta />` を指定します。

```
…
export default function Schedule({
  title,
  …
  categories,
  description,
}) {
  return (
    <Container>
      <Meta
        pageTitle={title}
        pageDesc={description}
        pageImg={eyecatch.url}
        pageImgW={eyecatch.width}
        pageImgH={eyecatch.height}
      />

      <article>
      …
```

<Meta />の属性で記事の

- タイトル
- 説明
- アイキャッチ画像のURL
- アイキャッチ画像の横幅
- アイキャッチ画像の高さ

を指定。

pages/blog/schedule.js

記事ページの生成コードを確認すると、指定した記事のタイトル、説明、アイキャッチ画像がメタデータに反映されていることがわかります。また、ページの URL も P.196 の設定できちんと生成されています。

```
<head>
  …
  <title>スケジュール管理と猫の理論 | CUBE</title>
  <meta property="og:title" content="スケジュール管理と猫の理論 | CUBE" />
  <meta name="description"
   content="何でもすぐに忘れてしまうので、予定を忘れないようにスケジュール管理手帳で予定を管理しています。
   でも、本当はスケジュールをスケジュールとして正しく認識できていない…" />
  <meta property="og:description"
   content="何でもすぐに忘れてしまうので、予定を忘れないようにスケジュール管理手帳で予定を管理しています。
   でも、本当はスケジュールをスケジュールとして正しく認識できていない…" />
  <link rel="canonical" href="https://…/blog/schedule" />
  <meta property="og:url" content="https://…/blog/schedule" />
  …
  <meta property="og:image"
    content="https://images.microcms-assets.io/assets/685…/9d8…/schedule.jpg" />
  <meta property="og:image:width" content="1920" />
  <meta property="og:image:height" content="1280" />
  <meta name="twitter:card" content="summary_large_image" />
  …
```

以上で、記事ページの表示を整える設定は完了です。次の章ではこのページの設定をベースに、**Dynamic Routes**（動的なルーティング）ですべての記事ページを生成するように設定していきます。

Chapter

9

動的な ルーティング

Next.js/React

9.1 Dynamic Routes アイキャッチ画像eyecatchの代替画像とブラー画像を用意する

ここからは Chapter 8 で作成した記事ページ `schedule.js` をベースに、すべての記事ページを生成していきます。

ただ、その設定を始める前に、アイキャッチ画像が microCMS で未設定な記事の表示を確認しておきます。アイキャッチ画像の設定は必須にしておらず、3 件目の記事「カメラが捉えるミクロの世界」が未設定になっています。

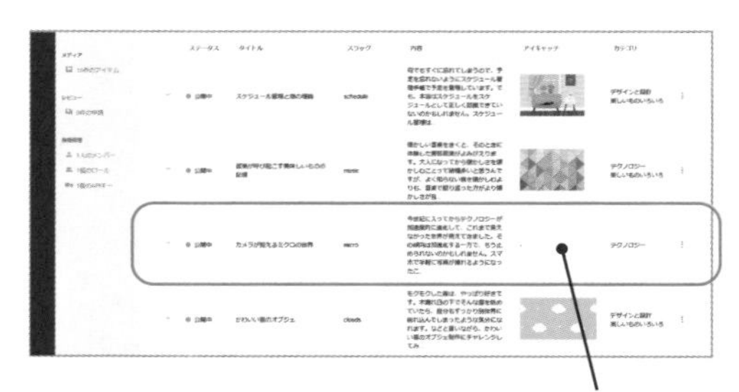

アイキャッチ画像が未設定な記事。

`schedule.js` で `getStaticProps()` の `slug` を 3 件目の記事のスラッグ「micro」に変更し、記事ページ `/blog/schedule` にアクセスしてみます。

```
export async function getStaticProps() {
  const slug = 'micro'
  const post = await getPostBySlug(slug)
  const description = extractText(post.content)
  return {
    props: {
      title: post.title,
      …
      eyecatch: post.eyecatch,
      categories: post.categories,
      description: description,
    },
  }
}
```

スラッグを「micro」に変更

ページコンポーネントへ送るprops

pages/blog/schedule.js

すると、以下のようなエラーが表示されます。

```
error - Error: Error serializing `.eyecatch` returned from `getStaticProps` in "/blog/schedule".
Reason: `undefined` cannot be serialized as JSON. Please use `null` or omit this value.
```

この記事にはアイキャッチ画像 `eyecatch` が設定されていません。そのため、`eyecatch` に関するデータが存在せず、`props` として `undefined` をページコンポーネントへ送ることになります。しかし、`props` では、シリアライズできない `undefined` という値は送れないため、このようなエラーが表示されます。対策が必要です。
microCMS 側で `eyecatch` を必須にしてしまうのが簡単ですが、ここでは `eyecatch` が設定されていないときには、ローカルで用意した代替画像を表示するようにします。ただし、デプロイ先によっては、特定の処理（On-demand ISR による再生成）でローカルの代替画像をうまく扱えないケースがあります。その場合は microCMS にアップロードして、その URL を利用します。

ローカルの代替画像を用意する

ローカルの代替画像はこれまでと同じようにインポートして扱いたいところですが、今回はその方法は使えません。Next.js では、インポートした画像のオブジェクトをコンポーネントで直接扱わないと、その画像をサイトの構成要素としてバンドルしてくれないためです。

今回の画像はサーバー側で扱うため、`public` ディレクトリに用意する必要があります。ここでは `eyecatch.jpg` を用意します。

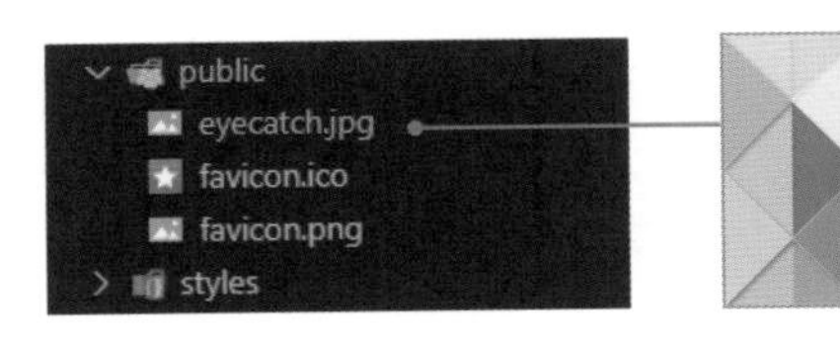

ローカルの代替画像：
eyecatch.jpg
（1920 × 1280 ピクセル）

代替画像に関するデータは `constants.js` に追加し、共有できる形で管理します。microCMS のアイキャッチ画像 `post.eyecatch` と同じ構造のオブジェクト `eyecatchLocal` として追加し、URL（パス）、横幅、高さを指定します。

```
  …
  siteIcon: '/favicon.png',
}

export const eyecatchLocal = {
  url: '/eyecatch.jpg',
  width: 1920,
  height: 1280,
}
```

lib/constants.js

`schedule.js` に戻り、`eyecatchLocal` をインポートします。そして、`post.eyecatch` が存在しないときには Null 合体演算子で `eyecatchLocal` を使用するように指定します。
これで、アイキャッチ画像が未設定な記事ではローカルの代替画像が表示されるようになります。

```
…
import Image from 'next/image'

// ローカルの代替アイキャッチ画像
import { eyecatchLocal } from 'lib/constants'

…
export async function getStaticProps() {
  const slug = 'micro'

  const post = await getPostBySlug(slug)

  const description = extractText(post.content)

  const eyecatch = post.eyecatch ?? eyecatchLocal

  return {
    props: {
      title: post.title,
      …
      eyecatch: eyecatch,
      categories: post.categories,
      description: description,
    },
  }
}
```

pages/blog/schedule.js

ローカルの代替画像が表示されます。

プレースホルダのブラー画像を用意する

すべての記事のアイキャッチ画像が用意できましたので、`next/image` のプレースホルダを設定します。ただし、アイキャッチ画像は外部で管理している画像と、`public` に置いた代替画像なため、プレースホルダのブラー画像は自分で用意しなければなりません。
ここでは、`next/image` の公式ページで紹介されている **plaiceholder** を使って生成してみます。画像処理で必要になる **sharp** もいっしょにインストールします。

`schedule.js` に `getPlaiceholder()` 関数をインポートし、引数としてアイキャッチ画像の URL `eyecatch.url` を渡します。処理結果から取り出した base64 エンコードの画像データ `base64` はアイキャッチ画像のその他のデータとセットで扱えるように、`eyecatch` に `blurDataURL` プロパティを追加し、その値として保存しています。
これで `<Image />` の `placeholder` を `blur`、`blurDataURL` を `eyecatch.blurDataURL` と指定すれば、プレースホルダのブラー画像の設定は完了です。

```
…
import Image from 'next/image'
import { getPlaiceholder } from 'plaiceholder'

// ローカルの代替アイキャッチ画像
…

export default function Schedule({
  …
}) {
  return (
    …
        <figure>
          <Image
            src={eyecatch.url}
            alt=""
            layout="responsive"
            width={eyecatch.width}
            height={eyecatch.height}
            sizes="(min-width: 1152px) 1152px, 100vw"
            priority
            placeholder="blur"
            blurDataURL={eyecatch.blurDataURL}
          />
        </figure>
    …
  )
}

export async function getStaticProps() {
  …

  const eyecatch = post.eyecatch ?? eyecatchLocal

  const { base64 } = await getPlaiceholder(eyecatch.url)
  eyecatch.blurDataURL = base64

  return {
    props: {
      …
      eyecatch: eyecatch,
      categories: post.categories,
      description: description,
    },
  }
}
```

pages/blog/schedule.js

ブラーから滑らかに画像が表示されるようになります。

getPlaiceholder()はPromiseオブジェクトを返す非同期関数ですので注意してください。

9 Dynamic Routes

9.2 Dynamic Routes Dynamic Routesで記事ページを生成する

すべての記事ページを生成するため、P.205 の Dynamic Routes（動的なルーティング）を使った設定をしていきます。

❖ [slug].jsを用意する

まずは、`pages` の `blog` ディレクトリ内で作成してきた `schedule.js` のファイル名を `[slug].js` に変更します。また、コンポーネント名も「Schedule」から「Post」に変更しておきます。

```
pages
  api
  blog
    index.js
    schedule.js
  _app.js
```

```
pages
  api
  blog
    [slug].js
    index.js
  _app.js
```

```
…
import { eyecatchLocal } from 'lib/constants'

export default function Post({
  title,
  …
```

pages/blog/[slug].js

❖ getStaticPathsを用意する

`getStaticProps` を使った **SG** の場合、`[slug].js` を用意するだけではページは生成されません。P.207 のように `[slug].js` に `getStaticPaths` を追加し、生成したいページのスラッグ `slug` を渡す必要があります。たとえば、１～３件目の記事のスラッグを URL の形で指定してみます。

```
…
}

export async function getStaticPaths() {
  return {
    paths: ['/blog/schedule', '/blog/music', '/blog/micro'],
    fallback: false,
  }
}

export async function getStaticProps() {
  const slug = 'micro'
  …
```

pages/blog/[slug].js

指定したスラッグは `context` を通して `getStaticProps` で受け取り、`slug` で指定します。

```
...
export async function getStaticPaths() {
  return {
    paths: ['/blog/schedule', '/blog/music', '/blog/micro'],
    fallback: false,
  }
}

export async function getStaticProps(context) {
  const slug = context.params.slug

  const post = await getPostBySlug(slug)

  const description = extractText(post.content)

  const eyecatch = post.eyecatch ?? eyecatchLocal

  const { base64 } = await getPlaiceholder(eyecatch.url)
  eyecatch.blurDataURL = base64

  return {
    props: {
      title: post.title,
      publish: post.publishDate,
      content: post.content,
      eyecatch: eyecatch,
      categories: post.categories,
      description: description,
    },
  }
}
```

getStaticProps

pages/blog/[slug].js

これで、指定したスラッグで記事ページが生成され、microCMS から取得した記事が表示されます。

/blog/schedule

/blog/music

/blog/micro

すべての記事ページを生成する

`getStaticPaths` でスラッグを指定すれば記事ページが生成されることが確認できました。そこで、すべての記事のスラッグを取得する関数を用意します。

getAllSlugs()を作成する

すべての記事のスラッグ `slug` を取得する `getAllSlugs()` という関数を作成します。この関数はあとから作成するページネーションでも使用できるため、スラッグといっしょにタイトル `title` も取得するようにします。
P.220 の `getPostBySlug()` と同じように、`api.js` に次のようにコードを追加します。

```
import { createClient } from 'microcms-js-sdk'

export const client = createClient({
  serviceDomain: process.env.SERVICE_DOMAIN,
  apiKey: process.env.API_KEY,
})

export async function getPostBySlug(slug) {
  …
}

export async function getAllSlugs(limit = 100) {
  try {
    const slugs = await client.get({
      endpoint: 'blogs',
      queries: { fields: 'title,slug', orders: '-publishDate', limit: limit },
    })
    return slugs.contents
  } catch (err) {
    console.log('~~ getAllSlugs ~~')
    console.log(err)
  }
}
```

microCMSでは、一度に取得するデータの件数をlimitとして設定します。デフォルトのlimitは10件で、一度に取得するデータサイズの上限は5MBとなっています。
ここでは100記事までのデータを取得するようにデフォルト引数を指定しています。

各記事のtitleとslugを取得し、投稿日（publishDate）を使って降順でソートするように指定。

lib/api.js

この設定でmicroCMSから取得するデータは以下のような構造になります。P.221のAPIプレビューで確認でき、投稿した15件のすべての記事のタイトルとスラッグが取得されることがわかります。データは `contents` プロパティ内の配列になるため、`getAllSlugs()` では `slugs.contents` で取り出して返すようにしています。

```
{
  contents: [
    { title: 'スケジュール管理と猫の理論', slug: 'schedule' },
    { title: '音楽が呼び起こす美味しいものの記憶', slug: 'music' },
    { title: 'カメラが捉えるミクロの世界', slug: 'micro' },
    { title: 'かわいい雲のオブジェ', slug: 'clouds' },
    { title: '計算された美しさというものについて', slug: 'calc' },
    { title: 'カマクラとテーブルの制作', slug: 'kamakura' },
    { title: 'ニューラルコンピュータとパターン', slug: 'pattern' },
    { title: '地図とGPSと立体と', slug: 'rocket' },
    { title: 'センサーを使った室温のコントロール', slug: 'room-temp' },
    { title: 'あちこちで見かけるハートマーク', slug: 'heart' },
    { title: 'インテリアの配置とバランス', slug: 'interior' },
    { title: '甘いものといえば小麦', slug: 'wheat' },
    { title: 'わからないものを読み解く技術', slug: 'art-of-reading' },
    { title: 'テクノロジーのレシピ', slug: 'recipe' },
    { title: 'チェック柄の深い歴史', slug: 'check' }
  ],
  totalCount: 15,
  offset: 0,
  limit: 100
}
```

データの配列

各記事のタイトルとスラッグが含まれています。

❖ 作成した関数ですべての記事のスラッグを指定する

作成した関数 `getAllSlugs()` を `[slug].js` にインポートし、すべての記事のスラッグを取得して `getStaticPaths` の `paths` で指定します。

```
import { getPostBySlug, getAllSlugs } from 'lib/api'
…

export async function getStaticPaths() {
  const allSlugs = await getAllSlugs()

  return {
    paths: allSlugs.map(({ slug }) => `/blog/${slug}`),
    fallback: false,
  }
}
…
```

getAllSlugs()で取得したデータはallSlugsに入れ、map()メソッドを使って各記事のスラッグをURLの形に加工して返しています。

pages/blog/[slug].js

ビルドすると、15件のすべての記事ページが生成されることが確認できます。

```
info  - Generating static pages (20/20)
info  - Finalizing page optimization

Page                                          Size     First Load JS
┌ ○ /                                         1.51 kB         102 kB
├   /_app                                     0 B            96.2 kB
├ ○ /404                                      192 B          96.4 kB
├ ○ /about                                    2.95 kB         104 kB
├   └ css/7842d9fca25f2ef8.css                543 B
├ λ /api/hello                                0 B            96.2 kB
├ ○ /blog                                     1.55 kB         103 kB
└ ● /blog/[slug] (4789 ms)                    20.5 kB         121 kB
    └ css/924061f3f341e824.css                593 B
    ├ /blog/micro (576 ms)
    ├ /blog/music (533 ms)
    ├ /blog/schedule (323 ms)
    ├ /blog/kamakura (321 ms)
    ├ /blog/rocket (311 ms)
    ├ /blog/room-temp (311 ms)
    ├ /blog/clouds
    └ [+8 more paths]
+ First Load JS shared by all                 96.2 kB
  ├ chunks/framework-a87821de553db91d.js      45 kB
  ├ chunks/main-f4ae3437c92c1efc.js           28.3 kB
  ├ chunks/pages/_app-28834ec503d9ea68.js     22 kB
  ├ chunks/webpack-d7b038a63b619762.js        771 B
  └ css/bce29f44aabc91f6.css                  3.02 kB

λ  (Server)  server-side renders at runtime (uses getInitialProps or getServerSideProps)
○  (Static)  automatically rendered as static HTML (uses no initial props)
●  (SSG)     automatically generated as static HTML + JSON (uses getStaticProps)
```

15件の記事ページが生成されています。

P.26のようにアプリケーションを起動してURLにアクセスすれば、ページの表示も確認できます。アクセスしやすくするため、次のステップでは記事ページにページネーションを追加していきます。

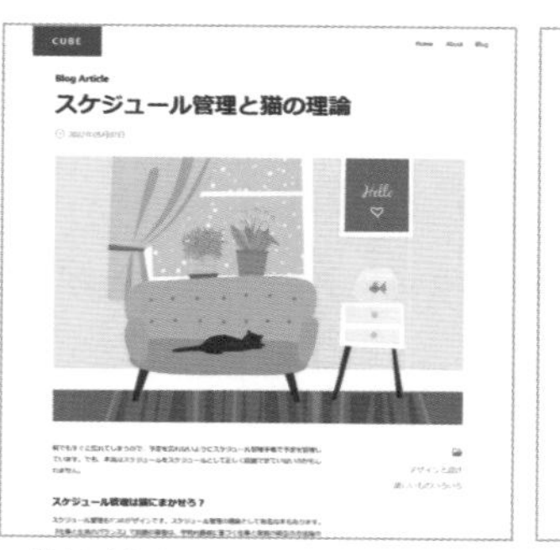

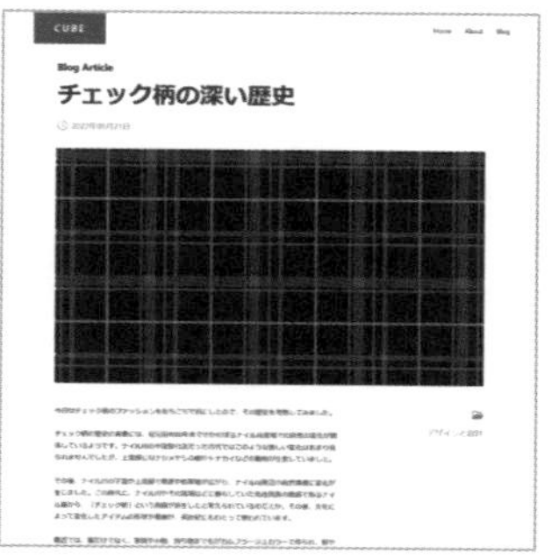

1件目（/blog/schedule）と15件目（/blog/check）の記事ページ。

ページネーションを追加する

前後の記事にアクセスするためのページネーションを記事ページに追加します。

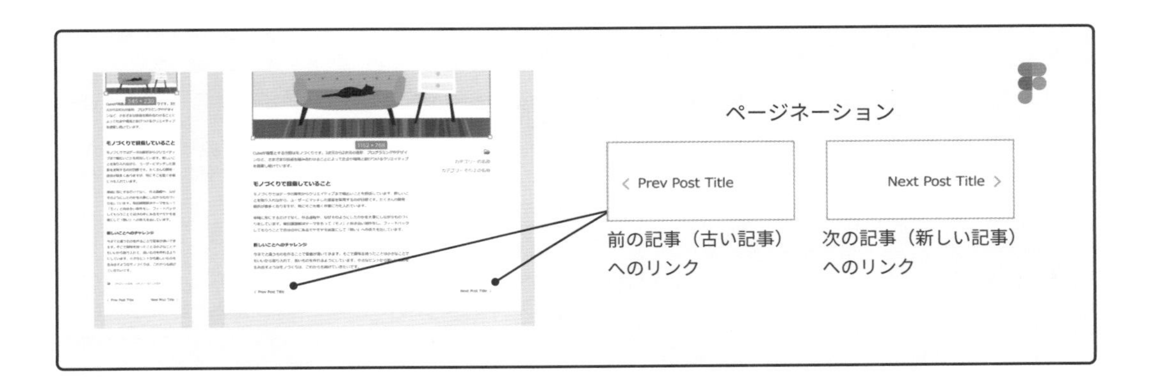

前後の記事のタイトルとスラッグを取り出す関数を作成する

ページネーションで必要になるのは、前後の記事のタイトルとスラッグです。ステップ 9.3 で作成した関数 `getAllSlugs()` ですべての記事のタイトルとスラッグを取得できるため、そこから前後の記事のものを取り出します。そこで、この処理を行う関数を用意します。

ここでは `lib` ディレクトリに `prev-next-post.js` を追加し、`prevNextPost()` という関数を作成します。引数は２つ用意し、`allSlugs` と `currentSlug` でそれぞれ次のデータを受け取る形にします。

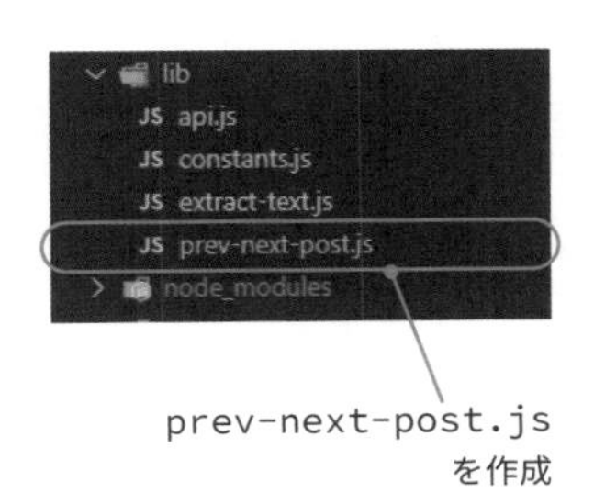

prev-next-post.js を作成

allSlugs	`getAllSlugs()` で取得したすべての記事のタイトル `title` とスラッグ `slug` を含む配列
currentSlug	現在の記事のスラッグ

あとは、受け取った `allSlugs` から前後の記事のデータを抽出し、前の記事（古い記事）のデータは `prevPost` に、次の記事（新しい記事）のデータは `nextPost` に入れて返します。前後の記事がない場合、`title` と `slug` の値を空にしたデータを返すようにします。

allSlugs で受け取る配列（15 件の記事データ）　※新しいものから順に並んでいます。

```
[
    { title: 'スケジュール管理と猫の理論', slug: 'schedule' },
    { title: '音楽が呼び起こす美味しいものの記憶', slug: 'music' },
    { title: 'カメラが捉えるミクロの世界', slug: 'micro' },
    …
    { title: 'わからないものを読み解く技術', slug: 'art-of-reading' },
    { title: 'テクノロジーのレシピ', slug: 'recipe' },
    { title: 'チェック柄の深い歴史', slug: 'check' }
]
```

インデックスが 0 の記事（最初の記事＝最も新しい記事）

前の記事（古い記事）↓　↑次の記事（新しい記事）

インデックスが 14 の記事（最後の記事＝最も古い記事）

```
export function prevNextPost(allSlugs, currentSlug) {
  const numberOfPosts = allSlugs.length

  const index = allSlugs.findIndex(
    ({ slug }) => slug === currentSlug,
  )

  const prevPost =
    index + 1 === numberOfPosts
      ? { title: '', slug: '' }
      : allSlugs[index + 1]

  const nextPost =
    index === 0
      ? { title: '', slug: '' }
      : allSlugs[index - 1]

  return [prevPost, nextPost]
}
```

length プロパティで allSlugs の要素数（記事の総数）を numberOfPosts に取得。

findIndex() メソッドで allSlugs の中から currentSlug と slug が一致する記事のインデックスを index に取得。

prevPost に前の記事のデータ allSlugs[index + 1] をセット。ただし、現在の記事が配列の最後の記事の場合は title と slug を空にした値をセットします。

nextPost に次の記事のデータ allSlugs[index - 1] をセット。ただし、現在の記事が配列の最初の記事の場合は title と slug を空にした値をセットします。

lib/prev-next-post.js

❖ 関数を使って前後の記事のタイトルとスラッグを取り出す

作成した関数を使って前後の記事のタイトルとスラッグを取り出し、記事ページで使えるようにします。まずは、`[slug].js` に `prevNextPost()` 関数をインポートします。

`getStaticProps()` では `getAllSlugs()` 関数ですべての記事のタイトルとスラッグを `allSlugs` に取得し、これと現在の記事のスラッグ `slug` を引数として `prevNextPost()` 関数に渡します。処理結果として返ってきた前後の記事データ `prevPost` と `nextPost` は `props` としてページコンポーネントに渡します。

```
import { getPostBySlug, getAllSlugs } from 'lib/api'
import { extractText } from 'lib/extract-text'
import { prevNextPost } from 'lib/prev-next-post'
…

export async function getStaticProps(context) {
  const slug = context.params.slug

  const post = await getPostBySlug(slug)

  const description = extractText(post.content)

  const eyecatch = post.eyecatch ?? eyecatchLocal

  const { base64 } = await getPlaiceholder(eyecatch.url)
  eyecatch.blurDataURL = base64

  const allSlugs = await getAllSlugs()
  const [prevPost, nextPost] = prevNextPost(allSlugs, slug)

  return {
    props: {
      title: post.title,
      publish: post.publishDate,
      content: post.content,
      eyecatch: eyecatch,
      categories: post.categories,
      description: description,
      prevPost: prevPost,
      nextPost: nextPost,
    },
  }
}
```

pages/blog/[slug].js

`prevPost` と `nextPost` を受け取り、前後の記事のタイトルとスラッグを表示してみます。たとえば、2件目の記事 `/blog/music` のページにアクセスすると、次のように表示されます。

9
Dynamic Routes

```
export default function Post({
  title,
  …
  description,
  prevPost,
  nextPost,
}) {
  return (
    <Container>
      <Meta … />
      <article>
        …
        <div>{prevPost.title} {prevPost.slug}</div>
        <div>{nextPost.title} {nextPost.slug}</div>
      </article>
    </Container>
  )
}
```

pages/blog/[slug].js

カメラが捉えるミクロの世界 micro
スケジュール管理と猫の理論 schedule

前後の記事のタイトルとスラッグが表示されます。

あとは、このデータを使用し、ページネーションとして表示を整え、リンクとして機能させるコンポーネントを作成します。

ページネーションのコンポーネントを作成する

ページネーションのコンポーネントでは、前後のページへのリンクを両端に配置したレイアウトで表示します。記事ページでは前後の記事ページへのリンクを表示しますが、トップページでは記事一覧ページへのリンクを表示するのに使います。そのため、２つのリンク用のテキストとURLを属性で渡す形で作成していきます。

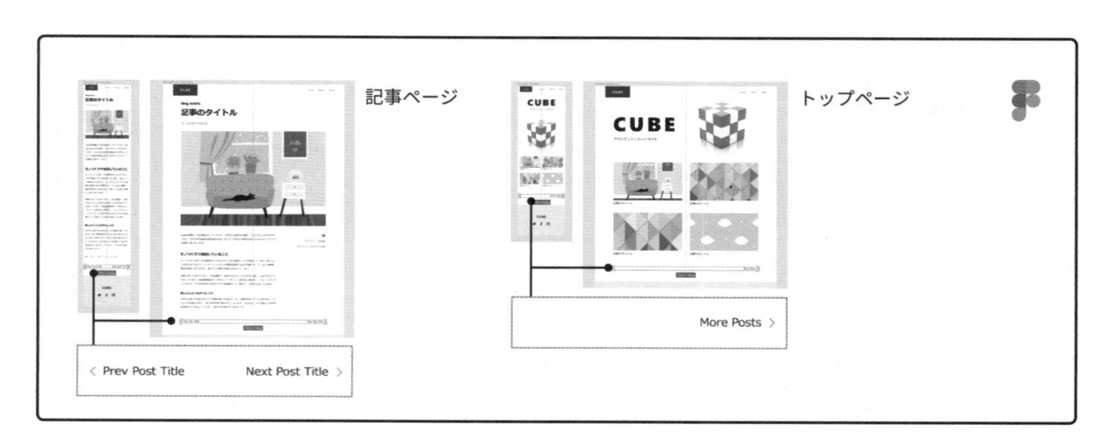

ここでは `Pagination` コンポーネントとして作成するため、`components` ディレクトリに `pagination.js` を、`styles` ディレクトリに `pagination.module.css` を追加します。

components
contact.js
container.js
convert-body.js
convert-date.js
footer.js
header.js
hero.js
layout.js
logo.js
meta.js
nav.js
pagination.js
post-body.js

styles
contact.module.css
container.module.css
footer.module.css
globals.css
header.module.css
hero.module.css
layout.module.css
logo.module.css
nav.module.css
pagination.module.css
post-body.module.css
post-categories.module.css
post-header.module.css

pagination.jsと
pagination.module.cssを追加

前後のページへのリンクのテキストとURLは、`prevText` と `prevUrl`、`nextText` と `nextUrl` 属性で受け取り、テキストとURLの両方が指定されている場合にだけそれぞれのリンクを出力するように指定します。

```
import styles from 'styles/pagination.module.css'
import Link from 'next/link'
import { FontAwesomeIcon } from '@fortawesome/react-fontawesome'
import { faChevronLeft, faChevronRight } from '@fortawesome/free-solid-svg-icons'

export default function Pagination({
  prevText = '',
  prevUrl = '',
  nextText = '',
  nextUrl = '',
}) {
  return (
    <ul className={styles.flexContainer}>
      {prevText && prevUrl && (
        <li className={styles.prev}>
          <Link href={prevUrl}>
            <a className={styles.iconText}>
              <FontAwesomeIcon icon={faChevronLeft} color="var(--gray-25)" />
              <span>{prevText}</span>
            </a>
          </Link>
        </li>
      )}
      {nextText && nextUrl && (
        <li className={styles.next}>
          <Link href={nextUrl}>
            <a className={styles.iconText}>
              <span>{nextText}</span>
              <FontAwesomeIcon icon={faChevronRight} color="var(--gray-25)" />
            </a>
          </Link>
        </li>
      )}
    </ul>
  )
}
```

属性で指定されたリンクのテキストとURLを受け取ります。未指定の場合は値を空に設定。

この式は左から右に順に&&が処理されます。

前のページへのリンク。

次のページへのリンク。

前後のページへのリンクは<ul><li>でリストとしてマークアップ。

components/pagination.js

❖ ページネーションのコンポーネントでリンクを表示する

`Pagination` コンポーネントを使って、記事ページに前後の記事へのリンクを表示します。`[slug].js` にインポートし、`<Pagination />` の属性で前後の記事のタイトルとURLを指定します。記事ページのURLはスラッグに「/blog/」を付けて指定しています。

記事ページにアクセスすると、前後の記事へのリンクが表示されることが確認できます。1件目の最初の記事では前の記事、15件目の最後の記事では次の記事へのリンクのみが表示されます。

```
…
import PostCategories from 'components/post-categories'
import Pagination from 'components/pagination'
import Image from 'next/image'
…
export default function Post({
  …
  prevPost,
  nextPost,
}) {
  return (
    <Container>
      <Meta … />
      <article>
        …
        <TwoColumn>
          …
        </TwoColumn>

        <Pagination
          prevText={prevPost.title}
          prevUrl={`/blog/${prevPost.slug}`}
          nextText={nextPost.title}
          nextUrl={`/blog/${nextPost.slug}`}
        />
      </article>
    </Container>
  )
}
```

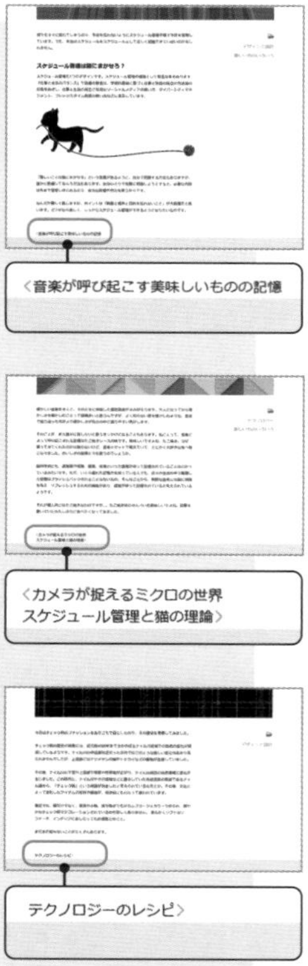

〈音楽が呼び起こす美味しいものの記憶

〈カメラが捉えるミクロの世界
スケジュール管理と猫の理論〉

テクノロジーのレシピ〉

pages/blog/[slug].js

(!) `Pagination` コンポーネントではリンクにFont Awesomeの矢印アイコンを付けています。

❖ ページネーションの表示を整える

`pagination.js` にインポートした `pagination.module.css` に CSS を追加し、ページネーションの表示を整えます。２つのリンクは両端揃えにするため、`utils.module.css` から `spaceBetween` クラスを composes し、`.flexContainer` で <ul> に適用しています。

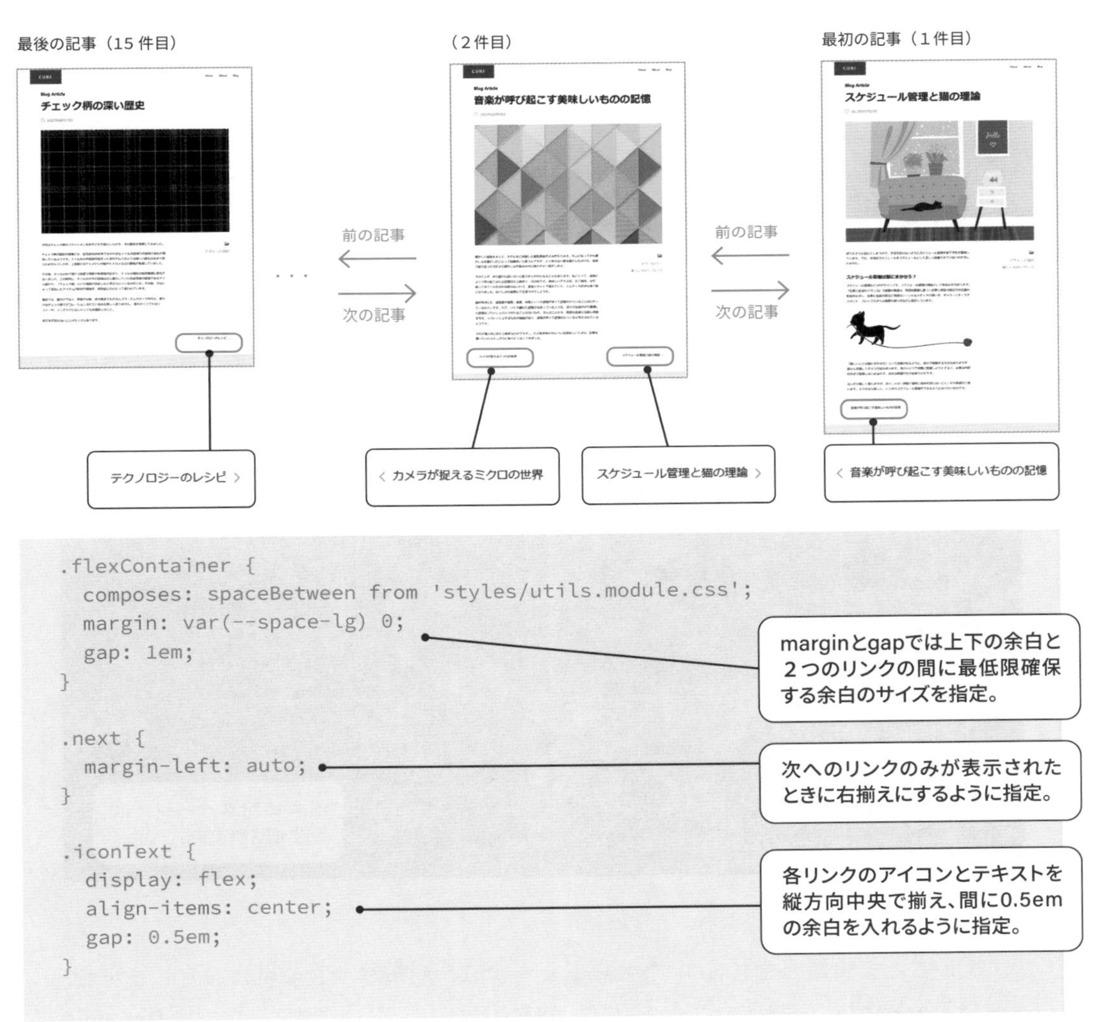


```
.flexContainer {
  composes: spaceBetween from 'styles/utils.module.css';
  margin: var(--space-lg) 0;
  gap: 1em;
}

.next {
  margin-left: auto;
}

.iconText {
  display: flex;
  align-items: center;
  gap: 0.5em;
}
```

styles/pagination.module.css

以上で、ページネーションの設定は完了です。記事ページも完成ですので、次のステップから他のページも仕上げていきます。

fallbackを 'blocking' に設定して最新5件の記事ページだけを静的生成する

できあがった記事ページで **fallback: 'blocking'** を試してみます。まずは `getStaticPaths` に用意した `getAllSlugs()` で最初の5件の記事のスラッグを取得するようにします。また、`fallback` を `blocking` に変更します。

```
export async function getStaticPaths() {
  const allSlugs = await getAllSlugs(5)

  return {
    paths: allSlugs.map(({ slug }) => `/blog/${slug}`),
    fallback: 'blocking',
  }
}
```

pages/blog/[slug].js

これで、ビルドの際には最初の5件の記事ページだけが生成されるようになります。残りの記事ページはアクセスの際に生成されるため、ビルド時間を短縮できます。

```
Page                                       Size     First Load JS
┌ ○ /                                      1.51 kB         102 kB
├   /_app                                  0 B            96.2 kB
├ ○ /404                                   192 B          96.4 kB
├ ○ /about                                 2.95 kB         104 kB
├   └ css/7842d9fca25f2ef8.css             543 B
├ λ /api/hello                             0 B            96.2 kB
├ ○ /blog                                  1.55 kB         103 kB
└ ● /blog/[slug] (3048 ms)                 12.9 kB         124 kB
    └ css/8aa854443b0dc821.css             635 B
    ├ /blog/music (752 ms)
    ├ /blog/clouds (668 ms)
    ├ /blog/schedule (587 ms)
    ├ /blog/calc (552 ms)
    └ /blog/micro (489 ms)
+ First Load JS shared by all              96.7 kB
  ├ chunks/framework-a87821de553db91d.js   45 kB
  ├ chunks/main-fc7d2f0e2098927e.js        28.7 kB
```

5件の記事ページだけが生成されます。

ただし、ここで問題が生じます。`fallback` を `'blocking'` や `true` に設定した場合、`getStaticPaths` で用意したページ以外は **SSR** と同様の処理になります。つまり、**Dynamic Routes** によって渡された `params` を使ってページを生成することになります。

ところが、データの存在しないページ、たとえば `/blog/schedule2` にアクセスした場合、**schedule2** という `slug` を持ったデータは存在しないため、「500 Internal Server Error」になります。

これを「404 This page could not be found」にするためには、処理を追加します。`getPostBySlug()` は、存在しない `slug` が指定されたときには `undefined` を返します。そこで、`undefined` の場合には `{ notFound: true }` を返すように `getStaticProps` を修正します。

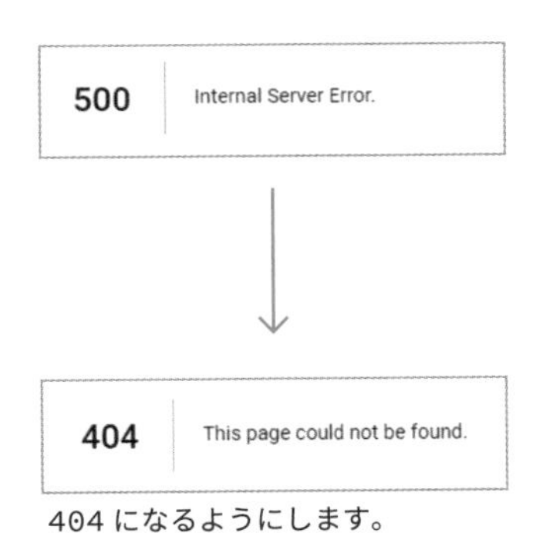

404 になるようにします。

```
…
export async function getStaticProps(context) {
  const slug = context.params.slug

  const post = await getPostBySlug(slug)
  if (!post) {
    return { notFound: true }
  } else {
    const description = extractText(post.content)

    const eyecatch = post.eyecatch ?? eyecatchLocal

    const { base64 } = await getPlaiceholder(eyecatch.url)
    eyecatch.blurDataURL = base64

    const allSlugs = await getAllSlugs()
    const [prevPost, nextPost] = prevNextPost(allSlugs, slug)

    return {
      props: {
        title: post.title,
        publish: post.publishDate,
        content: post.content,
        eyecatch: eyecatch,
        categories: post.categories,
        description: description,
        prevPost: prevPost,
        nextPost: nextPost,
      },
    }
  }
}
```

slugが存在しないときに返す設定。

slugが存在するときに実行する設定。

pages/blog/[slug].js

On-demand ISRで任意のタイミングでページを再構築する

On-demand ISR（On-demand Revalidation）では、`unstable_revalidate` 関数を実行したタイミングでページの再構築を行うことができます。`unstable_revalidate` は API のレスポンスヘルパー関数として用意されていますので、この機能を利用するためには Next.js が用意している API Route を使ってエンドポイント（API にアクセスするための URI）を作成する必要があります。

API Route

Next.js に用意された API Route という機能を利用すると、API を簡単に構築できます。ブログサイトの作成で使用してきた機能は「file-system based router」と呼ばれ、`pages` ディレクトリの中にページを構成するファイルを追加することでページを追加できました。これに対し、「API Route」では `pages` 内の `api` ディレクトリの中にエンドポイントを構成するファイルを追加することで、エンドポイントを作成します。
プロジェクトを作成した際に `api` ディレクトリに用意されている、`hello.js` がエンドポイントのサンプルです。アプリケーションを起動して `/api/hello` にアクセスすると、下記のコードで用意された JSON が返ってきます。

```
export default function handler(req, res) {
  res.status(200).json({ name: 'John Doe' })
}
```

pages/api/hello.js

```
{"name":"John Doe"}
```

`api` 内のエンドポイントを構成するファイルでは、インカミングメッセージ `req` とサーバーレスポンス `res` のオブジェクトをを受け取る `handler` 関数をデフォルトエクスポートし、この関数の中で処理を行います。

レスポンスヘルパー（ヘルパー関数）

サーバーレスポンスオブジェクト `res` には、エンドポイントを作成するためのメソッドのセットが用意されています。これがレスポンスヘルパーです。

`res.unstable_revalidate`
レスポンスヘルパーの１つである `unstable_revalidate` に URL を渡すことで、そのページが再構築されます。

たとえば、`api` ディレクトリ内に以下のようなコードで `revalidate.js` を作成すると、`/api/revalidate` にアクセスすることで On-demand ISR が実行されます。

```
export default async function handler(req, res) {
  try {
    await res.unstable_revalidate('/blog/shedule')
    await res.unstable_revalidate('/blog/music')
    return res.json({ revalidated: true })
  } catch (err) {
    return res.status(500).send('Error revalidating')
  }
}
```

pages/api/revalidate.js

ただし、このままでは誰がアクセスしても On-demand ISR が実行されてしまいます。そこで、環境変数で `SECRET_TOKEN` を用意し、これが指定されたときにだけ実行されるようにします。環境変数は `.env.local` に追加します。

```
SECRET_TOKEN=1234567890
```

.env.local

この環境変数を使って、トークンの確認をするようにコードを追加します。

```
export default async function handler(req, res) {
  if (req.query.secret !== process.env.SECRET_TOKEN) {
    return res.status(401).json({ message: 'Invalid token' })
  }
  try {
    await res.unstable_revalidate('/blog/shedule')
    await res.unstable_revalidate('/blog/music')
    return res.json({ revalidated: true })
  } catch (err) {
    return res.status(500).send('Error revalidating')
  }
}
```

pages/api/revalidate.js

エンドポイントへはトークンを使って以下のような形でアクセスすることで、On-demand ISR が実行されます。

```
/api/revalidate?secret=1234567890
```

記事一覧を作成する

ブログの記事一覧を作成し、記事一覧ページ `/blog` に表示します。各記事はアイキャッチ画像とタイトルで構成し、記事ページへのリンクを設定します。

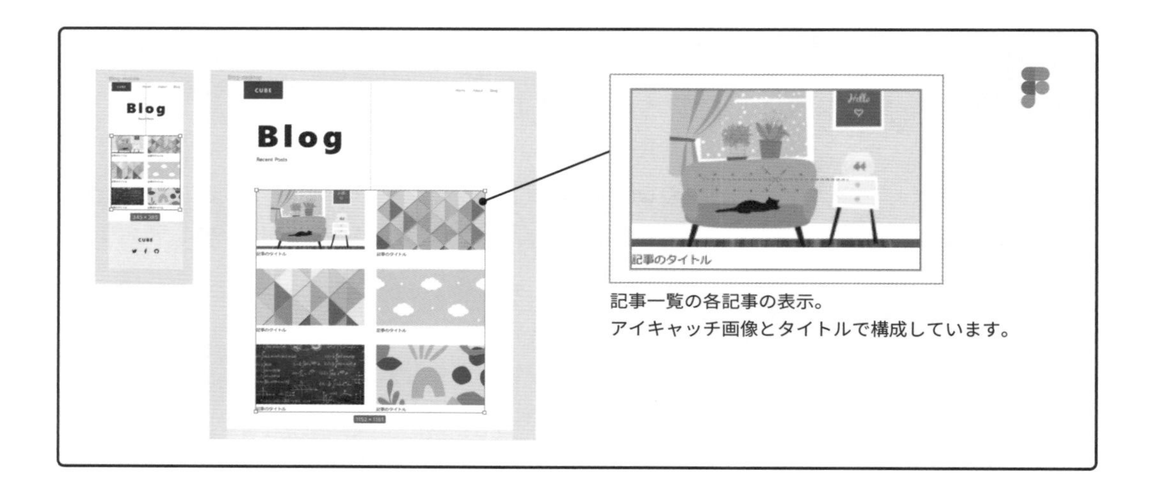

記事一覧の各記事の表示。
アイキャッチ画像とタイトルで構成しています。

getAllPosts()を作成する

記事一覧を作成するため、すべての記事のデータを取得する `getAllPosts()` という関数を作成します。ここまでに作成した `getPostBySlug()` や `getAllSlugs()` と同じように、`api.js` にコードを追加します。

`getAllPosts()` のコードは基本的に `getAllSlugs()` と同じですが、記事一覧に必要なタイトル `title`、スラッグ `slug`、アイキャッチ画像 `eyecatch` のデータを取得するように指定します。

```
…
export async function getAllSlugs(limit = 100) {
  …
}

export async function getAllPosts(limit = 100) {
  try {
    const posts = await client.get({
      endpoint: 'blogs',
      queries: {
        fields: 'title,slug,eyecatch',
        orders: '-publishDate',
        limit: limit,
      },
    })
    return posts.contents
  } catch (err) {
    console.log('~~ getAllPosts ~~')
    console.log(err)
  }
}
```

100記事までのデータを取得するようにデフォルト引数を指定。

各記事のtitle、slug、eyecatchを取得し、投稿日（publishDate）で降順にソートするように指定。

lib/api.js

getAllPosts()ですべての記事データを取得する

記事一覧ページ `blog/index.js` に `getStaticProps()` を追加し、インポートした `getAllPosts()` を使ってすべての記事のデータを取得します。取得したデータは `posts` に入れ、`props` として `Blog` コンポーネント（ページコンポーネント）に渡します。

```
import { getAllPosts } from 'lib/api'
import Meta from 'components/meta'
…
export default function Blog({ posts }) {
  …
}

export async function getStaticProps() {
  const posts = await getAllPosts()

  return {
    props: {
      posts: posts,
    },
  }
}
```

Blogコンポーネント

getStaticProps()

pages/blog/index.js

記事一覧のコンポーネントを作成する

`posts` に入れたすべての記事のデータを使って、記事一覧の表示を行うコンポーネントを作成します。ここでは `Posts` コンポーネントとして作成するため、`components` ディレクトリに `posts.js` を、`styles` ディレクトリに `posts.module.css` を追加します。

`posts.js` では `posts` 属性ですべての記事のデータを受け取り、`map()` メソッドを使って記事をリストアップします。

まずは記事のタイトルをリストアップし、記事ページへのリンクを設定します。`map()` メソッドで記事ごとにタイトル `title` とスラッグ `slug` を取り出し、タイトルを `<h2>` でマークアップします。さらに、`<a>` と `next/link` の `<Link>` でリンクを設定し、１つの記事として `<article>` でマークアップしています。

`<article>` には `posts.module.css` の `.post` を適用し、表示を調整できるようにしておきます。`key` 属性ではユニークな値としてスラッグを指定し、React が要素を識別できるようにします。

```
import styles from 'styles/posts.module.css'
import Link from 'next/link'

export default function Posts({ posts }) {
  return (
    <div className={styles.gridContainer}>
      {posts.map(({ title, slug }) => (
        <article className={styles.post} key={slug}>
          <Link href={`/blog/${slug}`}>
            <a>
              <h2>{title}</h2>
            </a>
          </Link>
        </article>
      ))}
    </div>
  )
}
```

全体は<div>でマークアップし、.gridContainerでレイアウトを調整できるようにしています。

components/posts.js

続けて、記事一覧ページ `blog/index.js` に `Posts` コンポーネントをインポートし、`<Posts />` の `posts` 属性ですべての記事のデータを渡します。`<Posts />` はヒーロー `<Hero />` の下に追加しています。

```
import { getAllPosts } from 'lib/api'
import Meta from 'components/meta'
import Container from 'components/container'
import Hero from 'components/hero'
import Posts from 'components/posts'

export default function Blog({ posts }) {
  return (
    <Container>
      <Meta pageTitle="ブログ" pageDesc="ブログの記事一覧" />

      <Hero title="Blog" subtitle="Recent Posts" />

      <Posts posts={posts} />
    </Container>
  )
}

export async function getStaticProps() {
  const posts = await getAllPosts()

  return {
    props: {
      posts: posts,
    },
  }
}
```

<Posts />を追加

pages/blog/index.js

記事一覧ページ `/blog` にアクセスすると、すべての記事のタイトルが表示されます。タイトルをクリックすると、それぞれの記事ページにアクセスできます。

記事一覧にnext/imageでアイキャッチ画像を追加する

記事一覧の `Posts` コンポーネントにアイキャッチ画像を追加します。アイキャッチ画像のデータは `posts` に取得済みですので、 `next/image` の `<Image />` を使って次のように指定します。

```
import styles from 'styles/posts.module.css'
import Link from 'next/link'
import Image from 'next/image'

export default function Posts({ posts }) {
  return (
    <div className={styles.gridContainer}>
      {posts.map(({ title, slug, eyecatch }) => (
        <article className={styles.eachPost} key={slug}>
          <Link href={`/blog/${slug}`}>
            <a>
              <figure>
                <Image
                  src={eyecatch.url}
                  alt=""
                  layout="responsive"
                  width={eyecatch.width}
                  height={eyecatch.height}
                  placeholder="blur"
                  blurDataURL={eyecatch.blurDataURL}
                />
              </figure>
              <h2>{title}</h2>
            </a>
          </Link>
        </article>
      ))}
    </div>
  )
}
```

postsから各記事のeyecatchを取り出して処理。

記事ページのときと同じように、eyecatchから画像のURL、横幅、高さ、ブラー画像を取り出して指定。
レイアウトモードはresponsiveにしておき、あとからレイアウトに合わせて調整します。

components/posts.js

しかし、記事一覧ページにアクセスするとエラーになります。記事一覧のために取得した `posts` の `eyecatch` には、アイキャッチ画像がないとき用の代替画像や、ブラー用の画像データを追加していないためです。

❖ 代替画像とブラー画像を追加する

記事一覧ページ `blog/index.js` で取得した `posts` の `eyecatch` に代替画像とブラー画像のデータを追加します。

代替画像のデータ `eyecatchLocal` と、ブラー画像を生成する `getPlaiceholder()` 関数をインポートし、記事ページのときと同じように `eyecatch` にデータを追加します。ただし、`posts` から各記事のデータを取り出し、ループで処理する必要があります。処理の中では非同期関数の `getPlaiceholder()` を使うため、ここでは `for...of` 文でシンプルに記述しています。

これで、各記事のアイキャッチ画像が表示されます。

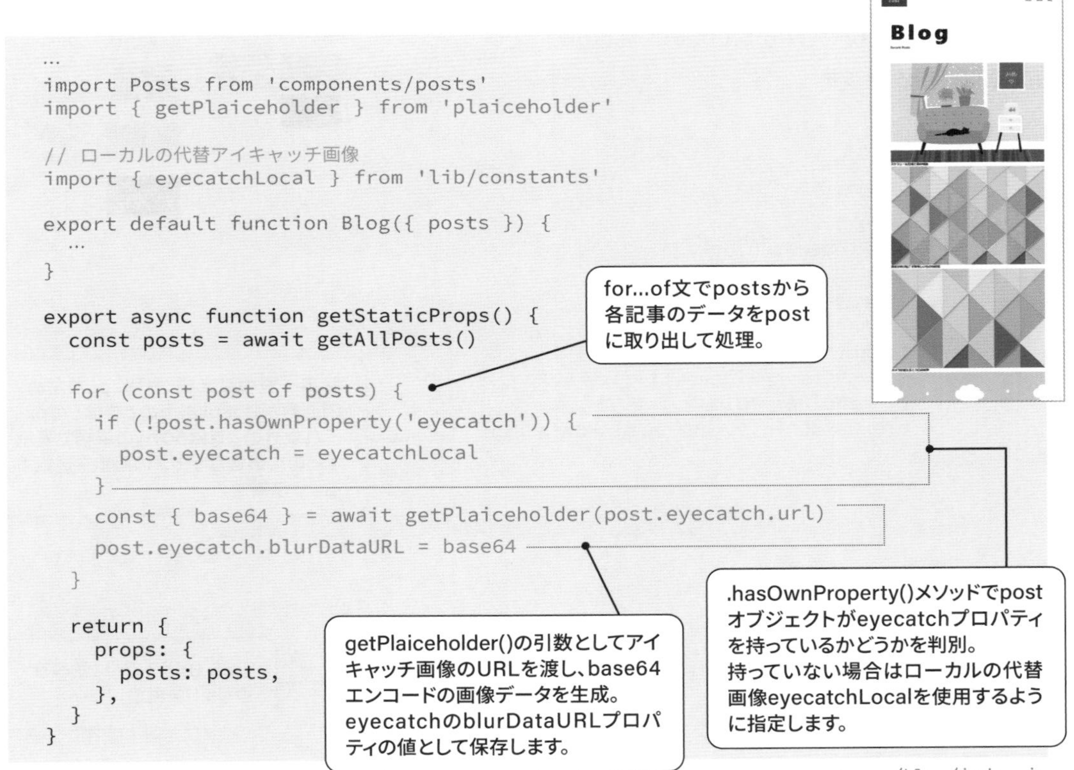

Blog
for...of文でpostsから各記事のデータをpostに取り出して処理。
.hasOwnProperty()メソッドでpostオブジェクトがeyecatchプロパティを持っているかどうかを判別。持っていない場合はローカルの代替画像eyecatchLocalを使用するように指定します。
getPlaiceholder()の引数としてアイキャッチ画像のURLを渡し、base64エンコードの画像データを生成。eyecatchのblurDataURLプロパティの値として保存します。


```
…
import Posts from 'components/posts'
import { getPlaiceholder } from 'plaiceholder'

// ローカルの代替アイキャッチ画像
import { eyecatchLocal } from 'lib/constants'

export default function Blog({ posts }) {
  …
}

export async function getStaticProps() {
  const posts = await getAllPosts()

  for (const post of posts) {
    if (!post.hasOwnProperty('eyecatch')) {
      post.eyecatch = eyecatchLocal
    }
    const { base64 } = await getPlaiceholder(post.eyecatch.url)
    post.eyecatch.blurDataURL = base64
  }

  return {
    props: {
      posts: posts,
    },
  }
}
```

pages/blog/index.js

for...of

`for...of` 文は、配列や文字列といった反復可能オブジェクトを反復処理するループを生成します。ループの中では、それぞれのプロパティの値を使って処理を行うことができます。

9 Dynamic Routes

記事一覧のレイアウトを整える

記事一覧は２列のタイル状に並べたレイアウトにします。ここではCSS Gridを使用して `.gridContainer` で２列のグリッドを構成します。
`<Image />` では２列のレイアウトに合わせて `sizes` 属性を指定し、最適なサイズの画像が使用されるようにします。

これで記事が２列に並びますが、アイキャッチ画像のオリジナルサイズは統一していないため、高さが揃っていない箇所が出てきます。

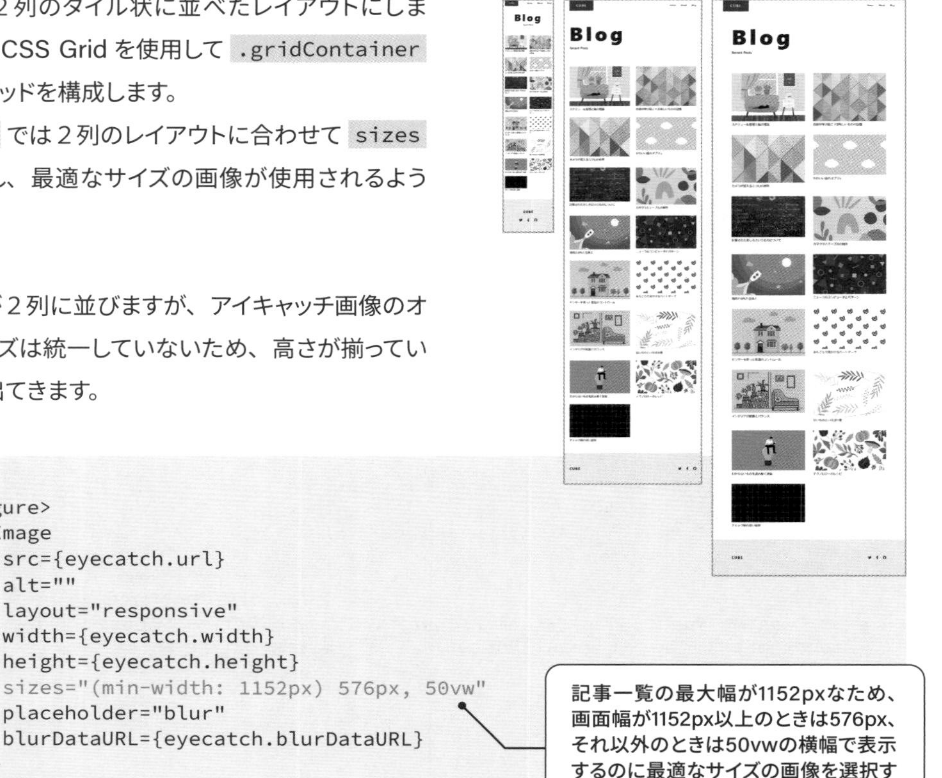


```
…
    <figure>
      <Image
        src={eyecatch.url}
        alt=""
        layout="responsive"
        width={eyecatch.width}
        height={eyecatch.height}
        sizes="(min-width: 1152px) 576px, 50vw"
        placeholder="blur"
        blurDataURL={eyecatch.blurDataURL}
      />
    </figure>
…
```

記事一覧の最大幅が1152pxなため、画面幅が1152px以上のときは576px、それ以外のときは50vwの横幅で表示するのに最適なサイズの画像を選択するように指定。

components/posts.js

```
.gridContainer {
  display: grid;
  grid-template-columns: 1fr 1fr;
  gap: var(--space-jump);
  margin-top: var(--space-xs);
  margin-bottom: var(--space-lg);
}

.post h2 {
  margin-top: 0.5em;
  font-size: var(--small-heading3);
  font-weight: 400;
}
```

CSS Gridで2列に並べるグリッドを構成。

記事のタイトル<h2>のフォントサイズや太さを指定。

styles/posts.module.css

アイキャッチ画像を切り抜いて高さを揃える

アイキャッチ画像を切り抜き、高さを揃えます。そのため、`<Image />` の `layout` 属性でレイアウトモードを `fill` に変更し、`objectFit` 属性を `cover` と指定します。

これで親要素の横幅と高さに合わせたサイズで切り抜かれるため、CSS で親要素 `<figure>` のサイズを指定します。ここでは `aspect-ratio` を `16/9` と指定し、縦横比が 16:9 のサイズになるようにしています。

さらに、レイアウトモードを `fill` にした場合、親要素に `position: relative` を適用する必要があるため、こちらも `<figure>` に適用しています。
以上で、記事一覧ページは完成です。

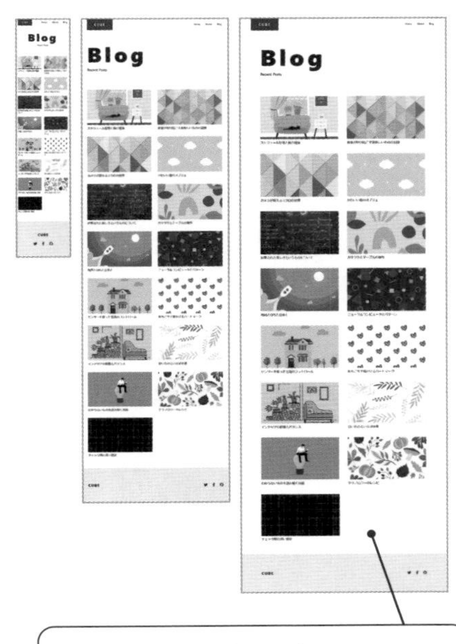

レスポンシブでの表示も含めて、すべての画像が16:9の縦横比に揃えられます。

```
…
    <figure>
      <Image
        src={eyecatch.url}
        alt=""
        layout="fill"
        objectFit="cover"
        sizes="(min-width: 1152px) 576px, 50vw"
        placeholder="blur"
        blurDataURL={eyecatch.blurDataURL}
      />
    </figure>
…
```

レイアウトモードをfillに変更。画像の横幅widthと高さheightの指定は不要になるため、削除しています。

components/posts.js

```
…
  font-weight: 400;
}

.post figure {
  position: relative;
  aspect-ratio: 16/9;
}
```

親要素にpositionとサイズ（ここでは縦横比）の指定を適用。これらを適用しないと画像の表示が崩れます。

styles/posts.module.css

9 Dynamic Routes

9.7 トップページに記事一覧を表示する

トップページにも記事一覧を表示します。ただし、最新の４件の記事のみを表示し、末尾に記事一覧ページへのリンクを用意します。

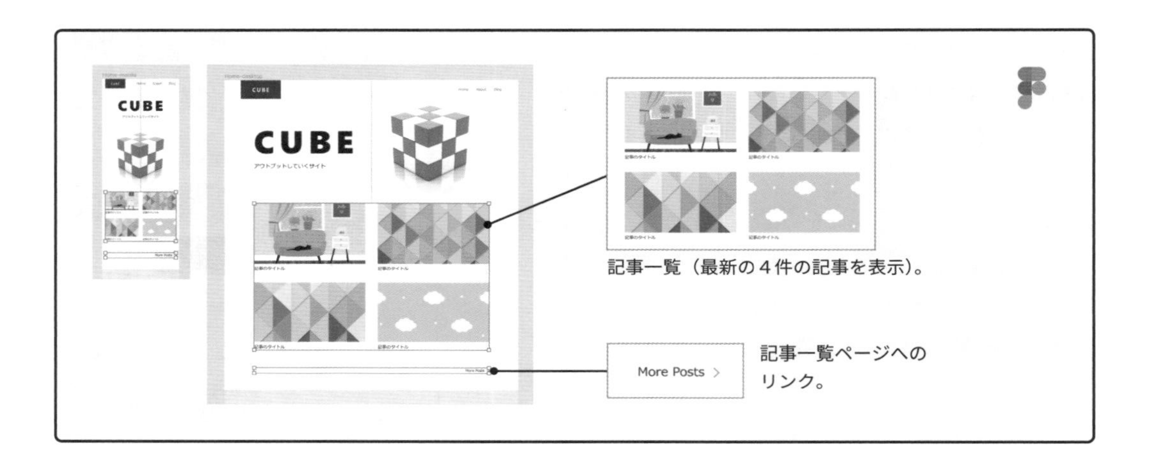

記事一覧（最新の４件の記事を表示）。

記事一覧ページへのリンク。

まず、最新の４件の記事データを取得するコードⒶをトップページ `index.js` に追加します。このコードは記事一覧ページ `blog/index.js` の `getStaticProps()` をコピーしたものですが、最新の４件の記事データのみを取得するため、`getAllPosts()` の引数を「4」と指定しています。

次に、Ⓐで取得した記事データは `props` としてⒷで受け取り、記事一覧を表示する `Posts` コンポーネントに渡します。これで、最新の４件の記事が２列のタイル状のレイアウトで表示されます。

記事一覧ページへのリンクは `Pagination` コンポーネントで表示します。ここでは `<Pagination />` の `nextUrl` 属性でリンク先のURLを「/blog」、`nextText` 属性でリンクに表示するテキストを「More Posts」と指定しています。
以上で、トップページは完成です。

トップページに記事一覧が表示されます。

```
import { getAllPosts } from 'lib/api'
import Container from 'components/container'
import Hero from 'components/hero'
import Posts from 'components/posts'
import Pagination from 'components/pagination'
import { getPlaiceholder } from 'plaiceholder'

// ローカルの代替アイキャッチ画像
import { eyecatchLocal } from 'lib/constants'

export default function Home({ posts }) {
  return (
    <Container>
      …
      <Hero title="CUBE" subtitle="アウトプットしていくサイト" imageOn />

      <Posts posts={posts} />
      <Pagination nextUrl="/blog" nextText="More Posts" />
    </Container>
  )
}

export async function getStaticProps() {
  const posts = await getAllPosts(4)

  for (const post of posts) {
    if (!post.hasOwnProperty('eyecatch')) {
      post.eyecatch = eyecatchLocal
    }
    const { base64 } = await getPlaiceholder(post.eyecatch.url)
    post.eyecatch.blurDataURL = base64
  }

  return {
    props: {
      posts: posts,
    },
  }
}
```

ⒶとⒷで使う関数、コンポーネント、代替画像のデータをインポート

Ⓑ 記事一覧と記事一覧ページへのリンクを追加。

Ⓐ 最新の４件の記事データを取得するように指定。

pages/index.js

ページネーションによる遷移で画像のブラー表示を機能させる

記事一覧と記事ページができあがりましたので、リンクをたどって記事ページにアクセスしたときのアイキャッチ画像の表示を確認します。記事一覧を経由して記事ページに移動した場合、アイキャッチ画像のブラーは問題なく機能することがわかります。

しかし、記事ページのページネーションを使って前後の記事ページに移動すると、ブラーが機能しないことに気が付きます。それどころか、ページを移動したあとで画像の表示が変わるケースもあります。

記事一覧ページから記事ページに移動した場合

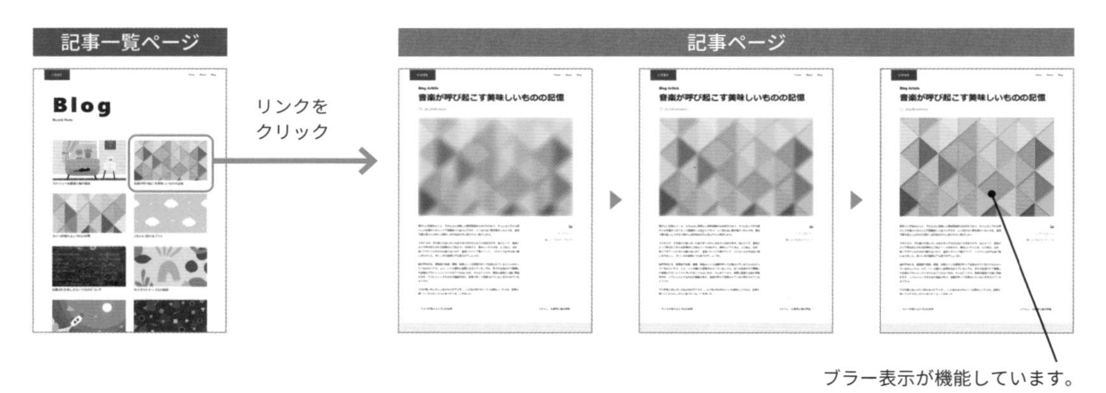

記事ページから記事ページに移動した場合

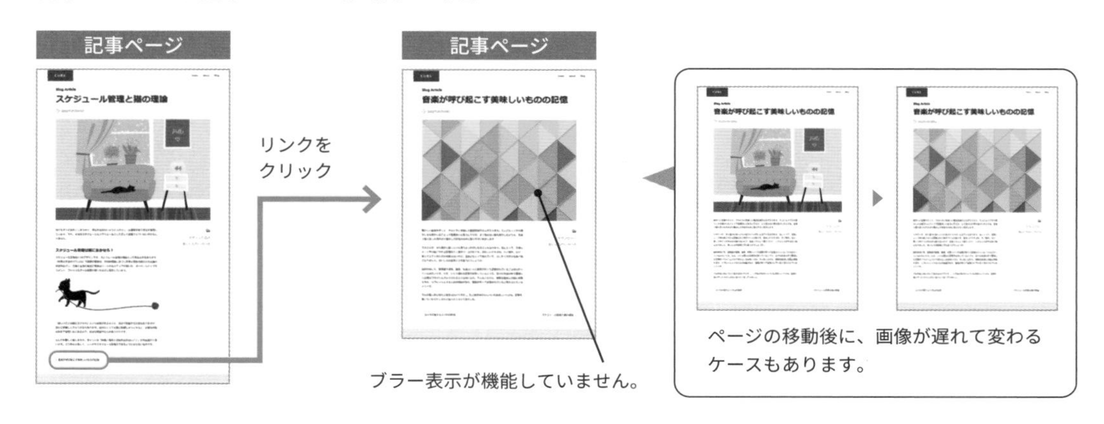

このようなことになるのは、React の**差分検出処理**が無駄な処理を避けるためです。記事一覧から記事ページに移動した場合、ページコンポーネントが全く異なるコンポーネントに変わります。その結果、記事一覧のページコンポーネントがアンマウントされ、記事ページのページコンポーネントがマウントされます。

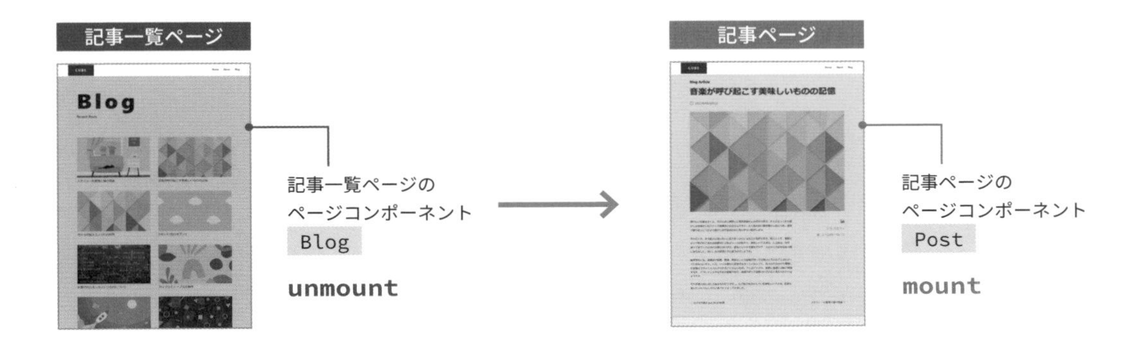

ところが、記事ページから記事ページに移動した場合、ページコンポーネントは同じものを使うことになります。このような場合、React の差分検出処理はコンポーネントのアンマウント～マウントといった処理を行わず、`props` の変化と再レンダリングだけで済ませてくれます。ページコンポーネントを構成している子コンポーネントに対しても同様です。

アイキャッチ画像を表示している `next/image` の `<Image />` コンポーネントも再レンダリングだけで処理されることになります。結果として、コンポーネントのマウント時に実行されるブラー表示が機能しません。

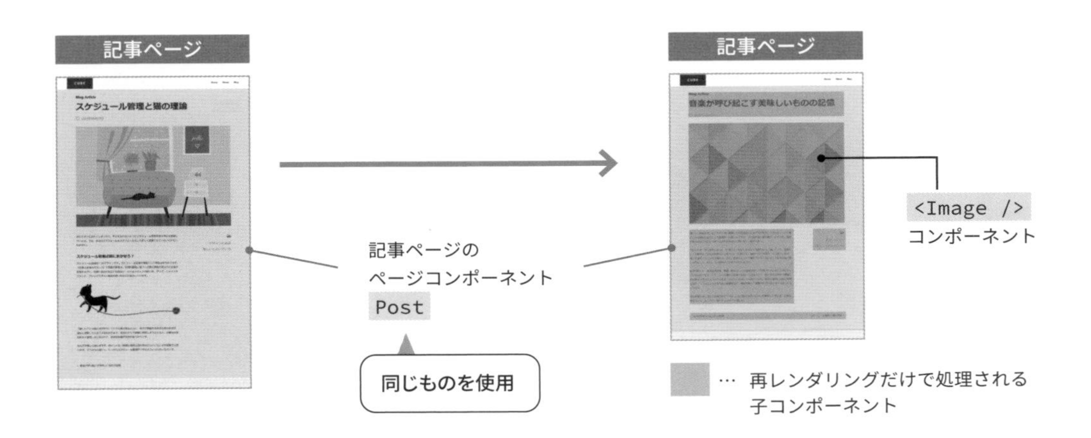

ブラー表示を機能させるためには、コンポーネントのアンマウント〜マウントが必要です。アイキャッチ画像を表示している <Image /> コンポーネントが、ページごとに異なる <Image /> コンポーネントだと React に認識してもらう必要があります。

そこで、[slug].js を開き、<Image /> に key 属性を追加します。key 属性に渡すユニークな値には、表示している画像の URL を指定します。

```
...
          <figure>
            <Image
              key={eyecatch.url}
              src={eyecatch.url}
              alt=""
              layout="responsive"
              width={eyecatch.width}
              height={eyecatch.height}
              sizes="(min-width: 1152px) 1152px, 100vw"
              priority
              placeholder="blur"
              blurDataURL={eyecatch.blurDataURL}
            />
          </figure>
...
```

key属性を追加。

pages/blog/[slug].js

これで、各ページのアイキャッチ画像を表示している <Image /> コンポーネントがすべて異なるコンポーネントとして認識され、処理されるようになります。ページネーションを使ってページを移動してみると、ブラーがきちんと機能するのが確認できます。

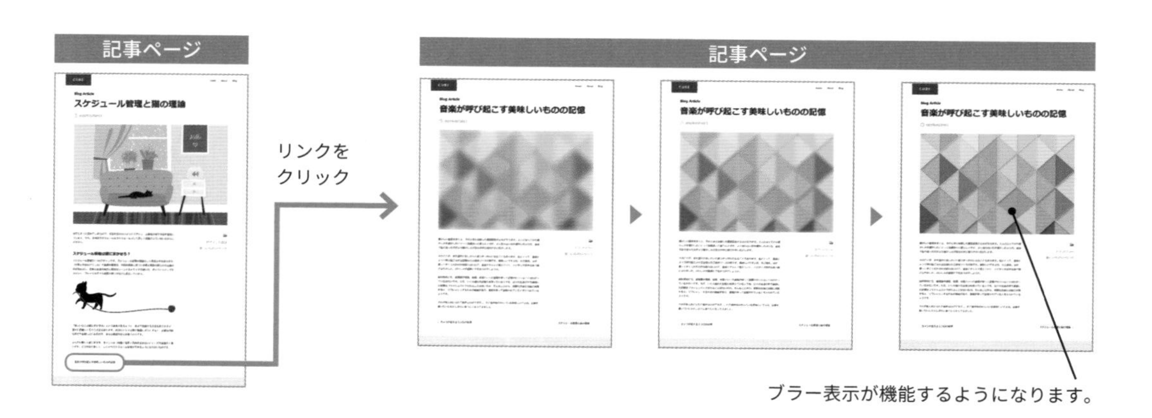

マウントとアンマウント

コンポーネントを初期化、レンダリング、DOM に追加するまでの一連の流れをマウントと言います。DOM からコンポーネントによる DOM ノードを削除する処理がアンマウントです。

React Developer ToolsでReactの処理を確認する

React Developer Tools を利用すると、`key` 属性の有無によって `<Image />` コンポーネントの処理が変わっていることを確認できます。

React Developer Tools
https://chrome.google.com/webstore/detail/react-developer-tools/fmkadmapgofadopljbjfkapdkoienihi?hl=ja

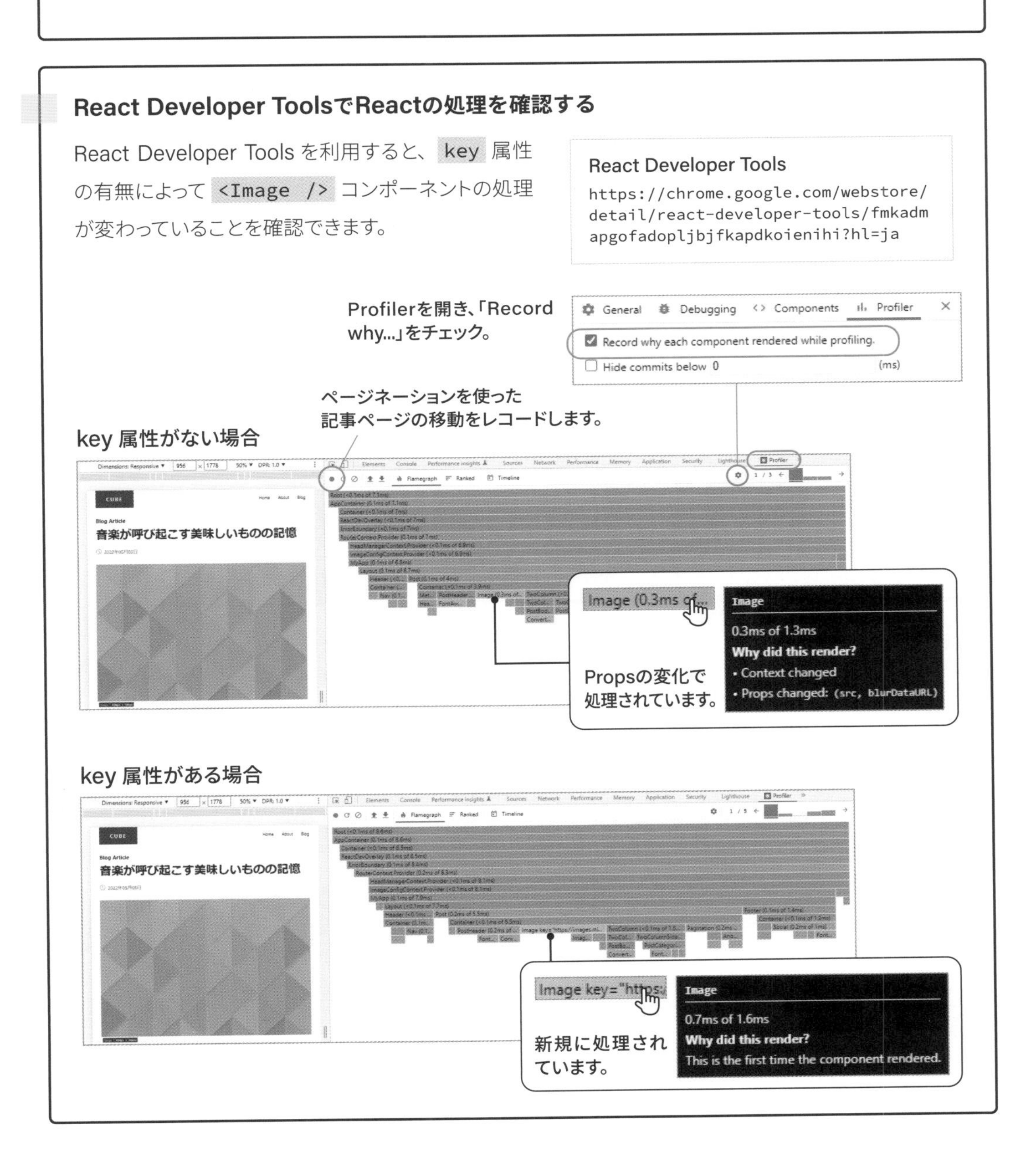

9.9 Dynamic Routesでカテゴリーページを生成する

カテゴリーページは、記事ページと同じようにDynamic Routes（動的なルーティング）を使って生成します。ステップ7.4で確認したように、カテゴリーページの生成にはカテゴリーの名前、ID、スラッグが必要になります。そのため、これらを取得する関数を用意して生成していきます。

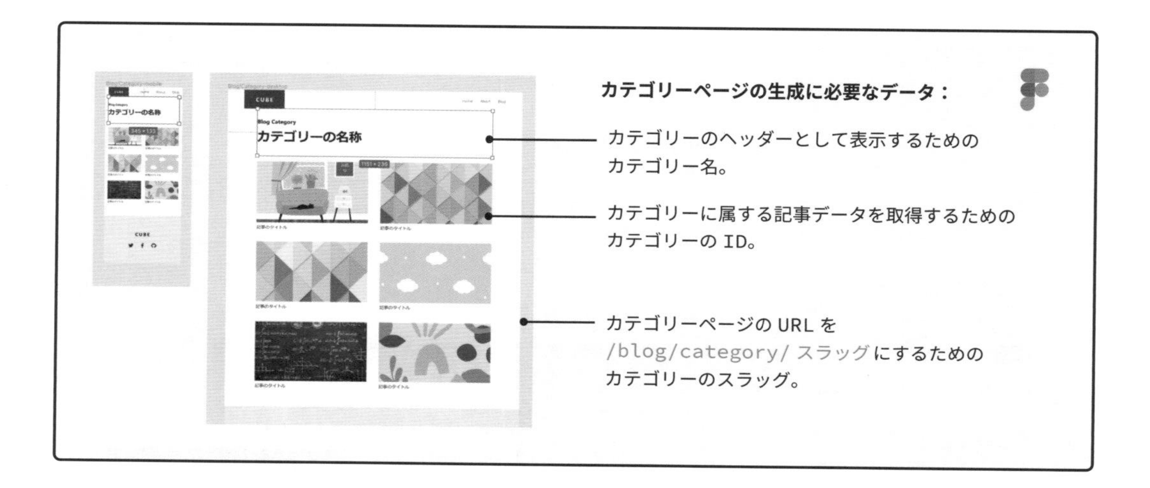

getAllCategories()を作成する

すべてのカテゴリーのデータを取得する `getAllCategories()` という関数を作成します。他のデータを取得する関数と同じように、`api.js` に次のようにコードを追加します。

`endpoint` は `categories` と指定し、各カテゴリーの名前 `name`、ID `id`、スラッグ `slug` のデータを取得するように指定しています。

```
…
export async function getAllPosts(limit = 100) {
  …
}

export async function getAllCategories(limit = 100) {
  try {
    const categories = await client.get({
      endpoint: 'categories',
      queries: {
        fields: 'name,id,slug',
        limit: limit,
      },
    })
    return categories.contents
  } catch (err) {
    console.log('~~ getAllCategories ~~')
    console.log(err)
  }
}
```

100記事までのデータを取得するようにデフォルト引数を指定。

各カテゴリーのname、id、slugを取得するように指定。

lib/api.js

この設定で microCMS から取得するデータは以下のような構造になります。P.221 の API プレビューで確認でき、3件のすべてのカテゴリーのタイトル、ID、スラッグが取得されることがわかります。データは `contents` プロパティ内の配列になるため、`getAllCategories()` では `categories.contents` で取り出して返すようにしています。

```
{
  contents: [
    { name: 'テクノロジー', id: 'technology', slug: 'technology' },
    { name: 'デザインと設計', id: 'design', slug: 'design' },
    { name: '楽しいものいろいろ', id: 'fun', slug: 'fun' }
  ],
  totalCount: 3,
  offset: 0,
  limit: 100
}
```

データの配列

各カテゴリーの名前、ID、スラッグが含まれています。

microCMS のインポートデータとして用意した3件のカテゴリーでは ID をスラッグと同じ値にしています。しかし、新規にカテゴリーを追加すると ID とスラッグが異なる値になるため、ここでは ID とスラッグの両方のデータを取得しています。

9 Dynamic Routes

❖ 指定したスラッグのカテゴリーページを生成する

ステップ 7.4 で確認したように、カテゴリーページの URL は `/blog/category/スラッグ` にします。そのため、`blog` 内に `category` ディレクトリを追加し、その中に `[slug].js` を用意します。

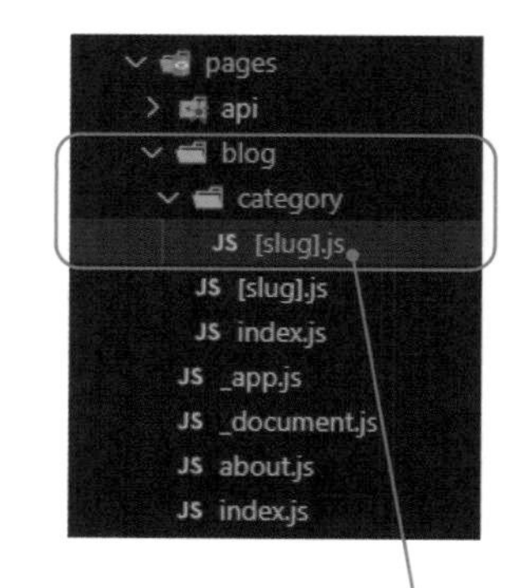

ここではスラッグが `technology` のカテゴリーページを生成し、カテゴリー名を表示してみるため、次のようにコードを記述します。

```
import { getAllCategories } from 'lib/api'
import Container from 'components/container'
import PostHeader from 'components/post-header'

export default function Category({ name }) {
  return (
    <Container>
      <PostHeader title={name} subtitle="Blog Category" />
    </Container>
  )
}

export async function getStaticPaths() {
  return {
    paths: ['/blog/category/technology'],
    fallback: false,
  }
}

export async function getStaticProps(context) {
  const catSlug = context.params.slug

  const allCats = await getAllCategories()
  const cat = allCats.find(({ slug }) => slug === catSlug)

  return {
    props: {
      name: cat.name,
    },
  }
}
```

Ⓐ～Ⓒで使う関数とコンポーネントをインポート

Ⓒ Ⓑで取得したカテゴリー名を表示。

Ⓐ スラッグがtechnologyのカテゴリーページを生成するように指定。

Ⓑ Ⓐで指定したスラッグのカテゴリーのデータを取得するように指定。

pages/blog/category/[slug].js

Ⓐの処理

まず、生成したいページのスラッグをⒶの `getStaticPaths()` の `paths` で指定します。ここでは URL の形で `/blog/category/technology` と指定しています。このスラッグは `context` を通してⒷに渡されます。

Ⓑの処理

ⒷではⒶから受け取ったスラッグを `catSlug` に入れて扱いやすくしています。カテゴリーページにはカテゴリー名を表示したいので、`catSlug` を元にカテゴリー名を取得する必要があります。

そこで、`getAllCategories()` 関数ですべてのカテゴリーのデータを `allCats` に取得し、`find()` メソッドを使って `catSlug` とスラッグが一致するカテゴリーのデータを `cat` に取り出します。`cat` の中身は P.283 のオブジェクトになっていますので、`cat.name` でカテゴリー名を取り出し、`props` としてⒸに渡しています。

Ⓒの処理

Ⓒのページコンポーネントでは、Ⓑから受け取ったカテゴリー名 `name` を `<PostHeader />` の `title` 属性で指定し、カテゴリーのヘッダーとして表示します。また、他のページと同じように `<Container>` でマークアップし、横幅を整えています。

• • •

これで `/blog/category/technology` にアクセスするとカテゴリーページが生成され、カテゴリー名が「テクノロジー」と表示されることが確認できます。

「テクノロジー」のカテゴリーページ（/blog/category/technology）

すべてのカテゴリーページを生成する

すべてのカテゴリーページを生成するため、Ⓐの `paths` ですべてのカテゴリーのスラッグを指定します。ここでは `getAllCategories()` ですべてのカテゴリーのデータを取得して指定します。

```
…
export async function getStaticPaths() {
  const allCats = await getAllCategories()
  return {
    paths: allCats.map(({ slug }) => `/blog/category/${slug}`),
    fallback: false,
  }
}
…
```

getAllCategories()で取得したデータはallCatsに入れ、map()メソッドを使って各カテゴリーのスラッグをURLの形に加工して返しています。

pages/blog/category/[slug].js

ビルドすると、３件のすべてのカテゴリーページが生成されることが確認できます。

```
└ ● /blog/category/[slug] (762 ms)           689 B        106 kB
    └ css/da7349de24743cea.css               224 B
    ├ /blog/category/technology
    ├ /blog/category/design
    └ /blog/category/fun
+ First Load JS shared by all                96.2 kB
  ├ chunks/framework-a87821de553db91d.js     45 kB
  ├ chunks/main-f4ae3437c92c1efc.js          28.3 kB
  ├ chunks/pages/_app-28834ec503d9ea68.js    22 kB
```

３件のカテゴリーページが生成されています。

P.26 のようにアプリケーションを起動して URL にアクセスすると、各ページの表示も確認できます。

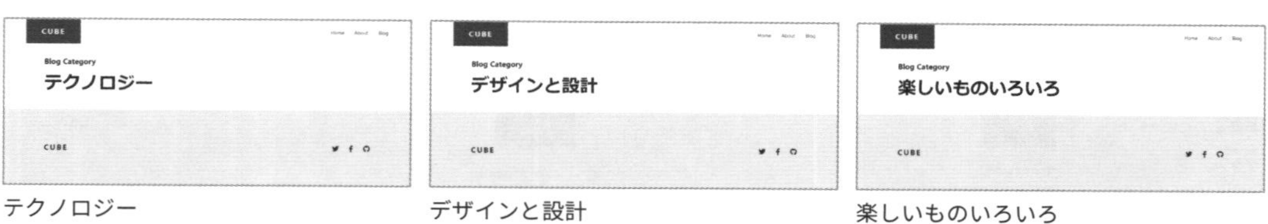

テクノロジー
/blog/category/technology

デザインと設計
/blog/category/design

楽しいものいろいろ
/blog/category/fun

9.10 カテゴリーページに記事一覧を表示する

Dynamic Routes

カテゴリーページには、カテゴリーに属する記事の一覧を表示します。

❖ getAllPostsByCategory(catID)を作成する

まずは、指定したカテゴリーに属するすべての記事データを取得します。そのため、`api.js` で `getAllPosts()` のコードをコピーし、`getAllPostsByCategory()` という関数を作成します。この関数には microCMS のフィルター `filters` を追加して、指定したカテゴリーと一致するすべての記事のデータを取得します。
フィルターでは ID でカテゴリーを指定する必要があるため、引数でカテゴリーの ID を指定する形にしています。

```
…
export async function getAllCategories(limit = 100) {
  …
}

export async function getAllPostsByCategory(catID, limit = 100) {
  try {
    const posts = await client.get({
      endpoint: 'blogs',
      queries: {
        filters: `categories[contains]${catID}`,
        fields: 'title,slug,eyecatch',
        orders: '-publishDate',
        limit: limit,
      },
    })
    return posts.contents
  } catch (err) {
    console.log('~~ getAllPostsByCategory ~~')
    console.log(err)
  }
}
```

lib/api.js

引数でカテゴリーのIDを指定。limitでは100記事までのデータを取得するようにデフォルト引数を指定しています。

指定したカテゴリーに属する記事のデータ(title、slug、eyecatch)を取得するように指定。

9 Dynamic Routes

❖ 作成した関数を使って記事一覧を表示する

`blog/category/[slug].js` の❸と❹に次のようにコードを追加し、カテゴリーに属する記事の一覧を表示します。

```
import { getAllCategories, getAllPostsByCategory } from 'lib/api'
import Container from 'components/container'
import PostHeader from 'components/post-header'
import Posts from 'components/posts'
import { getPlaiceholder } from 'plaiceholder'

// ローカルの代替アイキャッチ画像
import { eyecatchLocal } from 'lib/constants'

export default function Category({ name, posts }) {
  return (
    <Container>
      <PostHeader title={name} subtitle="Blog Category" />
      <Posts posts={posts} />
    </Container>
  )
}

export async function getStaticPaths() {
  …
}

export async function getStaticProps(context) {
  const catSlug = context.params.slug

  const allCats = await getAllCategories()
  const cat = allCats.find(({ slug }) => slug === catSlug)

  const posts = await getAllPostsByCategory(cat.id)

  for (const post of posts) {
    if (!post.hasOwnProperty('eyecatch')) {
      post.eyecatch = eyecatchLocal
    }
    const { base64 } = await getPlaiceholder(post.eyecatch.url)
    post.eyecatch.blurDataURL = base64
  }

  return {
    props: {
      name: cat.name,
      posts: posts,
    },
  }
}
```

❶と❸で使う関数、コンポーネント、代替画像のデータをインポート

❹ ❸で取得した記事データを使って記事一覧を表示。

❶ 追加するコードはありません。

❸ IDがcat.idのカテゴリーに属するすべての記事データを取得。

pages/blog/category/[slug].js

Ⓑに追加したコードの処理

Ⓑでは `getAllPostsByCategory()` 関数を使用し、指定した ID のカテゴリーに属するすべての記事のデータを `posts` に取得します。カテゴリーの ID は `cat.id` と指定し、`cat` から取り出した ID を指定しています。`cat` はⒶから受け取ったスラッグと一致するカテゴリーのデータです。

さらに、`posts` に取得した記事データにはアイキャッチの代替画像とブラー画像のデータを追加するため、P.273 の `for...of` 文の処理も追加しています。処理した記事データ `posts` は `props` としてⒸに渡します。

Ⓒに追加したコードの処理

Ⓒのページコンポーネントでは、Ⓑから受け取った記事データ `posts` を `<Posts />` の `posts` 属性で指定し、記事一覧を表示します。

• • •

これで、カテゴリーごとに次のように記事一覧が表示されます。

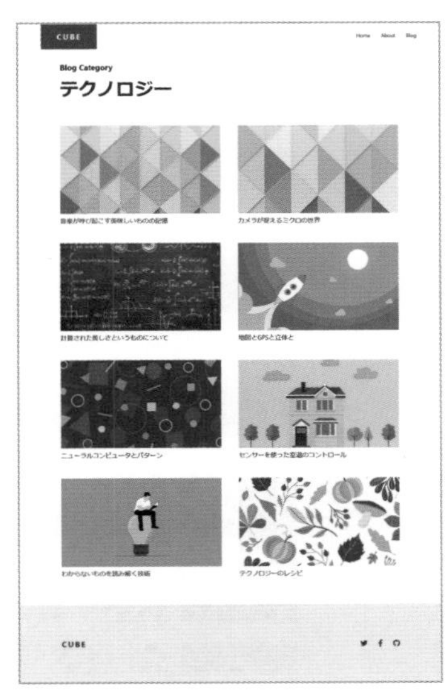

テクノロジー
/blog/category/technology

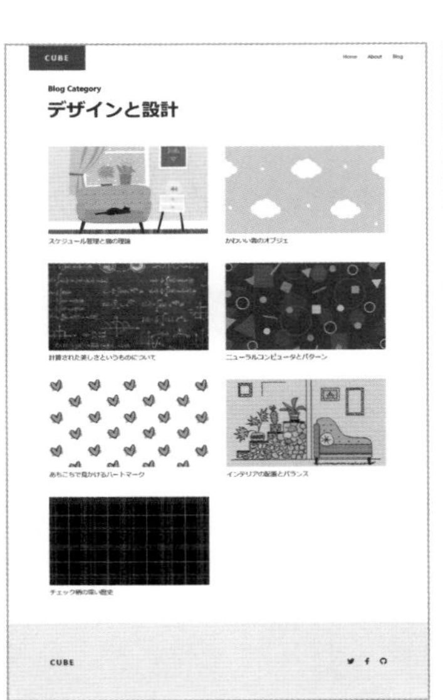

デザインと設計
/blog/category/design

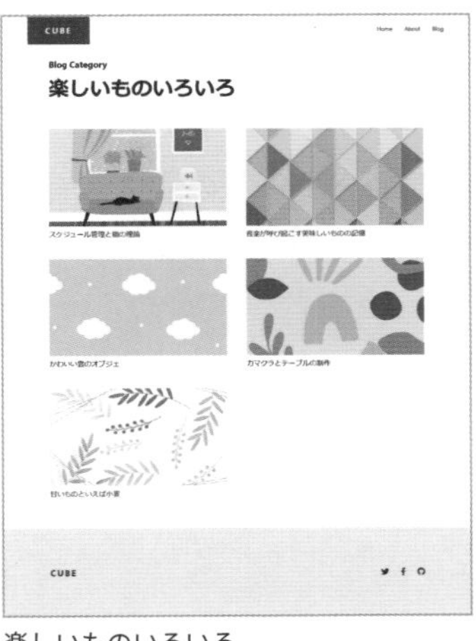

楽しいものいろいろ
/blog/category/fun

9.11 Dynamic Routes カテゴリーページにメタデータを追加する

カテゴリーページ `blog/category/[slug].js` にメタデータを追加します。ここではページのタイトルを「カテゴリー名」、説明を「カテゴリー名に関する記事」にするため、`<Meta />` の `pageTitle` と `pageDesc` 属性を次のように指定しています。

```
import { getAllCategories, getAllPostsByCategory } from 'lib/api'
import Meta from 'components/meta'
import Container from 'components/container'
…
export default function Category({ name, posts }) {
  return (
    <Container>
      <Meta pageTitle={name} pageDesc={`${name} に関する記事 `} />
      <PostHeader title={name} subtitle="Blog Category" />
      <Posts posts={posts} />
    </Container>
  )
}
…
```

pages/blog/category/[slug].js

カテゴリーページの生成コードを確認すると、メタデータが追加されたことがわかります。以上で、カテゴリーページも完成です。

```
<head>
  …
  <title> テクノロジー | CUBE</title>
  <meta property="og:title" content=" テクノロジー | CUBE" />
  <meta name="description" content=" テクノロジーに関する記事 " />
  <meta property="og:description" content=" テクノロジーに関する記事 " />
  <link rel="canonical" href="https://…/blog/category/technology" />
  <meta property="og:url"
   content="https://…/blog/category/technology" />
  …
```

Chapter

10

React Hooks（フック）

Next.js/Reac

10.1 React Hooks（フック）

React には便利な機能が用意されています。しかし、それらの機能の一部は Class コンポーネントで使うことを前提としており、関数コンポーネントから利用することができませんでした。

しかし、React 16.8 で導入された **Hook**（フック）として用意された関数（API）を使うことで、関数コンポーネントから React の便利な機能へ「接続 (hook into)」できるようになりました。

標準で用意されているフックの種類は、React のバージョンアップとともに追加されて増えています。

> フック API リファレンス
> `https://ja.reactjs.org/docs/hooks-reference.html`

そこで、基本的なフックの中からページやサイトの制作でよく使うものを使用し、ブログサイトを拡張していきます。

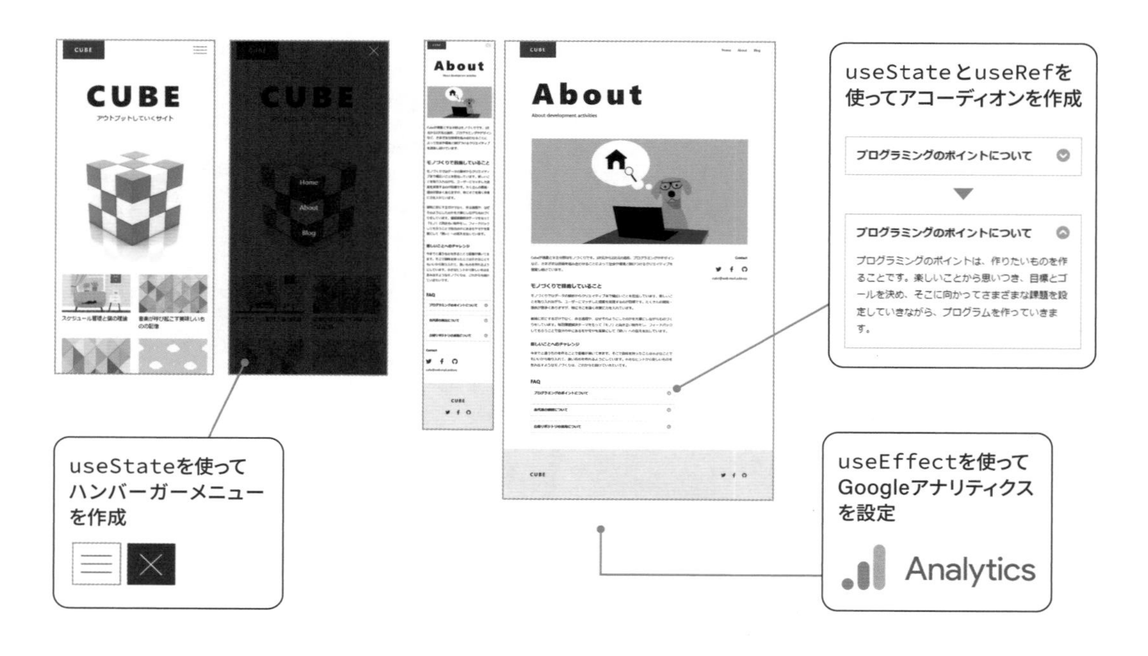

useStateの使い方

React では、state（ステート）を利用することでコンポーネント内部の状態を管理し、状態の変化に応じてコンポーネントの再レンダリングを実行します。
たとえば、カウンターやメニューの開閉を state を使って管理することで、カウンターが変化したタイミングやメニューの状態が変化したタイミングでコンポーネントを再レンダリングすることが可能になります。

関数コンポーネントで state を利用するには、フックとして用意されている `useState` 関数を使います。

stateの宣言

state を利用するためには、 `useState` をインポートし、以下のように「state 変数」を宣言します。

```
import {useState} from React

const [state, setState] = useState( 初期値 )
```


`useState` は、初期値を与えると配列の形で初期値の入った `state` 変数とそれを更新するための関数を配列の形で返す関数です。そのため、分割代入を使ってそれらを受け取ります（もちろん、受け取る変数名は自由に設定できます）。

これで準備は完了です。 `state` 変数はコンポーネントが存在する限り存在し、（再レンダリングしても）state を保持します。そして、 `setState` を使って state を更新すると、コンポーネントの再レンダリングがスケジューリングされます。

❖ stateの更新

state の更新方法には、２つの方法があります。

❶ `setState` の引数に値を指定した場合は、state はその値に更新されます。

```
// 1.
setState( 値 )
```

❷ `setState` に関数を渡した場合、その関数は現在（更新前）の state の値を受け取り、その結果で更新されます。

```
// 2.
setState((prev) => prev + 1)
```

❗ ❷で `setState` に渡している関数は、`return` が省略されたアロー関数です。現在（更新前）の state の値は引数として受け渡されるため、ここでは `prev` で受け取り、処理結果を `return` で `setState` に返しています。

```
setState((prev) => prev + 1)
```

＝

```
setState((prev) => {
  return prev + 1
})
```

・・・

これを使って、ハンバーガーメニューやアコーディオンの開閉の状態を管理し、動作するように設定していきます。

10.3 React Hooks useStateを使ってハンバーガーメニューを作成する

`useState` を使ってハンバーガーメニューを作成します。ここでは、モバイルとデスクトップで次のようにメニューのスタイルが変わるように作成していきます。

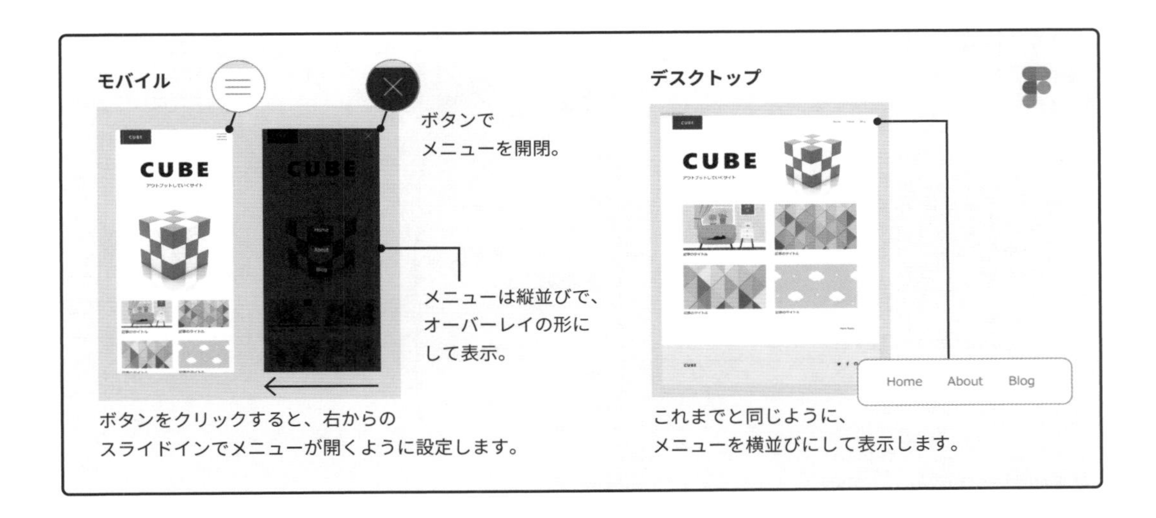
モバイル
ボタンで
メニューを開閉。
メニューは縦並びで、
オーバーレイの形に
して表示。
ボタンをクリックすると、右からの
スライドインでメニューが開くように設定します。
デスクトップ
CUBE
Home　About　Blog
これまでと同じように、
メニューを横並びにして表示します。

ボタンを追加する

デスクトップのスタイルである横並びのメニューは `Nav` コンポーネントとして作成済みです。そのため、`Nav` コンポーネントを拡張し、モバイルではハンバーガーメニューのスタイルに切り替えます。まずは `nav.js` を開き、ハンバーガーメニューのボタンを構成する `<button>` を追加します。

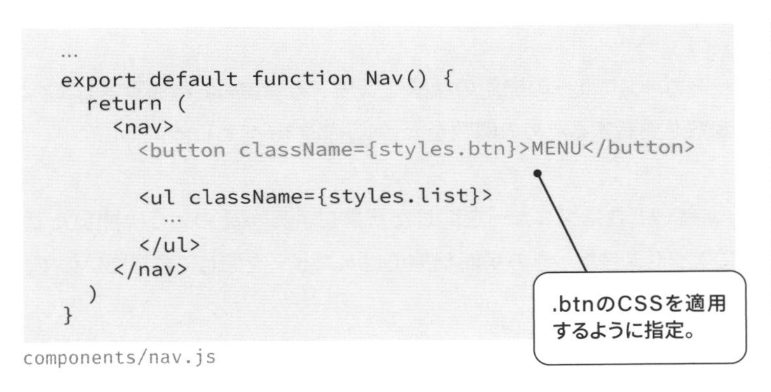

```
...
export default function Nav() {
  return (
    <nav>
      <button className={styles.btn}>MENU</button>

      <ul className={styles.list}>
        ...
      </ul>
    </nav>
  )
}
```

.btnのCSSを適用するように指定。

components/nav.js

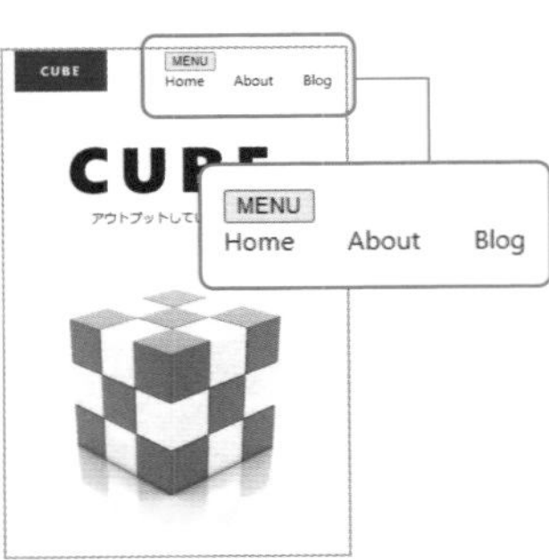
CUBE
MENU
Home　About　Blog
CUBE

このボタンは画面幅が768px以上のデスクトップでは非表示にするため、`nav.module.css` に次のように設定を追加します。さらに、メニューを横並びにする設定もデスクトップのみに適用します。これでデスクトップでの表示は整いますので、あとはモバイルでの表示と動作を整えていきます。

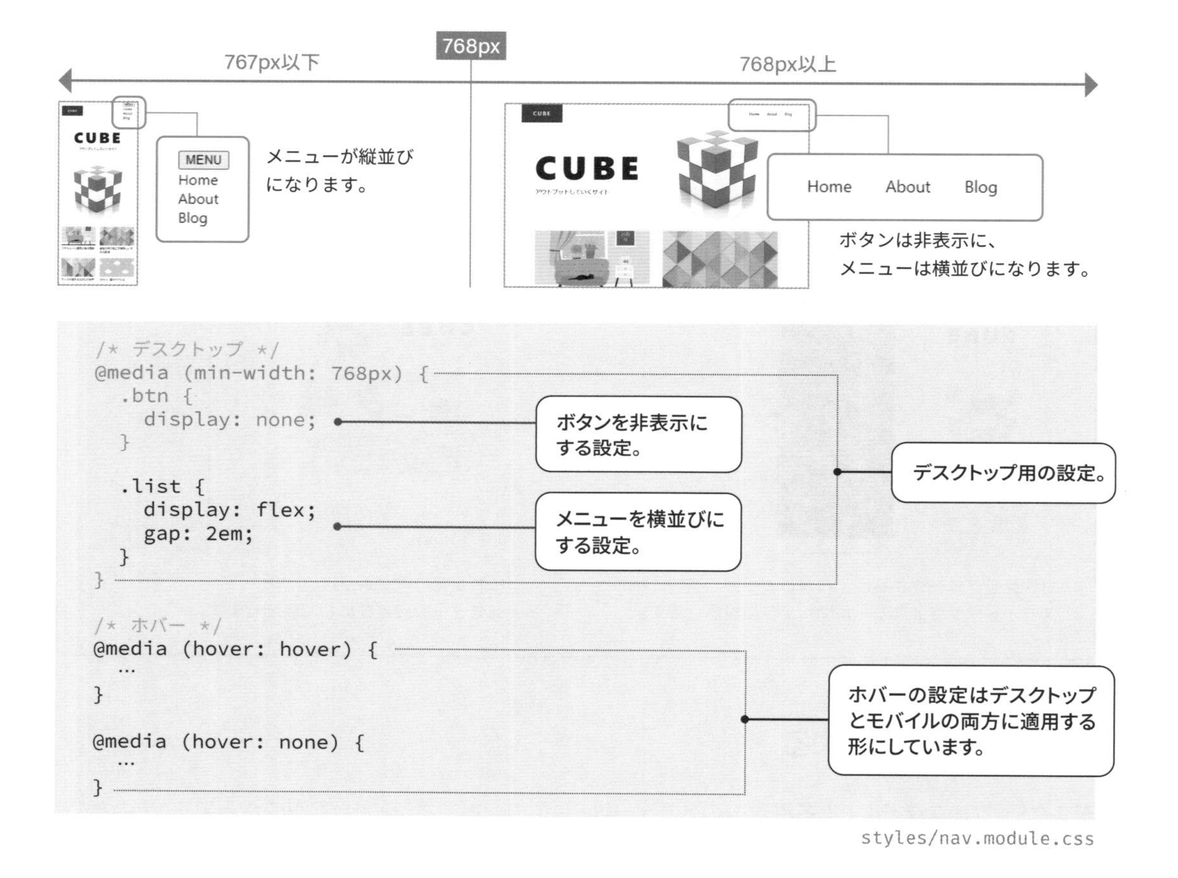

styles/nav.module.css

❖ メニューの開閉の状態を管理するstateを用意する

`useState` をインポートし、ハンバーガーメニューの開閉の状態を管理するstate変数を宣言します。ここでは変数名を `navIsOpen`、変数を更新するための関数を `setNavIsOpen` とします。

この変数 `navIsOpen` の値が `false` のときはメニューを閉じた状態に、`true` のときは開いた状態にすることを考えます。ページにアクセスしたときの初期状態ではメニューを閉じておきたいので、`navIsOpen` の初期値は `false` と指定しています。

さらに、メニュー全体をマークアップした `<nav>` には `className` 属性を追加し、`navIsOpen` に応じて指定するクラス名を切り替えます。ここでは `true` なら `.open`、`false` なら `.close` のCSSを適用するように指定します。

```
import { useState } from 'react'
import Link from 'next/link'
import styles from 'styles/nav.module.css'

export default function Nav() {
  const [navIsOpen, setNavIsOpen] = useState(false)

  return (
    <nav className={navIsOpen ? styles.open : styles.close}>
      <button className={styles.btn}>MENU</button>

      <ul className={styles.list}>
        …
      </ul>
    </nav>
  )
}
```

components/nav.js

CSSでは状態を確認するためのスタイルとして、ボタンの文字色を `.close` で青色に、`.open` で赤色にするように指定します。この段階ではstateを更新する設定をしていないため、`navIsOpen` は常に初期値の `false` となり、ボタンの文字色は `.close` の青色になります。

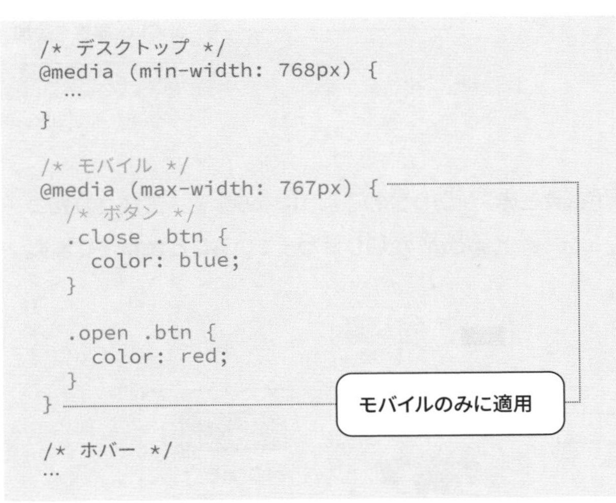

```
/* デスクトップ */
@media (min-width: 768px) {
  …
}

/* モバイル */
@media (max-width: 767px) {
  /* ボタン */
  .close .btn {
    color: blue;
  }

  .open .btn {
    color: red;
  }
}

/* ホバー */
…
```


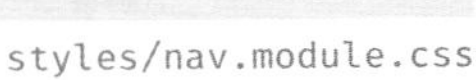

styles/nav.module.css

ボタンの文字が青色で表示されます。

ボタンクリックでstateを更新する

ボタンクリックで state を更新し、 `navIsOpen` の値を変えます。ここでは `<button>` の `onClick` 属性で `toggleNav` という関数を指定し、ボタンをクリックしたら実行するようにします。

`toggleNav` ではクリックのたびに `navIsOpen` の値（ `true` と `false` ）をトグルで切り替えるように指定します。そのため、P.294 の❷の方法を使用し、 `setNavIsOpen` に関数を渡します。この関数では `prev` で現在（更新前）の `navIsOpen` の値を受け取り、 `true` と `false` を逆にした値を返します。

```
import { useState } from 'react'
import Link from 'next/link'
import styles from 'styles/nav.module.css'

export default function Nav() {
  const [navIsOpen, setNavIsOpen] = useState(false)

  const toggleNav = () => {
    setNavIsOpen((prev) => !prev)
  }

  return (
    <nav className={navIsOpen ? styles.open : styles.close}>
      <button className={styles.btn} onClick={toggleNav}>
        MENU
      </button>

      <ul className={styles.list}>
        …
```

論理否定（!）を使って `!prev` と指定すると、`prev` が `false` の場合は `true` を、`true` の場合は `false` を返します。

onClick属性を追加。

components/nav.js

これでボタンをクリックすると、ボタンの文字色（青と赤）が切り替わるようになります。生成されたコードではローカルスコープのかかったクラス名 `close` と `open` が切り替わっていることがわかります。

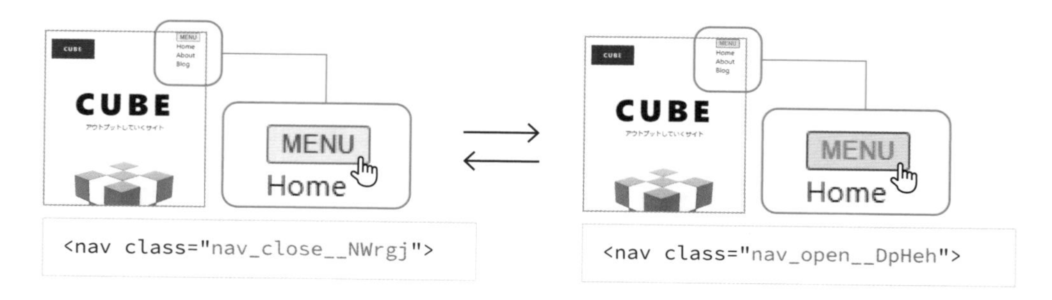

❖ stateに応じてメニューを開閉する

stateに応じてメニューを開閉するため、次のようにCSSを指定します。メニューは画面サイズに合わせたオーバーレイの形にし、標準では右側の画面外に配置します。

ボタンクリックで `navIsOpen` が `true` になったら（クラスが `open` になったら）CSSの `transform` で右から左に移動させ、画面内に表示します。この `transform` の処理には `transition` を適用し、スライドイン／アウトするアニメーションにしています。

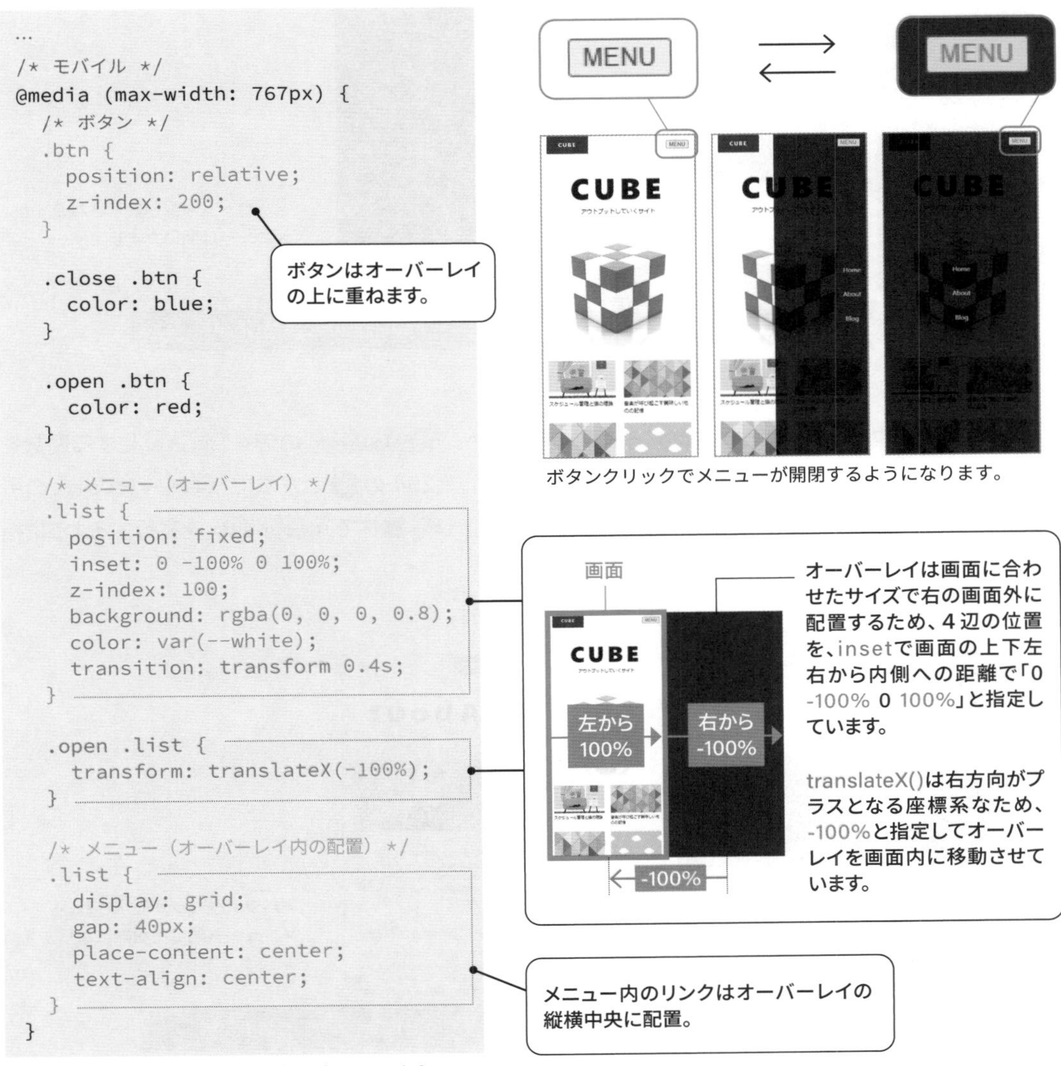

```
…
/* モバイル */
@media (max-width: 767px) {
  /* ボタン */
  .btn {
    position: relative;
    z-index: 200;
  }

  .close .btn {
    color: blue;
  }

  .open .btn {
    color: red;
  }

  /* メニュー（オーバーレイ）*/
  .list {
    position: fixed;
    inset: 0 -100% 0 100%;
    z-index: 100;
    background: rgba(0, 0, 0, 0.8);
    color: var(--white);
    transition: transform 0.4s;
  }

  .open .list {
    transform: translateX(-100%);
  }

  /* メニュー（オーバーレイ内の配置）*/
  .list {
    display: grid;
    gap: 40px;
    place-content: center;
    text-align: center;
  }
}
```

styles/nav.module.css

ボタンはオーバーレイの上に重ねます。
MENU
MENU
CUBE
Home
About
Blog
画面
左から 100%
右から -100%
-100%
オーバーレイは画面に合わせたサイズで右の画面外に配置するため、4辺の位置を、insetで画面の上下左右から内側への距離で「0 -100% 0 100%」と指定しています。
translateX()は右方向がプラスとなる座標系なため、-100%と指定してオーバーレイを画面内に移動させています。
メニュー内のリンクはオーバーレイの縦横中央に配置。

ボタンクリックでメニューが開閉するようになります。

10 React Hooks

❖ リンクをクリックしたらメニューを閉じる

メニューが開閉するようになったので、リンクをクリックしてみます。すると、リンク先のページが表示されてもメニューが開いたまま閉じないことがわかります。メニューを含む Nav コンポーネントは `_app.js` に記述しており、ページが遷移しても state が維持されるためです。 `navIsOpen` の値は `true` のまま変化していません。

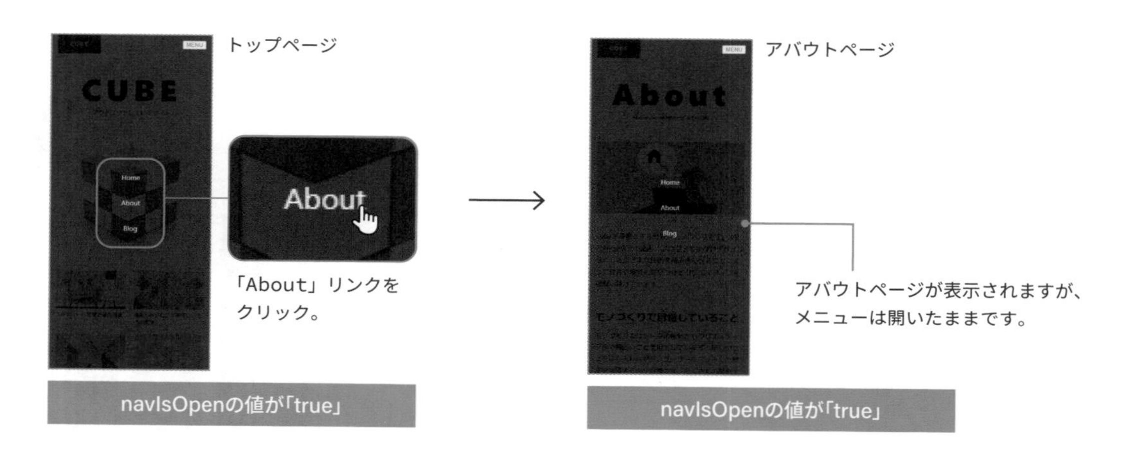

リンクをクリックしたらメニューが閉じるようにするため、 `navIsOpen` の値を `false` にする関数を用意します。ここでは `closeNav` という関数を用意し、P.294 の❶の方法で `setNavIsOpen` の引数の値を `false` と指定します。各リンク `<a>` の `onClick` 属性で `closeNav` を実行するように指定すれば、次のようにメニューが閉じるようになります。

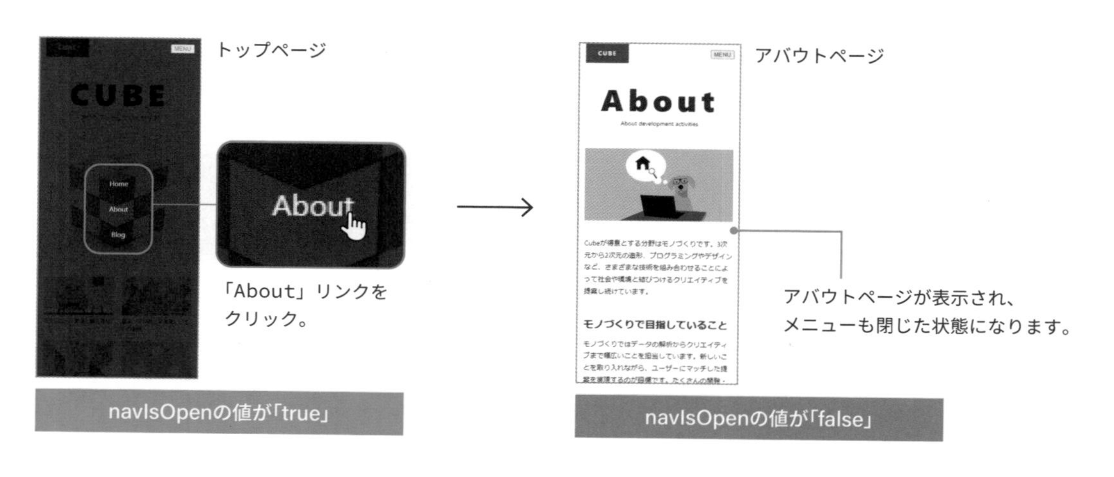

```
import { useState } from 'react'
import Link from 'next/link'
import styles from 'styles/nav.module.css'

export default function Nav() {
  const [navIsOpen, setNavIsOpen] = useState(false)

  const toggleNav = () => {
    setNavIsOpen((prev) => !prev)
  }

  const closeNav = () => {
    setNavIsOpen(false)
  }

  return (
    <nav className={navIsOpen ? styles.open : styles.close}>
      <button className={styles.btn} onClick={toggleNav}>
        MENU
      </button>

      <ul className={styles.list}>
        <li>
          <Link href="/">
            <a onClick={closeNav}>Home</a>
          </Link>
        </li>
        <li>
          <Link href="/about">
            <a onClick={closeNav}>About</a>
          </Link>
        </li>
        <li>
          <Link href="/blog">
            <a onClick={closeNav}>Blog</a>
          </Link>
        </li>
      </ul>
    </nav>
  )
}
```

setNavIsOpenでnavIsOpenの値をfalseに更新。

onClick属性を追加。

components/nav.js

ボタンをハンバーガーの形にする

３本のバーを用意してボタンをハンバーガーの形にしていきます。メニューを開いたときにはこのうちの２本を回転して×印にし、アニメーションで変化させます。

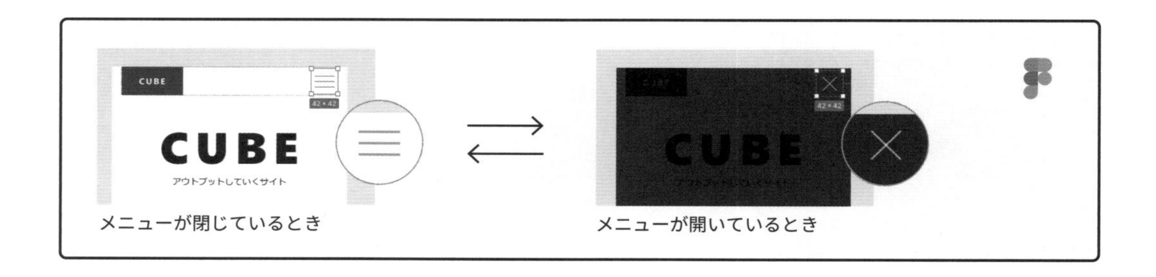

まずは、ボタンの標準のスタイルをリセットし、サイズを指定します。ボタンの文字色はこのあとに作成するバーの色になるため、メニューを閉じているときはグレー `--gray-75` に、開いているときは白色 `--white` にします。

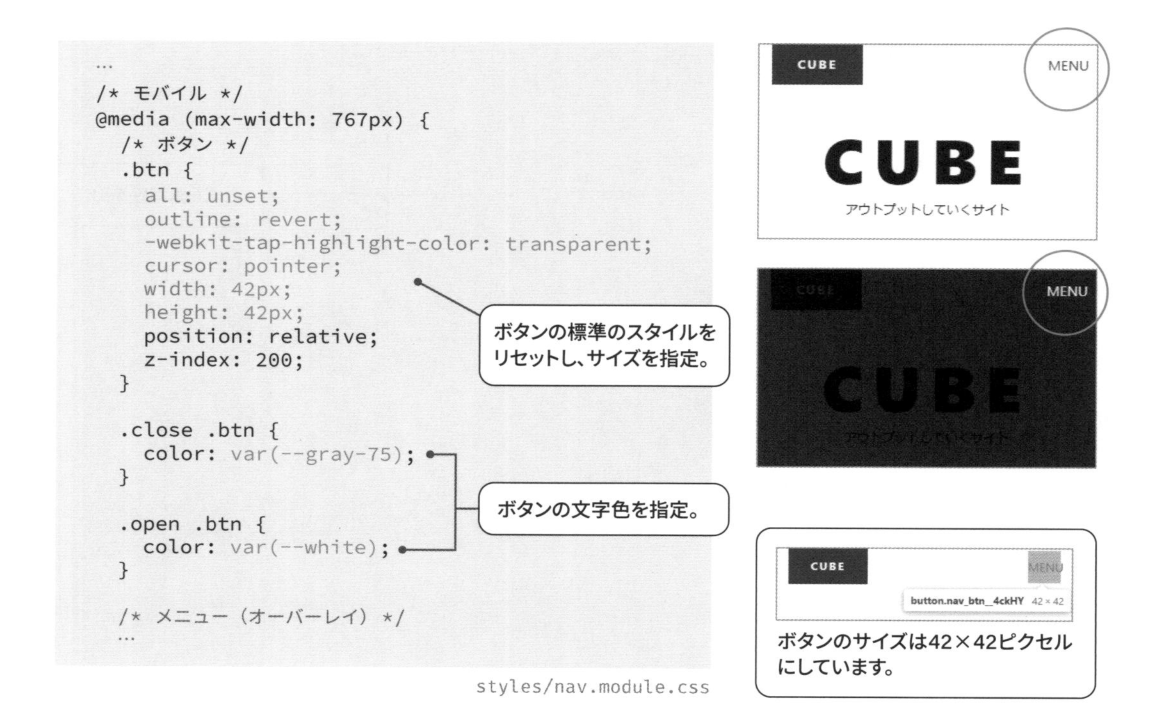

```
…
/* モバイル */
@media (max-width: 767px) {
  /* ボタン */
  .btn {
    all: unset;
    outline: revert;
    -webkit-tap-highlight-color: transparent;
    cursor: pointer;
    width: 42px;
    height: 42px;
    position: relative;
    z-index: 200;
  }

  .close .btn {
    color: var(--gray-75);
  }

  .open .btn {
    color: var(--white);
  }

  /* メニュー（オーバーレイ）*/
  …
```


styles/nav.module.css

続けて、ボタン内に３本のバーを追加します。３本のうちの２本は `<button>` の `::before`、`::after` 疑似要素で作成しますが、３本目については `<button>` 内に `<span>` を追加し、`.bar` の CSS を適用して作成します。
ボタン内のテキスト「MENU」はスクリーンリーダー用のテキストとして `<span className="sr-only">` でマークアップし、非表示にします。

```
…
  return (
    <nav className={navIsOpen ? styles.open : styles.close}>
      <button className={styles.btn} onClick={toggleNav}>
        <span className={styles.bar}></span>
        <span className="sr-only">MENU</span>
      </button>
      …
```

components/nav.js

CSS は次のように指定し、`::before`、`::after`、`.bar` をバーの形にします。これで３本のバーができますが、これらを使ってハンバーガーと×印の両方を作成するため、CSS グリッドを使ってボタンの中央で重ねておきます。

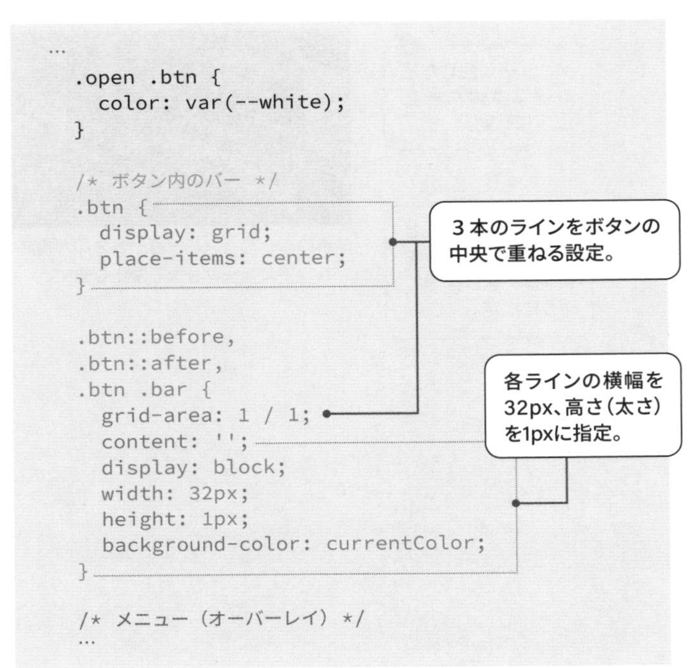

```
…
  .open .btn {
    color: var(--white);
  }

  /* ボタン内のバー */
  .btn {
    display: grid;
    place-items: center;
  }

  .btn::before,
  .btn::after,
  .btn .bar {
    grid-area: 1 / 1;
    content: '';
    display: block;
    width: 32px;
    height: 1px;
    background-color: currentColor;
  }

  /* メニュー（オーバーレイ）*/
  …
```

３本のラインをボタンの中央で重ねる設定。
各ラインの横幅を32px、高さ（太さ）を1pxに指定。

styles/nav.module.css

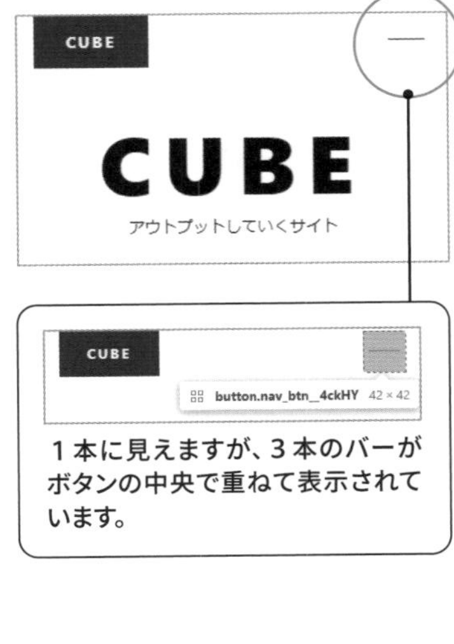
CUBE
CUBE
アウトプットしていくサイト
CUBE
button.nav_btn__4ckHY 42 × 42
１本に見えますが、３本のバーがボタンの中央で重ねて表示されています。

メニューが閉じているときは３本のバーでハンバーガーの形にするため、`::before`、`::after` で作成した２本を中央から上下に移動します。一方、メニューが開いたときには×印の形にするため、この２本を中央で回転します。`.bar` で作成した３本目のバーは縮小して隠します。

さらに、ハンバーガーと×印はメニューの開閉に合わせてアニメーションで変化させるため、`transition` も適用します。

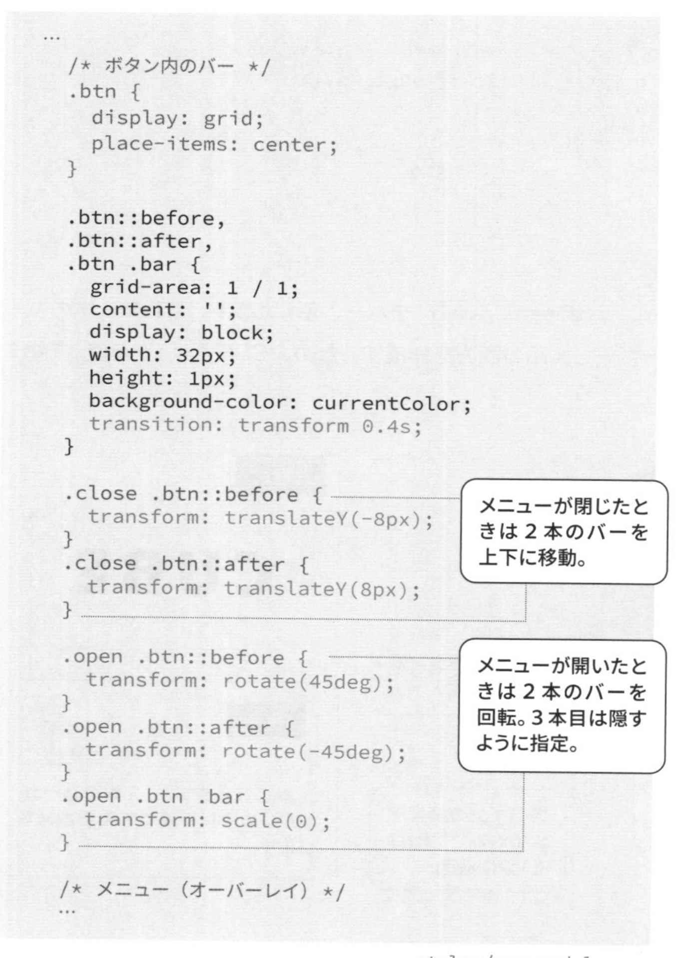

```
…
  /* ボタン内のバー */
  .btn {
    display: grid;
    place-items: center;
  }

  .btn::before,
  .btn::after,
  .btn .bar {
    grid-area: 1 / 1;
    content: '';
    display: block;
    width: 32px;
    height: 1px;
    background-color: currentColor;
    transition: transform 0.4s;
  }

  .close .btn::before {
    transform: translateY(-8px);
  }
  .close .btn::after {
    transform: translateY(8px);
  }

  .open .btn::before {
    transform: rotate(45deg);
  }
  .open .btn::after {
    transform: rotate(-45deg);
  }
  .open .btn .bar {
    transform: scale(0);
  }

  /* メニュー（オーバーレイ）*/
  …
```


styles/nav.module.css

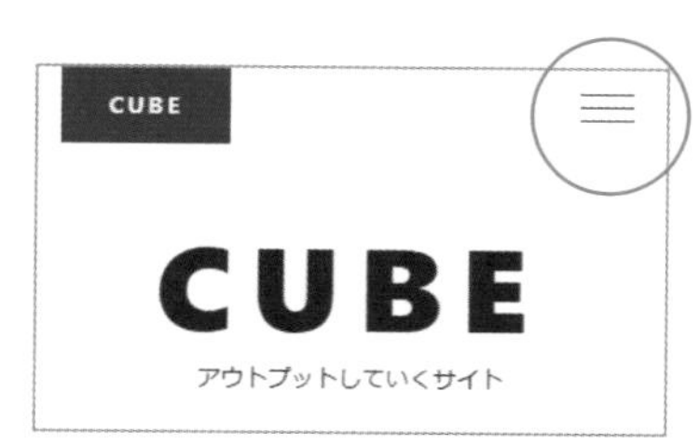

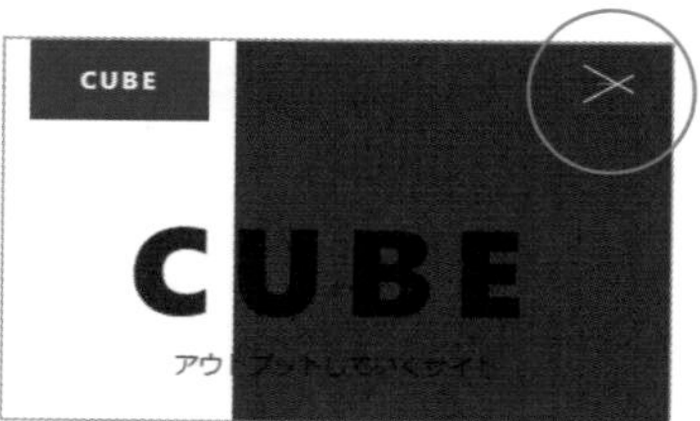

３本のバーでハンバーガーと×印が構成され、アニメーションで変化します。

❖ <body>にCSSを適用する

最後に、メニューを開いたときにページがスクロールするのを防ぐため、次のように `<body>` にCSSを適用します。Next.jsのCSS Modulesではグローバルなセレクタ `body` を指定できないため、ここではstyled-jsxを使用しています。以上で、ハンバーガーメニューの作成は完了です。

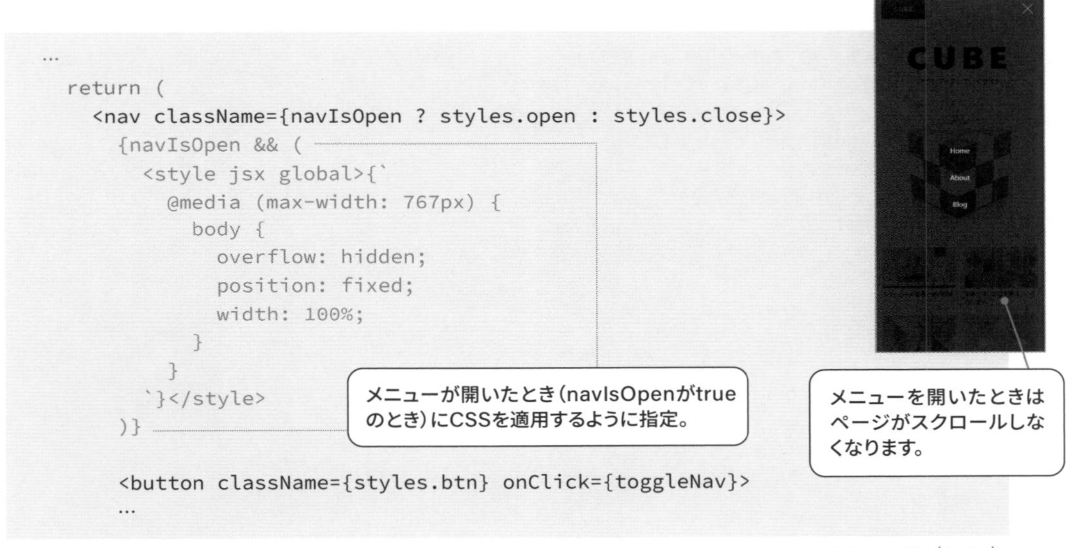
CUBE
Home
About
Blog
メニューが開いたとき(navIsOpenがtrueのとき)にCSSを適用するように指定。
メニューを開いたときはページがスクロールしなくなります。

```
…
  return (
    <nav className={navIsOpen ? styles.open : styles.close}>
      {navIsOpen && (
        <style jsx global>{`
          @media (max-width: 767px) {
            body {
              overflow: hidden;
              position: fixed;
              width: 100%;
            }
          }
        `}</style>
      )}

      <button className={styles.btn} onClick={toggleNav}>
      …
```

components/nav.js

論理否定（!）

論理否定 `!` は、`expr` の評価が `true` の場合は `false` を返し、それ以外の場合は `true` を返します。

```
item = !expr
```

配列やオブジェクトを扱うstateの更新

state では、配列やオブジェクトも扱うことができます。ただし、その更新には注意が必要です。たとえば、クリックするごとにリストにアイテムが追加され、それを表示するといったものを考えます。

```
import { useState } from 'react'

export default function Test() {
  const [state, setState] = useState([])

  const addList = () => {
    const list = state
    list.push('アイテム')
    setState(list)
  }

  return (
    <>
      <h1>Add List</h1>
      <button onClick={addList}>追加</button>
      <ul>
        {state.map((item, index) => (
          <li key={`${item}-${index}`}>{item}</li>
        ))}
      </ul>
    </>
  )
}
```

配列への要素の追加ということで、`push()` メソッドを考えます。しかし、`state` に直接 `push()` することはできませんので、`list` に一旦受け取り、要素を追加して `setState` に渡し、`state` を更新しています。

しかし、これは機能しません。なぜなら、`state` が更新されていないためです。

「追加」をクリックしてもアイテムが追加されません。

`push()` で要素を追加してるのになぜ？と思うかもしれませんが、要素を追加された器としての配列は変わっていないためです。そのため、`useState` は配列が更新されたとは認識せず、再レンダリングも発生しません。

機能させるためには、`setState` に新しい配列を渡します。スプレッド構文を使って要素を展開し、新しい配列を作って渡します。

```
const addList = () => {
  const list = state
  list.push('アイテム')
  setState([...list])
}
```

さらに、更新前の `state` を展開してデータを追加すれば、さらにシンプルになります。

```
const addList = () => {
  setState((prevArray) => [...prevArray, 'アイテム'])
}
```

「追加」をクリックするとアイテムが追加されるようになります。

• • •

オブジェクトを扱う場合も同様です。プロパティに変化があっても、オブジェクトそのものが変わらないと更新したと認識してくれません。

`useState` ばかりでなく、React では配列とその要素、オブジェクトとそのプロパティの等値比較は非常に重要です。しっかりと、再確認しておくことをオススメします。

10

React Hooks

styled-jsx

styled-jsx は Next.js がビルトインサポートしている CSS-in-JS です。コンポーネントごとに `<style jsx>` ～ `</style>` を使って JavaScript 内にスタイルを記述できます。ローカルスコープは styled-jsx が追加するクラス名によって実現されます。

たとえば、コンポーネントを構成する <div className="text">、<h1>、<p> に適用する CSS を指定すると次のようになります。

すべての要素にハッシュ付きのクラス名が追加され、このクラス名をセレクタに付加することでローカルスコープが実現されていることがわかります。

CUBE
アウトプットしていくサイト

```
export default function Heading() {
 return (
  <div className="text">
   <style jsx>{`
    .text {
      padding: 20px;
      border: solid 2px currentColor;
      color: darkblue;
    }
    .text h1 {
      font-size: 80px;
    }
    p {
      font-size: 20px;
    }
   `}</style>

   <h1>CUBE</h1>
   <p> アウトプットしていくサイト </p>
  </div>
 )
}
```

➡

```
<style id="__jsx-695e1ef7d81dd1fd">
  .text.jsx-695e1ef7d81dd1fd {
    padding: 20px;
    border: solid 2px currentColor;
    color: darkblue;
  }
  .text.jsx-695e1ef7d81dd1fd
   h1.jsx-695e1ef7d81dd1fd {
    font-size: 80px;
  }
  p.jsx-695e1ef7d81dd1fd {
    font-size: 20px;
  }
</style>
…

<div class="jsx-695e1ef7d81dd1fd text">
 <h1 class="jsx-695e1ef7d81dd1fd">CUBE</h1>
 <p class="jsx-695e1ef7d81dd1fd">
  アウトプットしていくサイト
 </p>
</div>
```

ハッシュ付きのクラス名が追加されます。

全体をグローバルの扱いにする場合

`<style jsx>` に `global` を追加すると、スコープのないグローバルな形でCSSを適用できます。

```
<style jsx global>{`
  body {
    background: red;
  }
  .text h1 {
    font-size: 80px;
  }
`}</style>
```

```
<style id="__jsx-695e1ef7d81dd1fd">
  body {
    background: red;
  }
  .text h1 {
    font-size: 80px;
  }
</style>
```

特定のセレクタをグローバルの扱いにする場合

`:global()` を使用すると、セレクタにハッシュ付きのクラス名を付加せず、グローバルの扱いにできます。

```
<style jsx>{`
  .text :global(h1) {
    font-size: 80px;
  }
`}</style>
```

propsで受け取った値を指定する場合

propsで受け取った値を指定することもできます。

```
export default function Heading({ paddingSize = '20px' }) {
  return (
    <div className="text">
      <style jsx>{`
        .text {
          padding: ${paddingSize};
          border: solid 2px currentColor;
          color: darkblue;
        }
      `}</style>
```

10.4 useRefの使い方

`useRef` フックを使うと、便利な `ref` オブジェクトを作成できます。

refオブジェクトの作成

`useRef` に引数を渡すと、その引数を `.current` プロパティに持った ref オブジェクトが返ってきます。たとえば、次のように使います。

```
import { useRef } from 'react'

const refObj = useRef(10)
console.log(refObj.current) // 10
```

この ref オブジェクトの `.current` プロパティは、読み書き可能なうえ、state 変数と同じようにコンポーネントが存在するかぎりその値を保持します。ただし、このプロパティを更新しても再レンダリングはスケジューリングされません。
そのため、再レンダリングはしたくないものの、値（状態）を保持していたい場合などに使います。

refオブジェクトとref属性

ref オブジェクトにはもうひとつ便利な機能があります。ref オブジェクトを `ref` 属性を使って DOM 要素に紐付けることで、子要素を含めた DOM ノードを `.current` プロパティに取得できます。

アコーディオンでは、この機能を使ってアコーディオン内の DOM ノードを取得し、その高さを求めて動作するように設定していきます。

useStateとuseRefを使ってアコーディオンを作成する

アコーディオンは見出しとテキストで構成し、`useState` と `useRef` を使って開閉の動作とアニメーションを設定していきます。

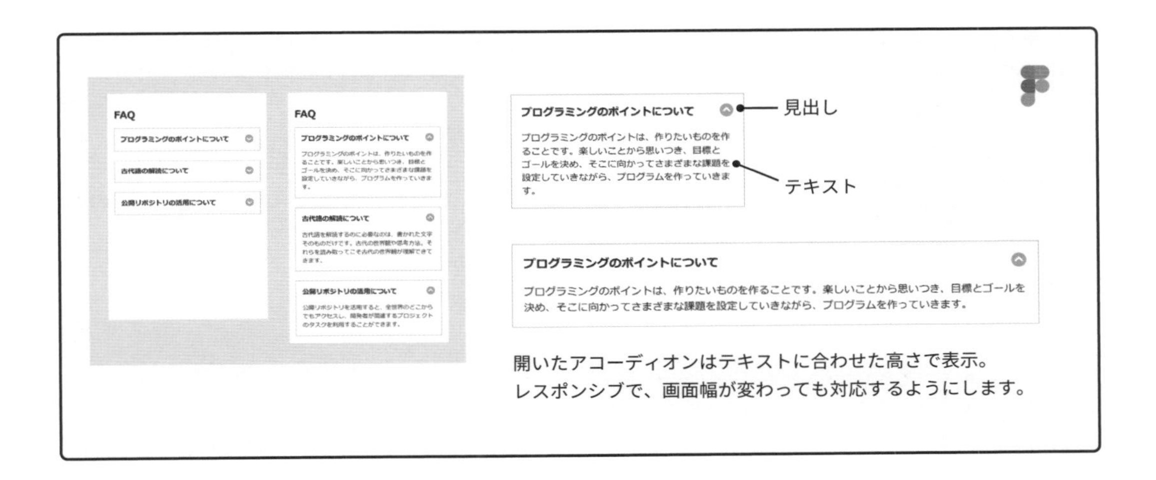

Accordionコンポーネントを作成する

アコーディオンは `Accordion` コンポーネントとして作成します。そのため、`components` ディレクトリに `accordion.js` を、`styles` ディレクトリに `accordion.module.css` を追加します。

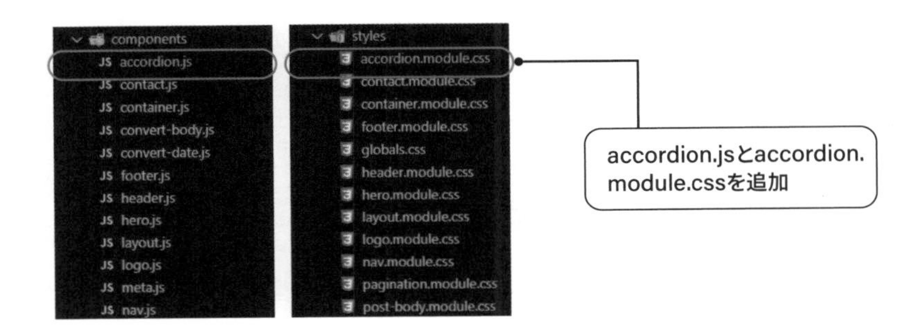

`accordion.js` では、`heading` 属性で見出しを、子要素 `children` でテキストを受け取り、見出しは <h3> と <button> で、テキストは２つの <div> でマークアップします。見出しには Font Awesome の下向き矢印アイコン `faCircleChevronDown` を付けています。

全体は <div> でグループ化し、`.open` の CSS でアコーディオンを開いたときのスタイルを設定できるようにしています。

```
import styles from 'styles/accordion.module.css'
import { FontAwesomeIcon } from '@fortawesome/react-fontawesome'
import { faCircleChevronDown } from '@fortawesome/free-solid-svg-icons'

export default function Accordion({ heading, children }) {
  return (
    <div className={styles.open}>
      <h3 className={styles.heading}>
        <button>
          {heading}
          <FontAwesomeIcon icon={faCircleChevronDown} className={styles.icon} />
        </button>
      </h3>
      <div className={styles.text}>
        <div className={styles.textInner}>{children}</div>
      </div>
    </div>
  )
}
```

見出しは<h3>と<button>でマークアップ。

テキストは<div>でマークアップ。外側の<div>は開閉のアニメーションに、内側の<div>はテキストのスタイル調整に使用します。

components/accordion.js

`Accordion` コンポーネントに見出しとテキストを渡してアコーディオンを表示してみます。ここではアバウトページ `about.js` にインポートし、３つの `<Accordion>` ～ `</Accordion>` を追加します。

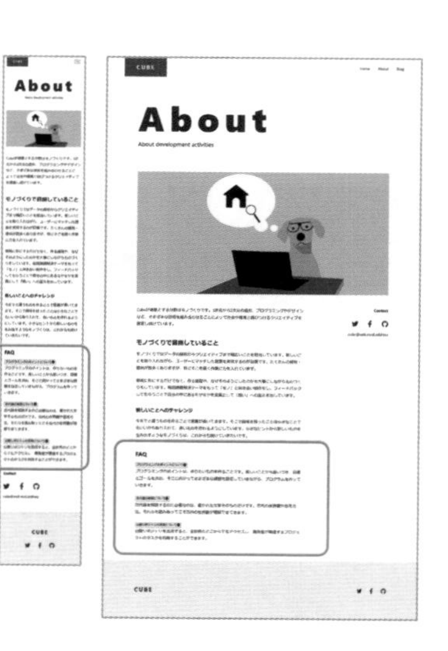

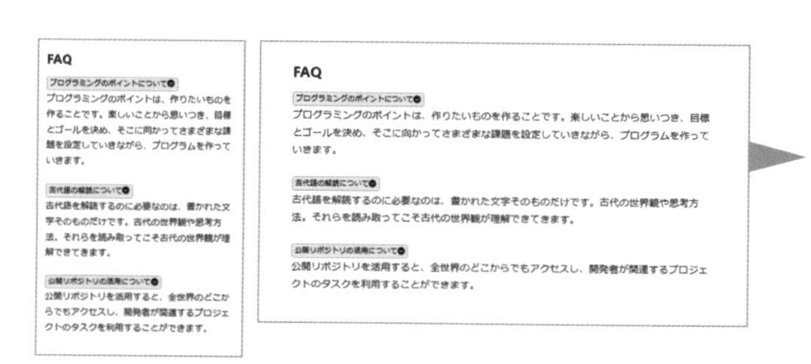

```
…
import { TwoColumn, TwoColumnMain, TwoColumnSidebar } from 'components/two-column'
import Accordion from 'components/accordion'
import Image from 'next/image'
import eyecatch from 'images/about.jpg'

export default function About() {
  return (
    <Container>
      …
      <TwoColumn>
        <TwoColumnMain>
          <PostBody>
            …
            <p>
              今までと違うものを作ることで愛着が湧いてきます。そこで興味を持ったことは小さなことでも
              いいから取り入れて、良いものを作れるようにしています。小さなヒントから新しいものを生み
              出すようなモノづくりは、これからも続けていきたいです。
            </p>

            <h2>FAQ</h2>
            <Accordion heading=" プログラミングのポイントについて ">
              <p>
                プログラミングのポイントは、作りたいものを作ることです。楽しいことから思いつき、目標
                とゴールを決め、そこに向かってさまざまな課題を設定していきながら、プログラムを作って
                いきます。
              </p>
            </Accordion>
            <Accordion heading=" 古代語の解読について ">
              <p>
                古代語を解読するのに必要なのは、書かれた文字そのものだけです。古代の世界観や思考方法。
                それらを読み取ってこそ古代の世界観が理解できてきます。
              </p>
            </Accordion>
            <Accordion heading=" 公開リポジトリの活用について ">
              <p>
                公開リポジトリを活用すると、全世界のどこからでもアクセスし、開発者が関連するプロジェ
                クトのタスクを利用することができます。
              </p>
            </Accordion>
          </PostBody>
        </TwoColumnMain>

        <TwoColumnSidebar>
          <Contact />
        </TwoColumnSidebar>
      </TwoColumn>
    </Container>
  )
}
```

pages/about.js

３つのアコーディオンはアバウトページの記事本文末尾に追加。<PostBody>〜</PostBody>内に追加することで要素の間隔も調整されます。

❖ アコーディオンを開いたときの表示を整える

アコーディオンは開いた状態になっているため、まずは `accordion.module.css` にCSSを追加し、この状態での表示を整えます。各アコーディオンはグレーのボーダーで囲んで表示します。

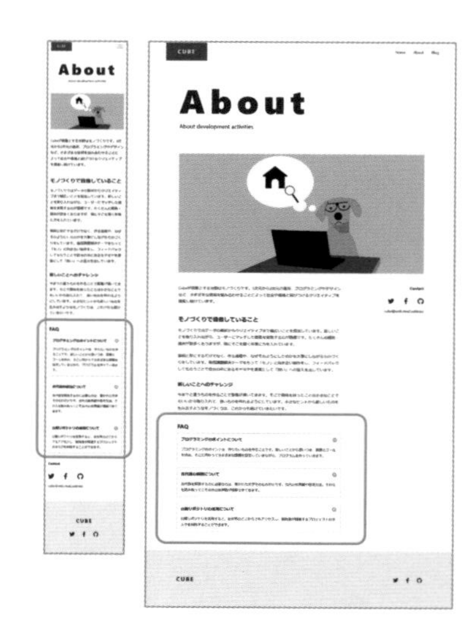

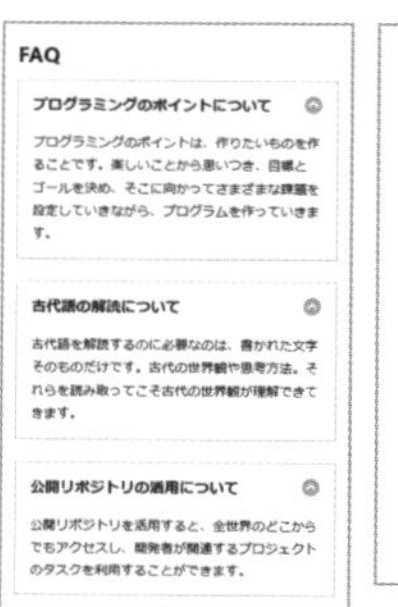

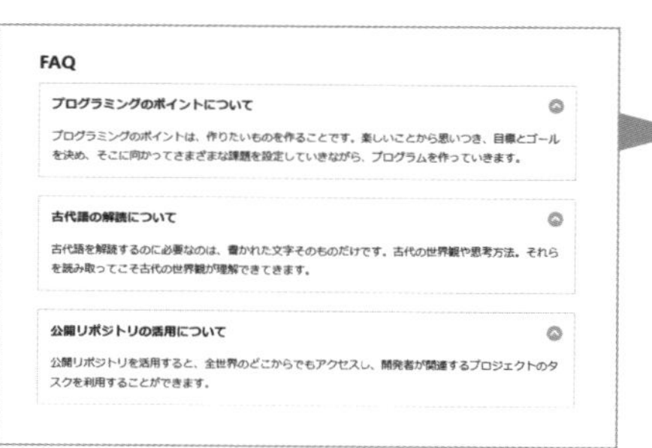

ボーダーのスタイルを指定。

```
.open {
  border: solid 1px var(--gray-25);
}

/* 見出し */
.heading {
  font-size: var(--body);
}

.heading button {
  all: unset;
  outline: revert;
  -webkit-tap-highlight-color: transparent;
  cursor: pointer;
  box-sizing: border-box;
  width: 100%;
  padding: 1em;
  display: flex;
  justify-content: space-between;
  gap: 1em;
}
```

<button>では標準のスタイルをリセットし、見出しとアイコンを両端に配置。

開いたときのアイコンは上向き矢印にするため回転。

```
/* 見出しのアイコン */
.icon {
  color: var(--gray-25);
  font-size: 1.25em;
  transition: transform 0.5s;
}

.open .icon {
  transform: rotate(180deg);
}

/* テキスト */
.textInner {
  padding: 0 1.14em 1.14em;
  font-size: calc(var(--body) * 0.875);
}
```

テキストのフォントサイズは記事本文よりもひとまわり小さくするように指定。

styles/accordion.module.css

❖ アコーディオンの開閉の状態を管理するstateを用意する

`accordion.js` に `useState` をインポートし、アコーディオンの開閉の状態を管理する state 変数を宣言します。アコーディオンではテキスト部分を開閉することになるため、変数名を `textIsOpen`、変数を更新するための関数を `setTextIsOpen` としています。

この変数 `textIsOpen` の値は、アコーディオンを閉じたときは `false`、開いたときは `true` にします。ページにアクセスした初期状態では閉じておきたいので、 `textIsOpen` の初期値は `false` と指定します。
全体をマークアップした <div> のクラス名は `textIsOpen` の値に応じて切り替え、 `true` なら `.open`、 `false` なら `.close` の CSS を適用します。

なお、 `textIsOpen` の値（ `true` と `false` ）は見出しのボタンクリックで切り替えます。

```
import { useState } from 'react'
import styles from 'styles/accordion.module.css'
import { FontAwesomeIcon } from '@fortawesome/react-fontawesome'
import { faCircleChevronDown } from '@fortawesome/free-solid-svg-icons'

export default function Accordion({ heading, children }) {
  const [textIsOpen, setTextIsOpen] = useState(false)

  const toggleText = () => {
    setTextIsOpen((prev) => !prev)
  }

  return (
    <div className={textIsOpen ? styles.open : styles.close}>
      <h3 className={styles.heading}>
        <button onClick={toggleText}>
          {heading}
          <FontAwesomeIcon icon={faCircleChevronDown} className={styles.icon} />
        </button>
      </h3>
      <div className={styles.text}>
        <div className={styles.textInner}>{children}</div>
      </div>
    </div>
  )
}
```

state変数を宣言。

ボタンクリックでtextIsOpenの値を切り替え。

textIsOpenの値に応じてクラス名を切り替え。

components/accordion.js

stateに応じてアコーディオンを開閉する

state に応じてアコーディオンを開閉するため、テキストの高さ `height` を `0px` にしておき、開いたときは `auto` に変更します。

これで、見出しをクリックすると開閉するようになります。ただし、`transition` を適用しても高さが滑らかに変化するアニメーションになりません。アニメーションにするためには、高さを `auto` ではなく、数値で指定する必要があります。

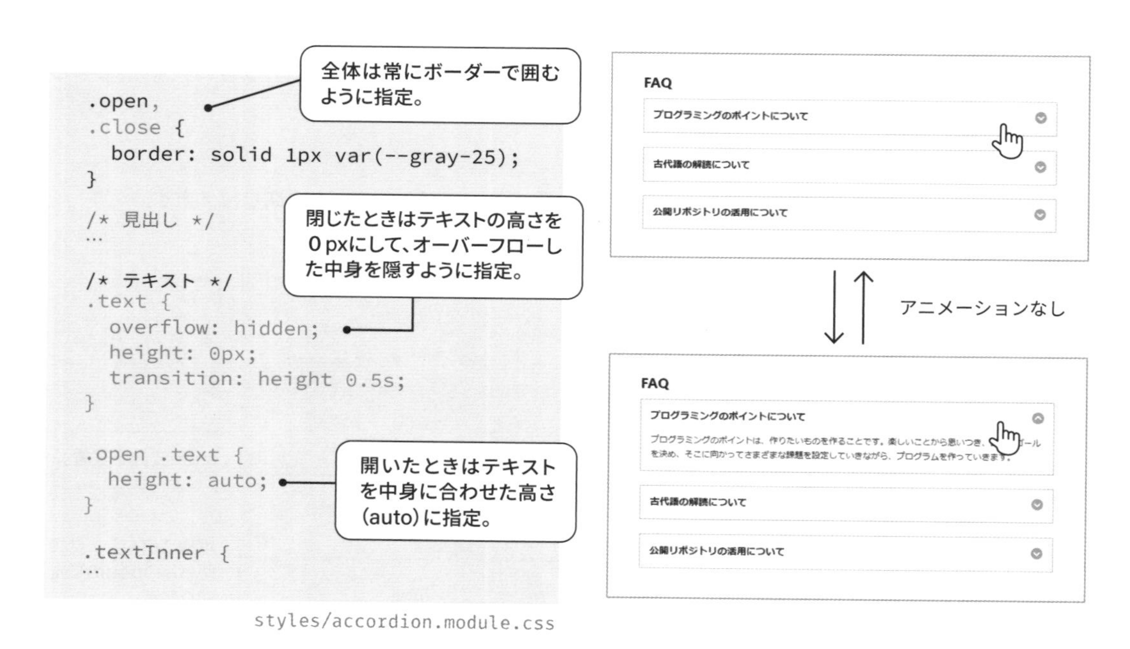

styles/accordion.module.css

useRefを使ってテキストの高さを取得する

アニメーションで開閉するため、`auto` の代わりにテキストの高さを指定します。ただし、高さは文章量によって変わるため、`useRef` を使って取得します。`useRef` で `refText` という ref オブジェクトを作成し、`ref` 属性を使ってテキストをマークアップした `<div>` 要素に紐づけます。

これで、`<div>` 要素の DOM ノードが `refText.current` に取得されますので、DOM API の `scrollHeight` を使用し、`refText.current.scrollHeight` で要素の高さを取得します。

取得した高さはCSS変数を使って `accordion.module.css` に渡します。ここでは `--text-height` というCSS変数を使っています。

```
import { useState, useRef } from 'react'
import styles from 'styles/accordion.module.css'
…

export default function Accordion({ heading, children }) {
  const [textIsOpen, setTextIsOpen] = useState(false)

  const toggleText = () => {
    setTextIsOpen((prev) => !prev)
  }

  const refText = useRef(null)

  return (
    <div className={textIsOpen ? styles.open : styles.close}>
      <h3 className={styles.heading}>
        …
      </h3>
      <div
        className={styles.text}
        ref={refText}
        style={{
          '--text-height': `${refText.current.scrollHeight}px`,
        }}
      >
        <div className={styles.textInner}>{children}</div>
      </div>
    </div>
  )
}
```

scrollHeightプロパティでは、オーバーフローして画面に表示されていない部分も含めた要素の高さを取得できます。

components/accordion.js

```
/* テキスト */
…
.open .text {
  height: var(--text-height);
}

.textInner {
…
```

開いたときのテキストの高さをscrollHeightで取得した値にセット。

styles/accordion.module.css

しかし、アバウトページをリロードすると、右のように `scrollHeight` が `null` だというエラーになります。

Server Error
TypeError: Cannot read property 'scrollHeight' of null
This error happened while generating the page. Any console logs will be displayed in the terminal window.

これは、`refText` オブジェクトを宣言しただけで、`<div>` 要素の DOM ノードが取得されていないのが原因です。DOM ノードが取得されるのは要素のマウントが済んだタイミングですが、ページを読み込んで最初に `refText.current.scrollHeight` が処理されるときはマウントの過程にあり、エラーとなります。

そこで、`refText.current` が `null` のときは高さを `0px` に指定します。

```
  …
</h3>
<div
  className={styles.text}
  ref={refText}
  style={{
    '--text-height': refText.current
      ? `${refText.current.scrollHeight}px`
      : '0px',
  }}
>
  <div className={styles.textInner}>{children}</div>
</div>
```

components/accordion.js

これで、アバウトページをリロードしてもエラーは出なくなり、アコーディオンは閉じた状態で表示されます。
この段階で `<div>` 要素のマウントは済んでいますので、`refText.current.scrollHeight` で高さが取得され、CSS に渡されます。その結果、滑らかなアニメーションでアコーディオンが開閉するようになります。

たとえば、1440px の画面幅で表示した場合、1つ目のアコーディオンの `<div>` 要素の高さは `75px` となるため、高さが `0px` から `75px` に滑らかに変化します。

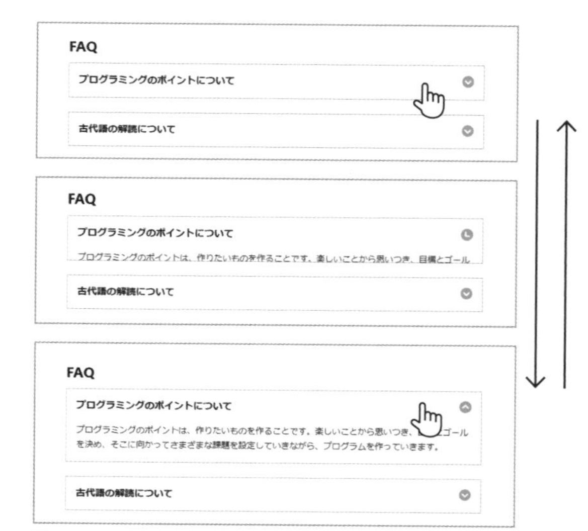

滑らかなアニメーションで開閉するようになります。

❖ 開いたあとの画面幅の変化にも対応する

モバイルデバイスで画面の向きを変えるなど、アコーディオンを開いた状態で画面幅が変わった場合、テキストの行数が変わっても `<div>` 要素の高さが変わらないという問題が発生します。これは、`--text-height` の値が開いたときの `scrollHeight` の高さに設定されたままなためです。

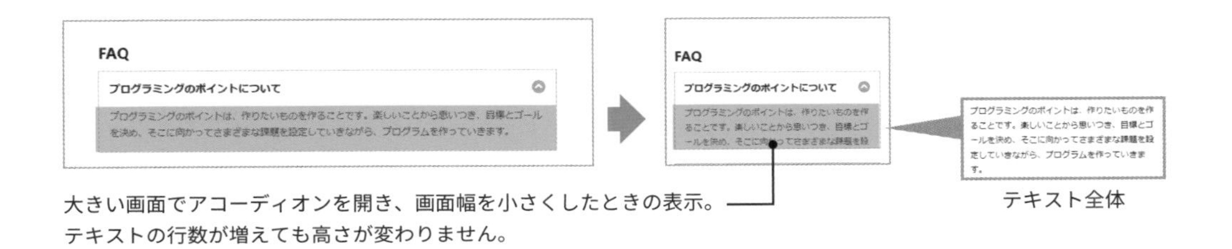

大きい画面でアコーディオンを開き、画面幅を小さくしたときの表示。
テキストの行数が増えても高さが変わりません。

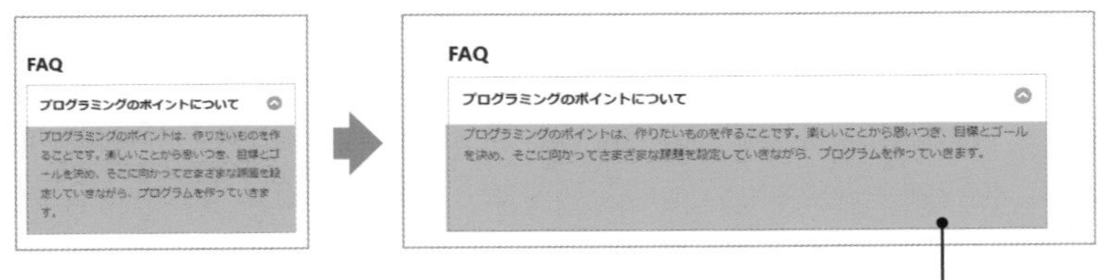

小さい画面でアコーディオンを開き、画面幅を大きくしたときの表示。
テキストの行数が減っても高さが変わりません。

高さが変わるようにするためには、開いたあとに `auto` に変更することを考えます。ただし、アニメーションの間は `scrollHeight` の高さに設定しておかなければなりません。

たとえば、JavaScript でアプローチするなら、イベントリスナーで `transitionend`（CSS transition によるアニメーションの完了）を検出し、そのタイミングで `auto` に切り替えるといった処理を考えることになります。

ここではもっとシンプルに、CSS でアプローチしてみます。

まず、開閉のアニメーションは `transition` ではなく、キーフレームを使える `animation` で指定します。そのため、`transition` は `none` と指定して無効化します。

`animation` では、アニメーションのキーフレーム（アニメーション名）を指定します。ここでは開くときのアニメーションを `openAnim`、閉じるときのアニメーションを `closeAnim` というキーフレームで作成し、それぞれクラス名が `.open`、`.close` に切り替わったら実行するように指定しています。さらに、アニメーションの実行後は最後のキーフレーム `100%` の設定を保持した表示にするため、`forwards` も指定しています。

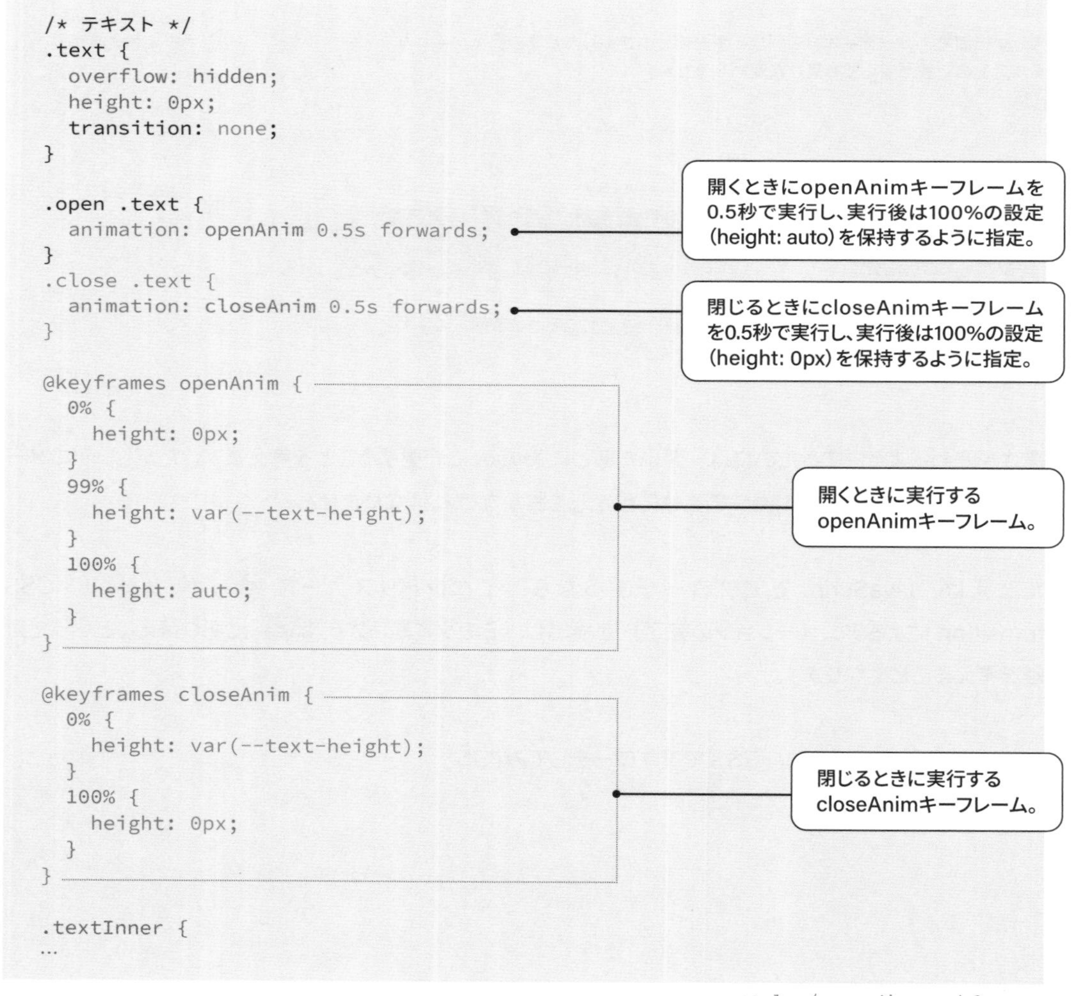

```
/* テキスト */
.text {
  overflow: hidden;
  height: 0px;
  transition: none;
}

.open .text {
  animation: openAnim 0.5s forwards;
}
.close .text {
  animation: closeAnim 0.5s forwards;
}

@keyframes openAnim {
  0% {
    height: 0px;
  }
  99% {
    height: var(--text-height);
  }
  100% {
    height: auto;
  }
}

@keyframes closeAnim {
  0% {
    height: var(--text-height);
  }
  100% {
    height: 0px;
  }
}

.textInner {
...
```

開くときにopenAnimキーフレームを0.5秒で実行し、実行後は100%の設定(height: auto)を保持するように指定。
閉じるときにcloseAnimキーフレームを0.5秒で実行し、実行後は100%の設定(height: 0px)を保持するように指定。
開くときに実行するopenAnimキーフレーム。
閉じるときに実行するcloseAnimキーフレーム。

styles/accordion.module.css

開くときのアニメーションと開いたあとのレスポンシブ

`openAnim` キーフレームでは、`<div>` 要素の高さを `0px` から `scrollHeight` の高さに変化させ、最後に `auto` にしています。これにより、開いたあとに画面幅を変えても、中身のテキストに合わせて高さが変化します。

開いてから画面幅を変えたときの表示。
中身に合わせて高さが変わります。

閉じるときのアニメーション

開いた状態の `<div>` 要素は高さが `auto` になっているため、そのまま `0px` にしてもアニメーションになりません。そのため、`closeAnim` キーフレームでは `scrollHeight` の高さから `0px` に変化させるようにしています。

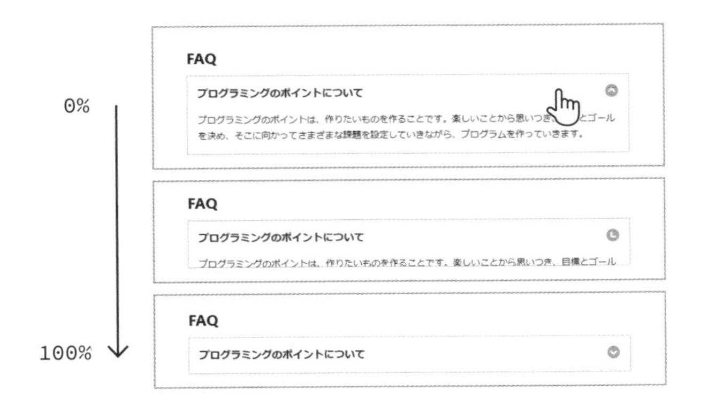

以上で、アコーディオンの作成は完了です。

Reactによる再レンダリング

コンポーネントの再レンダリングという話が出てきましたが、再レンダリングが発生するのは、次の 2 つのケースです。

- state が更新される
- 親コンポーネントが再レンダリングされる

つまり、親コンポーネントで state が更新されると、**その子コンポーネントもすべて再レンダリングの対象になります。**

再レンダリングが発生すれば、それだけの処理が必要になります。そして、対象のコンポーネントが増えれば、それだけ重い処理になります。そのため、state をどこで管理するのかが非常に重要になります。

今回作成しているブログサイトでは、ページを多くのコンポーネントに分割して構成しているため、`Nav` コンポーネントや `Accordion` コンポーネントの中で state を管理することができました。

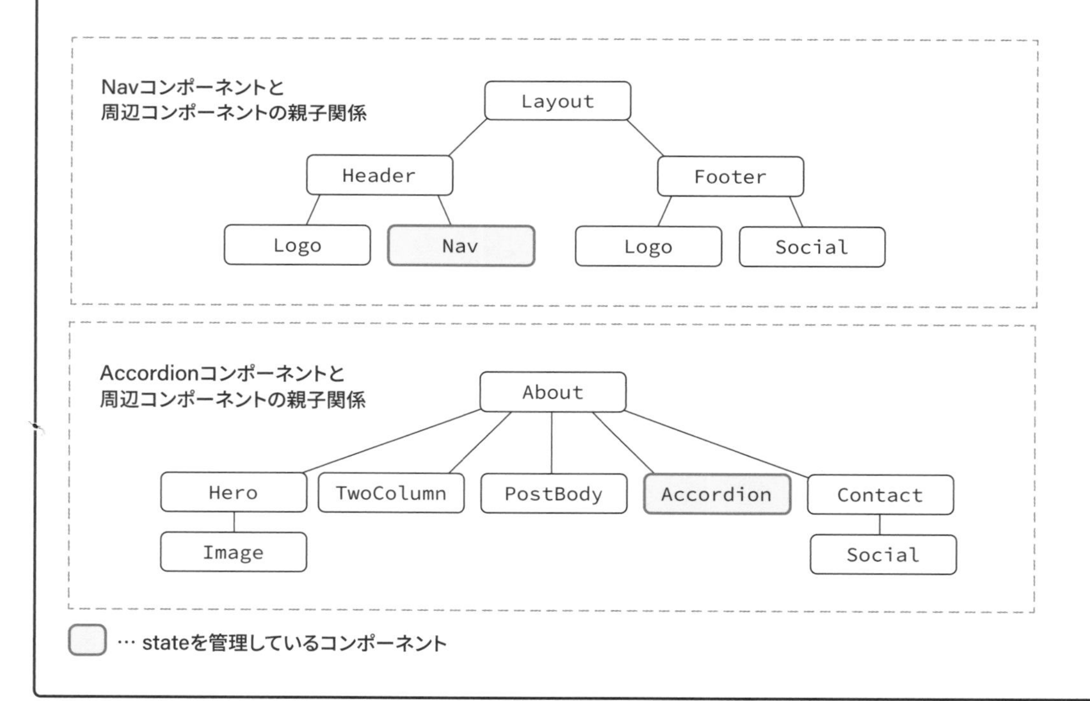

しかし、コンポーネントを細かく分割せず、たとえば従来の HTML&CSS の感覚でページを構成していた場合、ページコンポーネント上で state の管理をすることになります。すると、ページコンポーネントの子コンポーネントがすべて再レンダリングの対象となり、無駄な処理が発生することになります。

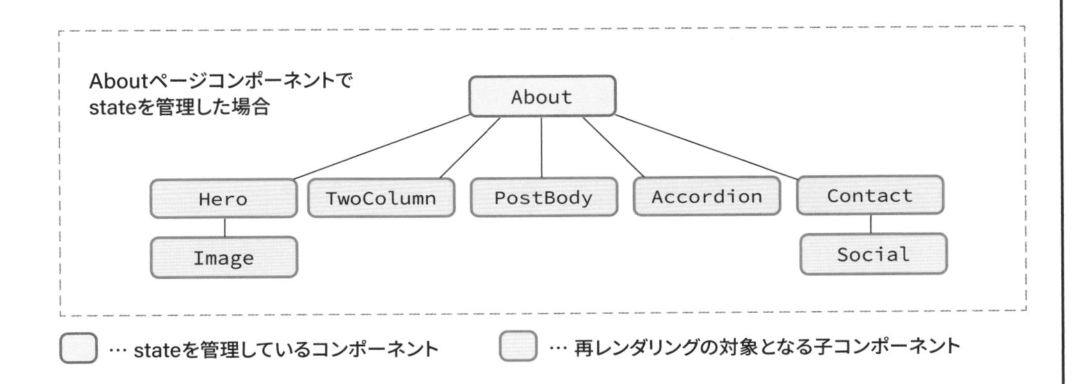

… stateを管理しているコンポーネント　… 再レンダリングの対象となる子コンポーネント

また、今回のケースでは影響していませんが、子要素として扱われている部分ではコンポーネントの親子関係が切れているというのも、気にしたいポイントです。

たとえば、次のように記述した場合、`PostBody` と `Accordion` は `About` の子コンポーネントになります。しかし、`Accordion` は `PostBody` の子コンポーネントにはなりません。これは `PostBody` の子要素として扱われているためです。

```
export default function About() {
  return (
    <PostBody>
      <Accordion></Accordion>
    </PostBody>
  )
}
```

10
React Hooks

DOMに用意されたプロパティやメソッド

ref 属性を使って取得した DOM ノードは、ブラウザ上で扱う DOM ノードそのものです。そのため、DOM に用意されているプロパティやメソッドはそのまま利用できます。`scrollHeight` も DOM に用意されているプロパティの 1 つで、要素のスクロールビューの高さを表す数値を返します。

なお、`ref` 属性を使って `refText` オブジェクトに紐づけた `<div>` 要素の DOM ノードは、`refText` オブジェクトの中身とブラウザの情報とを開発ツールで比較してみると以下のようになります。

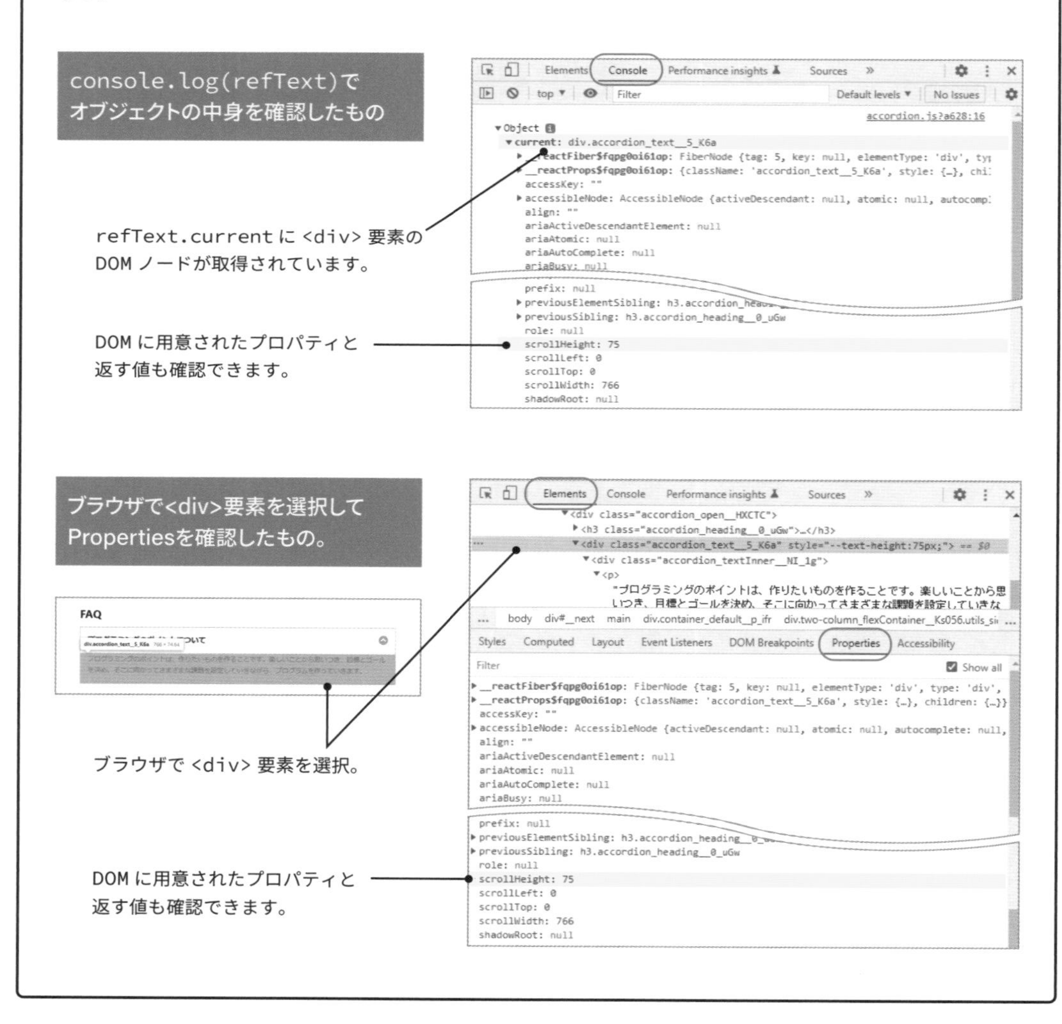

console.log(refText)で
オブジェクトの中身を確認したもの
refText.current に <div> 要素の
DOM ノードが取得されています。
DOM に用意されたプロパティと
返す値も確認できます。
ブラウザで<div>要素を選択して
Propertiesを確認したもの。
ブラウザで <div> 要素を選択。
DOM に用意されたプロパティと
返す値も確認できます。
Elements
Console
Performance insights
Sources
Properties
current: div.accordion_text__5_K6a
scrollHeight: 75
scrollLeft: 0
scrollTop: 0
scrollWidth: 766
shadowRoot: null

useRefでscrollHeightの初期値を指定する

アコーディオンのコードではページを読み込んだときにエラーが出るのを避けるため、P.318 のように `refText.current` が `null` のときは高さを `0px` に指定しています。

```
const refText = useRef(null)

  …
  <div
    className={styles.text}
    ref={refText}
    style={{
      '--text-height': refText.current
        ? `${refText.current.scrollHeight}px`
        : '0px',
    }}
  > … </div>
```

この `0px` は `scrollHeight` の初期値として、次のようにオブジェクトの形で `useRef` で指定しておくこともできます。

```
const refText = useRef({ scrollHeight: 0 })

  …
  <div
    className={styles.text}
    ref={refText}
    style={{
      '--text-height': `${refText.current.scrollHeight}px`,
    }}
  > … </div>
```

useEffectの使い方

`useEffect` は副作用を実行するためのフックです。

副作用とは

副作用（side effects） はプログラミングの世界で使われる言葉で、関数のスコープの外に影響を与える処理とされます。
React の関数コンポーネントの場合は、データの取得やサブスクリプションの設定、DOM の手動変更など、関数コンポーネントの外に影響を与える処理を**副作用**と呼んでいます。

そして、もともと React 要素を返すのが目的な関数コンポーネントの中で副作用を実行しようとしてもうまくいかないのです。しかし、コンポーネントの中で副作用を実行したいというケースもあります。

そこで、関数コンポーネントの中で副作用を処理するために用意されたのが `useEffect` です。

useEffectの機能

`useEffect` には大きく２つの役割があります。

コンポーネントのレンダリング後に処理を実行する

`useEffect` の第１引数として関数を渡すと、コンポーネントのレンダリングが完了するたびにその関数を実行します。通常、以下のような形で使用します。

```
import { useEffect } from 'react'

useEffect(() => {
  // 実行したい処理
})
```

第２引数を設定すると、再レンダリング（２度目以降）のときは、指定した値が変化している場合だけ実行するようになります。第２引数には依存する（変化を確認する）値を配列で指定します。
たとえば以下のように設定した場合、マウントのときに加えて、`props.width` が変化した再レンダリングのときだけ実行されます。

```
useEffect(() => {
  // 実行したい処理
}, [props.width])
```

第２引数を空の配列にすることで、どの値にも依存しない状態となり、マウントされたときだけ実行されるようになります。

```
useEffect(() => {
  // 実行したい処理
}, [])
```

ただし、実際に依存する変数が存在しない場合を除いて、（値の変化の有無に関わらず）依存する変数をきちんと指定することが推奨されています。

コンポーネントがアンマウントされる際に実行する

コンポーネントがアンマウントされる際（再レンダリングの直前など）に実行したい処理を第１引数の戻り値として関数を指定します。クリーンアップのための機能です。Google アナリティクスの設定ではこの機能を使ってイベントリスナーの削除を行っています。

```
useEffect(() => {
    const handleRouteChange = (url) => {
      gtag.pageview(url)
    }
    router.events.on('routeChangeComplete', handleRouteChange) // イベントリスナーの登録
    return () => {
      router.events.off('routeChangeComplete', handleRouteChange)  // イベントリスナーの削除
    }
  }, [router.events])
```

10.7 useEffectを使ってGoogleアナリティクスを設定する

Google アナリティクスの設定をしていきます。`useEffect` はイベントリスナーの登録・削除に使用します。

Example app with analytics
https://github.com/vercel/next.js/tree/canary/examples/with-google-analytics

グローバル サイトタグのインストール

Google アナリティクスを設定するためには、グローバルサイトタグをインストールするため、次のコードを各ページに埋め込む必要があります。

```
<script async src="https://www.googletagmanager.com/gtag/js?id=GA_MEASUREMENT_ID"></
script>
<script>
  window.dataLayer = window.dataLayer || [];
  function gtag(){window.dataLayer.push(arguments);}
  gtag('js', new Date());

  gtag('config', 'GA_MEASUREMENT_ID');
</script>
```

Add gtag.js to your site
https://developers.google.com/analytics/devguides/collection/gtagjs/

そこで、全ページに共通の設定を行う `_app.js` を使って、このコードを各ページに追加します。ただし、このコードをそのまま追加しても機能しませんので、Next.js 用に修正していきます。

まず、`GA_MEASUREMENT_ID` を環境変数を利用して管理するようにします。ただし、この環境変数はクライアント側で利用したいので、`NEXT_PUBLIC_` という接頭辞を付けて `NEXT_PUBLIC_GA_ID` とします。

環境変数は `lib` ディレクトリ内に `gtag.js` を用意して `GA_MEASUREMENT_ID` へ読み込み、他から使えるように `export` しておきます。

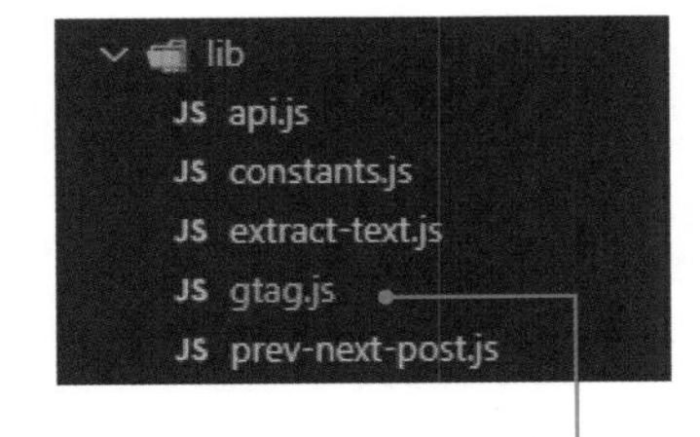


```
export const GA_MEASUREMENT_ID = process.env.NEXT_PUBLIC_GA_ID
```

lib/gtag.js

`.env.local` には、環境変数として `NEXT_PUBLIC_GA_ID` を追加します。

```
API_KEY=xxxxxxxxxxxxxxxxxxxxxxxxxxxxxxxxxxxx
SERVICE_DOMAIN=cube-blog
NEXT_PUBLIC_GA_ID=xxxxxxxxxxxxxxx
```

.env.local

環境変数をクライアント側で使用する

環境変数は、標準ではNode.js環境のみで使用でき、クライアント側（ブラウザ側）では使用できません。しかし、GoogleアナリティクスのIDのように、クライアント側で使用したいものもあります。このような場合、環境変数に `NEXT_PUBLIC_` という接頭辞を付けることで、クライアント側で使用できるようになります。

続いて、Next.jsでは `<script>` 要素の処理を最適化するために、`next/script` による `<Script>` コンポーネントが用意されています。このコンポーネントを使うことで、スクリプトを実行するタイミングを細かくコントロールすることができます。今回はページがインタラクティブになった直後に実行されるように、`strategy="afterInteractive"` と指定します。

また、インラインスクリプトは `{}` とテンプレートリテラルで次のように記述するか、

```
<script strategy="afterInteractive">
  {`window.dataLayer = window.dataLayer || [];
  function gtag(){window.dataLayer.push(arguments);}
  gtag('js', new Date());

  gtag('config', 'GA_MEASUREMENT_ID');`}
</script>
```

`dangerouslySetInnerHTML` を使って次のように記述する形となります。

```
<script
  strategy="afterInteractive"
  dangerouslySetInnerHTML={{
      __html: `
          window.dataLayer = window.dataLayer || [];
          function gtag(){window.dataLayer.push(arguments);}
          gtag('js', new Date());

          gtag('config', 'GA_MEASUREMENT_ID');
      `,
  }}
/>
```

これらを踏まえて修正した、グローバルサイトタグをインストールするためのコードを `_app.js` に追加します。ここでは `dangerouslySetInnerHTML` を使って記述しています。

```
import 'styles/globals.css'
import Layout from 'components/layout'
import Script from 'next/script'
import * as gtag from 'lib/gtag'

// Font Awesome の設定
…

function MyApp({ Component, pageProps }) {
  return (
    <>
      <Script
        strategy="afterInteractive"
        src={`https://www.googletagmanager.com/gtag/js?id=${gtag.GA_MEASUREMENT_ID}`}
      />
      <Script
        id="gtag-init"
        strategy="afterInteractive"
        dangerouslySetInnerHTML={{
          __html: `
            window.dataLayer = window.dataLayer || [];
            function gtag(){dataLayer.push(arguments);}
            gtag('js', new Date());

            gtag('config', '${gtag.GA_MEASUREMENT_ID}');
          `,
        }}
      />

      <Layout>
        <Component {...pageProps} />
      </Layout>
    </>
  )
}

export default MyApp
```

Scriptコンポーネントに加えて、gtag.jsのすべての名前付きエクスポートをgtagオブジェクトとしてまとめてインポート。

グローバルサイトタグをインストールするためのコード。

pages/_app.js

これで Google アナリティクスが反応するようになります。ただし、これだけでは Next.js 内でのページの遷移を認識してくれません。Next.js の中でページ遷移をしても `<Component />` が変わるだけだからです。

ページの遷移を認識させる

Next.js の中でのページ遷移に応じて Google アナリティクスにデータを送るようにします。まずは、`gtag.js` に `pageview` という関数を追加します。

```
export const GA_MEASUREMENT_ID = process.env.NEXT_PUBLIC_GA_ID

export const pageview = (url) => {
  window.gtag('config', GA_MEASUREMENT_ID, {
    page_path: url,
  })
}
```

lib/gtag.js

この関数をページ遷移に応じて実行するようにします。遷移の検知には、`next/router` でアクセスできる `router` オブジェクトを通して、Router 内のイベントを利用します。ここでは `router.events` として用意されている中から、遷移が終了した際に発火する `routeChangeComplete` のイベントリスナーとして `pageview` を登録します。`url` はイベントが発生した際に渡されます。

イベントリスナーへの登録・削除は、React の `useEffect` を使って以下のように設定します。以上で、Google アナリティクスの設定は完了です。

```
import { useEffect } from 'react'
import { useRouter } from 'next/router'
import 'styles/globals.css'
import Layout from 'components/layout'
import Script from 'next/script'
import * as gtag from 'lib/gtag'
…
function MyApp({ Component, pageProps }) {
  const router = useRouter()
  useEffect(() => {
    const handleRouteChange = (url) => {
      gtag.pageview(url)
    }
    router.events.on('routeChangeComplete', handleRouteChange)
    return () => {
      router.events.off('routeChangeComplete', handleRouteChange)
    }
  }, [router.events])

  return (
    …
```

useEffect()の第2引数にはrouter.eventsを指定しています。

pages/_app.js

イベントリスナー

特定のイベントが発生したときに、実行されるコールバック関数やそのイベントを処理できるオブジェクトのことをイベントリスナーといいます。
DOMで発生するイベントの場合は、`addEventListener`／`removeEventListener`を使って、イベントリスナーの登録・削除を行います。

ここでは、Next.jsのルーター内のイベントに対するイベントリスナーですので、`router.events`の機能を使って登録・削除しています。

404ページをカスタマイズする

Next.jsは標準で404ページを生成します。存在しないURLのページにアクセスすると、次のように404ページが表示されます。404ページをカスタムで用意する場合、`pages`ディレクトリに`404.js`を追加して対応します。

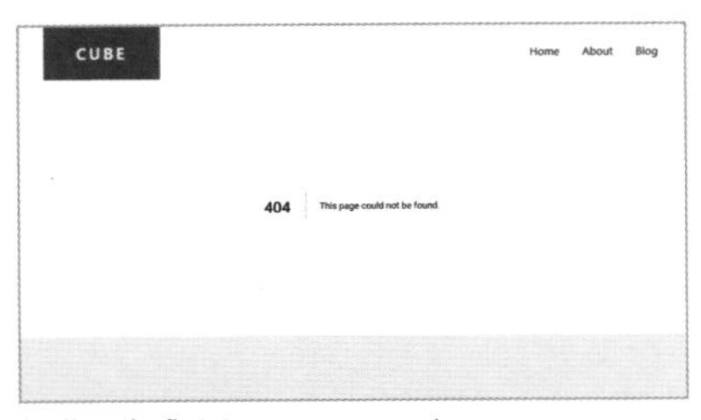

標準で生成される404ページ。

カスタムで用意した404ページ。

```
import Meta from 'components/meta'
import Container from 'components/container'
import Hero from 'components/hero'

export default function Custom404() {
  return (
    <Container>
      <Meta pageTitle="404 - Page not found" />
      <Hero title="404" subtitle="ページが見つかりません" />
    </Container>
  )
}
```

<Meta />コンポーネントでページのタイトルを指定。

<Hero />コンポーネントでエラーメッセージを表示。

pages/404.js

静的サイトジェネレーターとして出力する

Next.jsには、静的サイトジェネレーター(**SSG**:Static Site Generator)の機能も用意されています。プロジェクトを静的生成する場合、`next build` を実行してから `next export` します。そのため、`package.json` を右のように書き換えることで簡単に実行できます。生成データは `out` ディレクトリに出力されます。

```
"scripts": {
  "dev": "next dev",
  "build": "next build && next export",
  "start": "next start",
  "lint": "next lint"
},
```

package.json

Node.js によるサーバーを必要としなくなり、デプロイ先を選ばなくなる反面、利用できなくなる機能も出てきます。そのため、静的生成をする場合は機能を選択する必要があります。

next exportでサポートされる機能／されない機能

`next export` でサポートされる機能／されない機能は次のようになっています。本書で作成したプロジェクトの場合、**fallback**(false 以外を設定した場合)や **ISR** に関する設定をしていなければ、`next/image` に関する対応だけで静的生成が可能になります。

サポートされる機能

getStaticPathsを使ったDynamic Routes	P.205
next/linkによるプリフェッチ	P.66
JavaScript のプリロード	-
CSS Modulesやstyled-jsxなどの利用	P.72
クライアントサイドでのデータの取得	-
getStaticProps	P.204
getStaticPaths	P.206
外部の画像処理APIを使ったnext/image	P.335

Supported Features, Unsupported Features
https://nextjs.org/docs/advanced-features/static-html-export#supported-features

サポートされない機能

デフォルトローダーを使ったnext/image	P.335
国際化(i18n)ルーティング	-
API Routes	P.266
Rewrites	-
Redirects	-
Headers	-
Middleware	-
Incremental Static Regeneration	P.203
fallback: true / fallback: 'blocking'	P.203
getServerSideProps	P.204

next/imageのローダー

`next/image` は、node.js によるサーバー上に独自の画像処理 API を用意することで、オンデマンドな画像最適化を実現しています。そして、この画像処理 API を使うためのローダーがデフォルトローダーです。
静的生成では node.js によるサーバーを必要としない形で出力するため、この画像処理 API も存在しません。そのため、`next/image` を使うための画像処理 API を外部に用意し、その API を使うためのローダーを設定する必要があります。
Next.js では以下のサービスを `next/image` の画像処理 API として使うためのビルトインローダーが標準で用意されていますので、簡単な設定でデフォルトローダーから切り替えることができます。

Imgix	Cloudinary	Akamai
https://imgix.com/	https://cloudinary.com/	https://www.akamai.com/ja

これら以外の画像処理 API の場合、カスタムローダーを用意して、`<Image />` の `loader` 属性で指定する必要があります。

今回利用している microCMS では Imgix の API が利用できます。そこで、Imgix 用のビルトインローダーを使うように設定します。設定はシンプルに、`next.config.js` に `loader` と `path` を追加します。Imgix の場合、`path` には imgix ドメインを指定して、相対パスで利用するのが一般的です。ただし、microCMS の画像の URL に合わせるため、絶対パスで利用する形で設定しています。
これで、`next/image` は microCMS の Imgix API を使うようになります。

```
/** @type {import('next').NextConfig} */
const nextConfig = {
  reactStrictMode: true,
  images: {
    loader: 'imgix',
    path: '',
    domains: ['images.microcms-assets.io'],
  },
}

module.exports = nextConfig
```

next.config.js

❖ ローカルの画像の扱い

ローカルの画像を `next/image` で扱う場合、デフォルトのローダーが必要です。しかし、ローダーを変更したため、ローカルの画像を `next/image` で扱うことができません。今回のプロジェクトでは、以下の３つのローカルの画像を `next/image` で処理しています。そこで、これらを microCMS にアップロードし、その URL とサイズを確認しておきます。

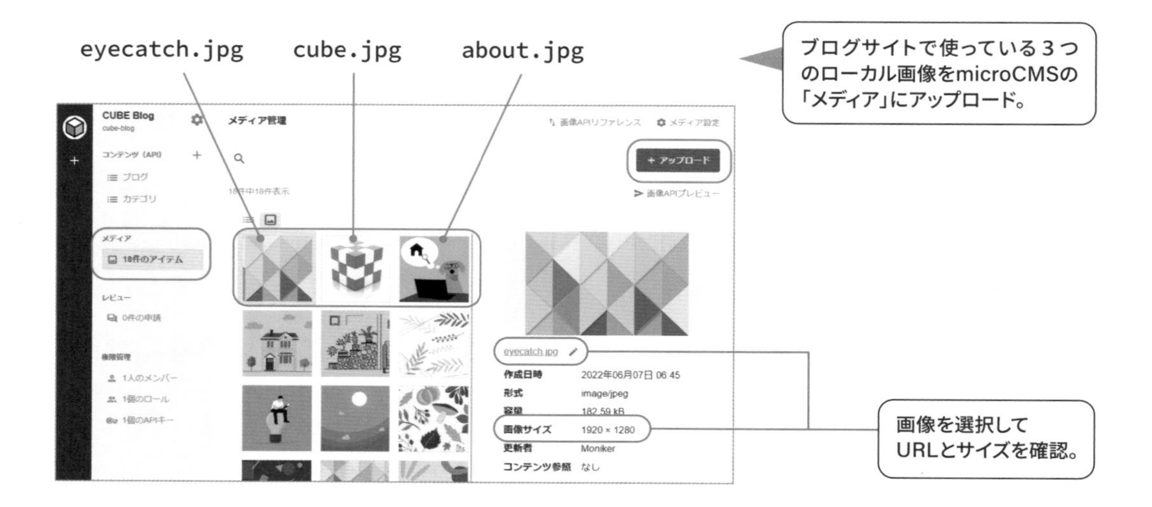

eyecatch.jpg

`eyecatch.jpg` は、`lib/constants.js` を通してアイキャッチの代替画像として使っています。そのため、次のように microCMS にアップロードした画像の URL へ変更します。

```
…
export const eyecatchLocal = {
  url: 'https://images.microcms-assets.io/assets/…/eyecatch.jpg',
  width: 1920,
  height: 1280,
}
```

microCMSにアップロードしたeyecatch.jpgのURLを指定。

lib/constants.js

cube.jpg ／ about.jpg

`cube.jpg` と `about.jpg` の２つのファイルはコンポーネントにインポートして使っています。しかし、インポートして作成されるオブジェクトは、デフォルトローダーを前提とした以下のような内容になっています。そのため、microCMS にアップロードした画像を扱う形に修正しなければなりません。

```
{
  src: '/_next/static/media/rocket.585f4ab3.jpg',
  height: 1150,
  width: 1980,
  blurDataURL: '/_next/image?url=%2F_next%2Fstatic%2Fmedia%2Frocket.585f4ab3.jpg&w=8&q=70'
}
```

ただし、`blurDataURL` が問題です。きちんと処理するのであれば `getStaticProps` の中で処理を行い、`props` を通してページコンポーネントに渡して、それを使うことになります。

しかし、画像も固定の２つしかありませんし、`getStaticProps` の追加や `props` の取り回しを考えると、なかなか大変です。そこで、画像を使っている `hero.js` と `about.js` を開き、手動でデータを作成して置き換えていきます。`blurDataURL` には画像データなしの Data URL として、ダミーの値を入れておきます。

```
import styles from 'styles/hero.module.css'
import Image from 'next/image'
// import cube from 'images/cube.jpg'

const cube = {
  src: 'https://images.microcms-assets.io/assets/…/cube.jpg',
  height: 1300,
  width: 1500,
  blurDataURL: 'data:image/jpeg;base64,',
}

export default function Hero({ title, subtitle, imageOn = false }) {
…
```

インポートしているローカルのcube.jpgはコメントアウト。

microCMSにアップロードしたcube.jpgのデータを指定。

components/hero.js

Appendix

```
…
import Image from 'next/image'
// import eyecatch from 'images/about.jpg'

const eyecatch = {
  src: 'https://images.microcms-assets.io/assets/…/about.jpg',
  height: 960,
  width: 1920,
  blurDataURL: 'data:image/jpeg;base64,',
}

export default function About() {
…
```

インポートしているローカルのabout.jpgはコメントアウト。

microCMSにアップロードしたabout.jpgのデータを指定。

pages/about.js

これで、`npm run dev` や `npm run build` が問題なく実行できるようになります。

最後に、`blurDataURL` を作成し、ダミーの値と置き換えます。`index.js` の `getStaticProps` に以下のようなコードを追加すれば、必要な情報が確認できます。

```
…
export async function getStaticProps() {
  const url = 'https://images.microcms-assets.io/assets/…/about.jpg'
  console.log(await getPlaiceholder(url))

  const posts = await getAllPosts(4)
  …
```

pages/index.js

ターミナルへの出力

```
{
  …
  base64: 'data:image/jpeg;base64,/9j/2wBDAAYE…AbbP/2Q==',
  …
```

確認が済んだら、このコードを削除して完了です。

オンラインツールを使って作成することもできます。

Next.js Image blurDataURL generator
https://blurred.dev/

サイトマップを作成する

サイトの構成ページを検索エンジンなどに伝えるサイトマップは、next-sitemap を使うと簡単に作成できます。標準では静的なサイトマップが生成されますが、必要に応じて動的なサイトマップの生成も可能です。

> **next-sitemap**
> https://github.com/iamvishnusankar/next-sitemap

next-sitemapのインストールと静的なサイトマップの生成

まずは、next-sitemap をインストールします。

```
$ npm install next-sitemap
```

続けて、プロジェクトのルートディレクトリに `next-sitemap.config.js` を用意し、`siteUrl` でサイトの URL を指定します。

```
/** @type {import('next-sitemap').IConfig} */
const config = {
  siteUrl: 'https://*********',
}

module.exports = config
```

next-sitemap.config.js

`package.json` では `postbuild` の処理として `next-sitemap` を実行するように指定します。`postbuild` の処理は `build` の処理の後に実行されるため、`npm run build` でビルドすると、サイトマップも生成されます。

```
"scripts": {
  "dev": "next dev",
  "build": "next build",
  "postbuild": "next-sitemap",
  "start": "next start",
  "lint": "next lint"
},
```

package.json

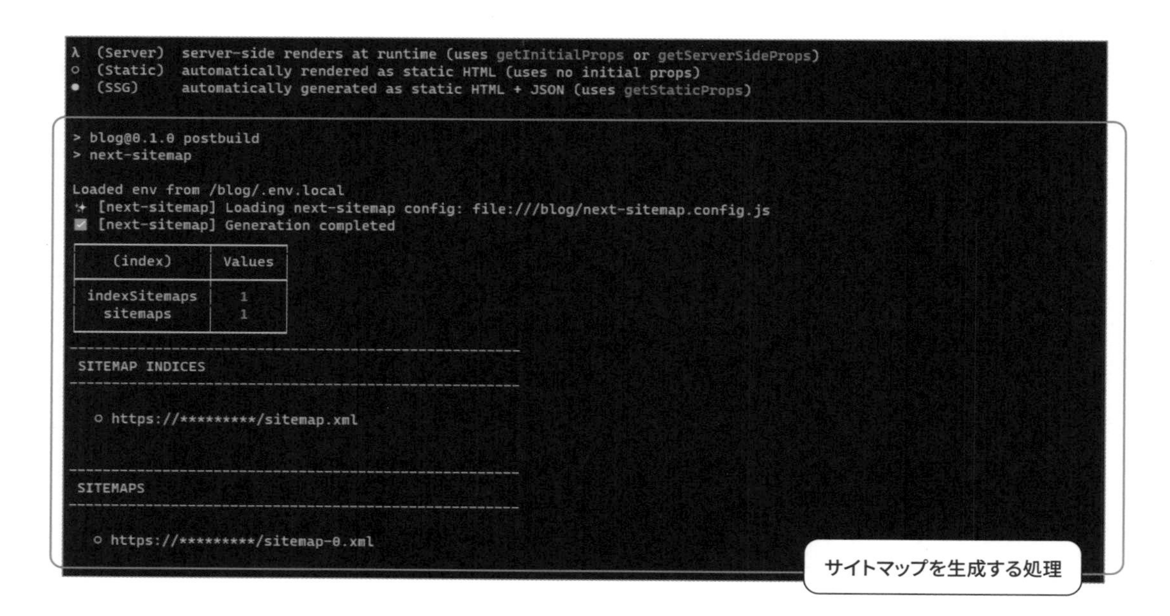
λ (Server) server-side renders at runtime (uses getInitialProps or getServerSideProps)
○ (Static) automatically rendered as static HTML (uses no initial props)
● (SSG) automatically generated as static HTML + JSON (uses getStaticProps)
> blog@0.1.0 postbuild
> next-sitemap
Loaded env from /blog/.env.local
✨ [next-sitemap] Loading next-sitemap config: file:///blog/next-sitemap.config.js
✅ [next-sitemap] Generation completed
(index) Values
indexSitemaps 1
sitemaps 1
SITEMAP INDICES
○ https://*********/sitemap.xml
SITEMAPS
○ https://*********/sitemap-0.xml
サイトマップを生成する処理

next-sitemap は、サイトマップの一覧を記載したインデックス `sitemap.xml` とサイトマップ `sitemap-0.xml` の２つの静的ファイルを `public` ディレクトリ内に生成します。本番モード（Production）で起動し、ブラウザで `/sitemap.xml` と `/sitemap-0.xml` にアクセスすると、右のように表示されます。

This XML file does not appear to have any style information associated with it. The document tree is shown below.

```
▼<sitemapindex xmlns="http://www.sitemaps.org/schemas/sitemap/0.9">
  ▼<sitemap>
     <loc>https://*********/sitemap-0.xml</loc>
   </sitemap>
 </sitemapindex>
```

/sitemap.xml

サイトマップの一覧。sitemap-0.xmlのURLが記載されています。

This XML file does not appear to have any style information associated with it. The document tree is shown below.

```
▼<urlset xmlns="http://www.sitemaps.org/schemas/sitemap/0.9"
 xmlns:news="http://www.google.com/schemas/sitemap-news/0.9"
 xmlns:xhtml="http://www.w3.org/1999/xhtml"
 xmlns:mobile="http://www.google.com/schemas/sitemap-mobile/1.0"
 xmlns:image="http://www.google.com/schemas/sitemap-image/1.1"
 xmlns:video="http://www.google.com/schemas/sitemap-video/1.1">
  ▼<url>
     <loc>https://*********</loc>
     <lastmod>2022-06-19T00:21:28.400Z</lastmod>
     <changefreq>daily</changefreq>
     <priority>0.7</priority>
   </url>
  ▼<url>
     <loc>https://*********/about</loc>
     <lastmod>2022-06-19T00:21:28.400Z</lastmod>
     <changefreq>daily</changefreq>
     <priority>0.7</priority>
   </url>
  ▼<url>
     <loc>https://*********/blog</loc>
     <lastmod>2022-06-19T00:21:28.400Z</lastmod>
     <changefreq>daily</changefreq>
     <priority>0.7</priority>
   </url>
  ▼<url>
     <loc>https://*********/blog/category/technology</loc>
     <lastmod>2022-06-19T00:21:28.400Z</lastmod>
     <changefreq>daily</changefreq>
     <priority>0.7</priority>
   </url>
  ▼<url>
     <loc>https://*********/blog/category/design</loc>
     <lastmod>2022-06-19T00:21:28.400Z</lastmod>
     <changefreq>daily</changefreq>
     <priority>0.7</priority>
   </url>
```

/sitemap-0.xml

ページのURLが記載されています。

静的サイトジェネレーター（SSG）の機能を利用している場合は、サイトマップを `out` ディレクトリに出力するように指定します。

```
…
const config = {
  siteUrl: 'https://*********',
  outDir: './out',
}
```

next-sitemap.config.js

動的なサイトマップの生成

静的なサイトマップにはビルド時に静的生成されるページの URL しか含まれません。そのため、必要に応じて動的なサイトマップを作成します。

たとえば、`/server-sitemap.xml` でアクセスできる動的なサイトマップを作成する場合、`pages` ディレクトリ内に `server-sitemap.xml.js` を追加し、`getServerSideProps` をエクスポートして **SSR** で処理します。あとは、next-sitemap の `getServerSideSitemap` をインポートし、`getServerSideProps` の `context` と、各ページの情報を入れた配列を渡します。

ここでは `api.js` に用意した関数 `getAllSlugs()` と `getAllCategories()` を使用し、すべての記事ページとカテゴリーページの URL（`<loc>` 用のデータ）を `allFields` に入れて渡しています。

```
import { getServerSideSitemap } from 'next-sitemap'
import { getAllSlugs, getAllCategories } from 'lib/api'
import { siteMeta } from 'lib/constants'

export default function Sitemap() {}

export async function getServerSideProps(context) {
  const posts = await getAllSlugs()
  const postFields = posts.map((post) => {
    return {
      loc: `${siteMeta.siteUrl}/${post.slug}`,
    }
  })

  const cats = await getAllCategories()
  const catFields = cats.map((cat) => {
    return {
      loc: `${siteMeta.siteUrl}/blog/category/${cat.slug}`,
    }
  })

  const allFields = [...postFields, ...catFields]

  return await getServerSideSitemap(context, allFields)
}
```

ページコンポーネントは空にして、HTMLを出力しないようにします。

getAllSlugs()ですべての記事のスラッグを取得。サイトのURLを付加して<loc>の値として指定し、postFieldsに入れています。

getAllCategories()ですべてのカテゴリーのスラッグを取得。サイトのURLを付加して<loc>の値として指定し、catFieldsに入れています。

スプレッド構文を使って配列を結合。

pages/server-sitemap.xml.js

Appendix

`next-sitemap.config.js` を開き、動的なサイトマップの情報を追加します。

```
/** @type {import('next-sitemap').IConfig} */
const config = {
  siteUrl: 'https://*********',
  exclude: ['/server-sitemap.xml'],
  robotsTxtOptions: {
    additionalSitemaps: ['https://*********/server-sitemap.xml'],
  },
}

module.exports = config
```

server-sitemap.xmlを静的なサイトマップに含めないように指定。

server-sitemap.xmlをサイトマップのインデックスに追加するように指定。

next-sitemap.config.js

`server-sitemap.xml` にアクセスすると、`loc` で指定したURLが `<loc>` の値として出力されることがわかります。さらに、ビルドするとサイトマップのインデックス `sitemap.xml` に `server-sitemap.xml` のURLが追加されます。以上で、設定は完了です。

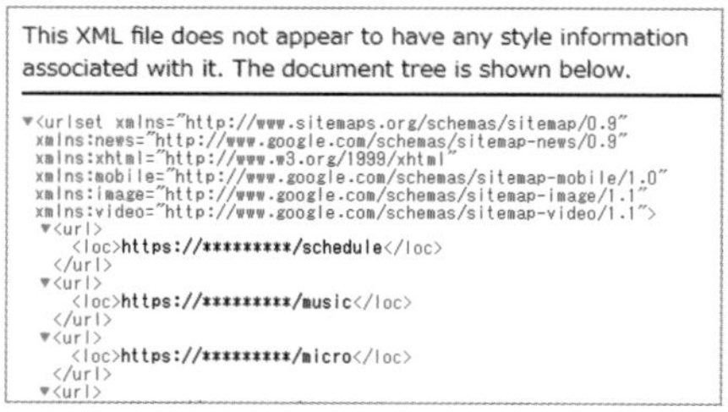

```
This XML file does not appear to have any style information associated with it. The document tree is shown below.

▼<urlset xmlns="http://www.sitemaps.org/schemas/sitemap/0.9"
 xmlns:news="http://www.google.com/schemas/sitemap-news/0.9"
 xmlns:xhtml="http://www.w3.org/1999/xhtml"
 xmlns:mobile="http://www.google.com/schemas/sitemap-mobile/1.0"
 xmlns:image="http://www.google.com/schemas/sitemap-image/1.1"
 xmlns:video="http://www.google.com/schemas/sitemap-video/1.1">
  ▼<url>
     <loc>https://*********/schedule</loc>
   </url>
  ▼<url>
     <loc>https://*********/music</loc>
   </url>
  ▼<url>
     <loc>https://*********/micro</loc>
   </url>
  ▼<url>
```

/server-sitemap.xml

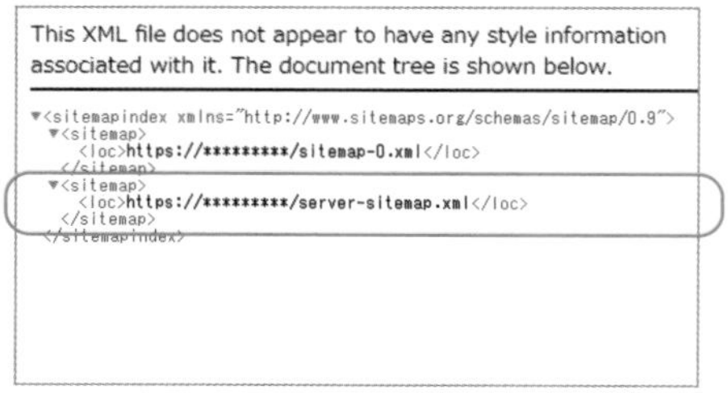

```
This XML file does not appear to have any style information associated with it. The document tree is shown below.

▼<sitemapindex xmlns="http://www.sitemaps.org/schemas/sitemap/0.9">
  ▼<sitemap>
     <loc>https://*********/sitemap-0.xml</loc>
   </sitemap>
  ▼<sitemap>
     <loc>https://*********/server-sitemap.xml</loc>
   </sitemap>
 </sitemapindex>
```

/sitemap.xml

インデックスを生成する必要がない場合、`next-sitemap.config.js` の `config` に `generateIndexSitemap: false` を追加します。静的なサイトマップを生成する必要がない場合は、`package.json` に追加した `postbuild` を削除します。

`loc` 以外の情報も次のような形で渡し、サイトマップに出力できます。記事の更新日時が必要な場合、microCMSから `revisedAt` フィールドのデータを取得して利用します。

```
return {
  loc: '${siteMeta.siteUrl}/${post.slug}',
  lastmod: post.revisedAt,
  changefreq: 'daily',
}
```

pages/server-sitemap.xml.js

```
export async function getAllSlugs(limit = 100) {
  …
      queries: {
        fields: 'title,slug,revisedAt',
        …
```

lib/api.js

_app.jsのレイアウトをページごとにカスタマイズする

全ページに反映させるレイアウトは P. 57 のように `_app.js` で管理し、統一させています。これを拡張し、ページコンポーネントからレイアウトを設定できるようにします。

そこで、_app.js を次のように書き換えます。

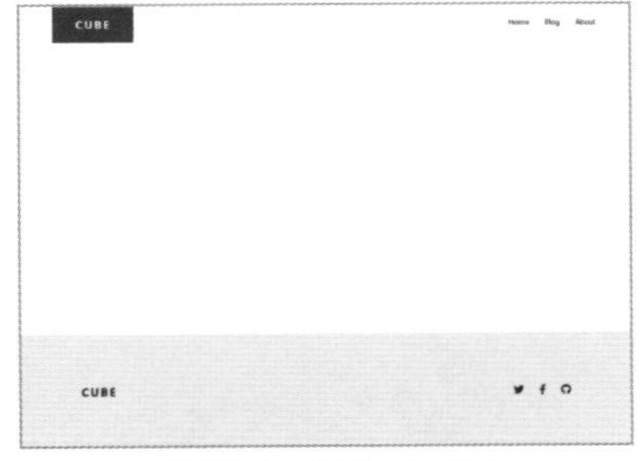

_app.jsで管理しているレイアウト。

```
...
function MyApp({ Component, pageProps }) {
  ...

  const getLayout = Component.getLayout || ((page) => page)

  return (
    <>
      ...
      <Layout>{getLayout(<Component {...pageProps} />)}</Layout>
    </>
  )
}

export default MyApp
```

pages/_app.js

ここでは、関数の形で用意したレイアウトを、 `getLayout` という関数を使って `<Layout>` コンポーネントの子要素として展開しています。

`getLayout` には、ページコンポーネントの `getLayout` プロパティに用意されたレイアウトを構成する関数を渡し、 `getLayout` プロパティが存在しない場合には、これまで通りのレイアウトでページコンポーネントをそのまま表示する関数を渡しています。

そして、ページコンポーネント側にレイアウトを構成する関数を用意します。たとえば、`about.js` のページコンポーネントに次のような形でレイアウトを用意すると、用意したレイアウトの形で表示されます。

`_app.js` とレイアウトを構成する関数しだいで、かなり自由なレイアウト構成を実現することができます。

```
import BlueFrame from 'components/nested-layout'
import Meta from 'components/meta'
…

export default function About() {
  …
}

About.getLayout = function getLayout(page) {
  return <BlueFrame>{page}</BlueFrame>
}
```

AboutページコンポーネントにgetLayoutプロパティを追加し、レイアウトを構成する関数を用意。

pages/about.js

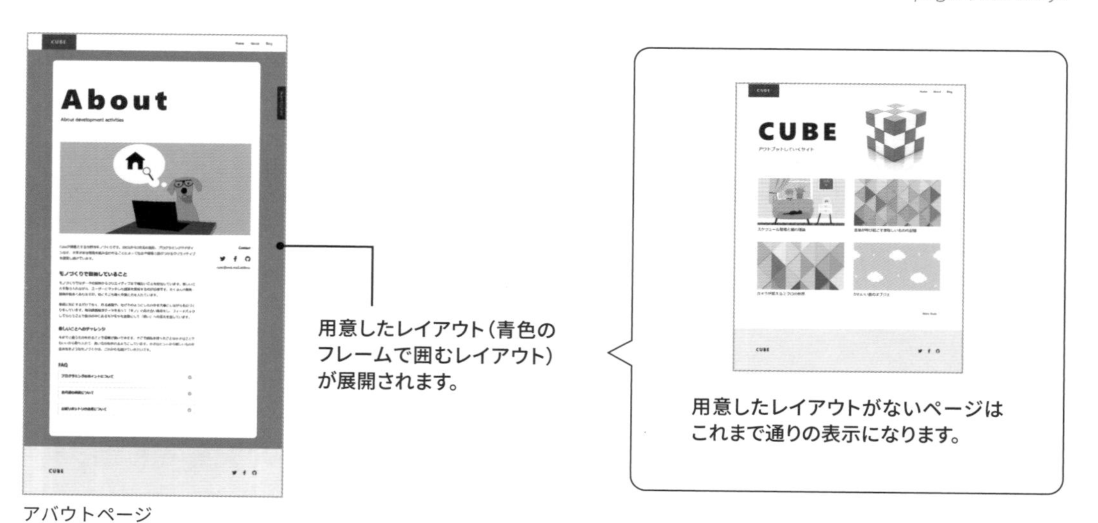

About
CUBE
用意したレイアウト（青色のフレームで囲むレイアウト）が展開されます。
用意したレイアウトがないページはこれまで通りの表示になります。

アバウトページ

なお、ここで使っている `BlueFrame` は青色のフレームでコンテンツを囲むためのコンポーネントで、次のように `blue-frame.js` と `blue-frame.module.css` で構成しています。

```
import styles from 'styles/nested-layout.module.css'
import Container from 'components/container'
import Link from 'next/link'

export default function BlueFrame({ children }) {
  return (
    <div className={styles.frame}>
      <Container>{children}</Container>

      <Link href="/blog">
        <a className={styles.sideBtn}>Recent Blog Posts</a>
      </Link>
    </div>
  )
}
```

コンテンツを<div>と<Container>でマークアップし、青色のフレームを構成。

記事一覧ページへのリンクボタン。

components/blue-frame.js

```
.frame {
  padding: var(--space-md) 0;
  background-color: #4c86c1;
}

.frame > :first-child {
  padding: var(--space-xs) 0;
  background-color: var(--white);
  border-radius: 20px;
}

.sideBtn {
  display: none;
}
```

```
@media (min-width: 768px) {
  .sideBtn {
    display: revert;
    position: fixed;
    top: 30%;
    right: 0;
    padding: 1.5em 0.75em;
    border-radius: 0.5em 0 0 0.5em;
    color: var(--white);
    background-color: var(--black);
    writing-mode: vertical-rl;
  }
}
```

styles/blue-frame.module.css

<div>の背景を青色に、<Container>の背景を白色に指定。リンクボタンはモバイルでは非表示にしています。

デスクトップではリンクボタンを縦書きにして、画面の右端に配置するように指定。

サイトを構成するReactコンポーネント

ブログサイトを構築するために作成したコンポーネントです。

レイアウト　P.54, 57

<Layout> ～ </Layout>

ヒーロー　P.49, 60, 90, 108, 164

```
<Hero
  title="タイトル"
  subtitle="サブタイトル"
  imageOn
/>
```

※画像を表示する場合は imageOn を指定

記事一覧　P.270, 276, 289

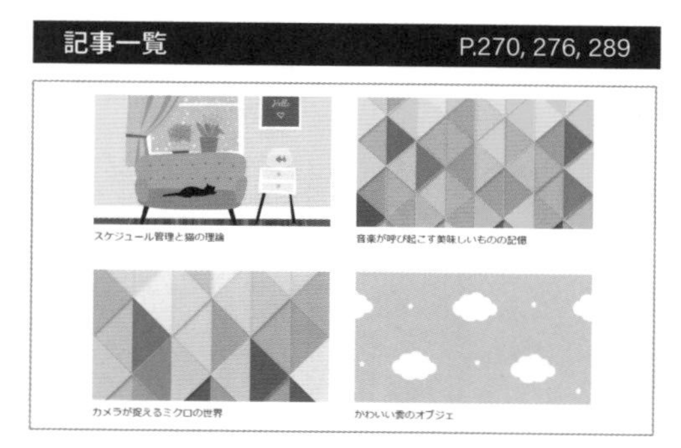

<Posts posts={記事データ} />

ヘッダー　P.49, 69, 106

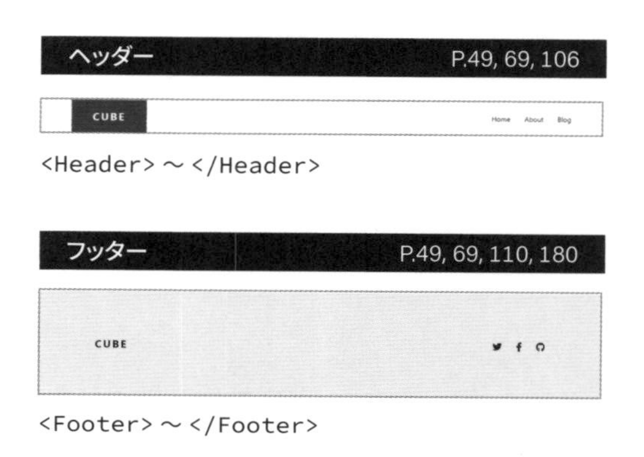

<Header> ～ </Header>

フッター　P.49, 69, 110, 180

<Footer> ～ </Footer>

コンテナ（横幅を調整）　P.112, 285

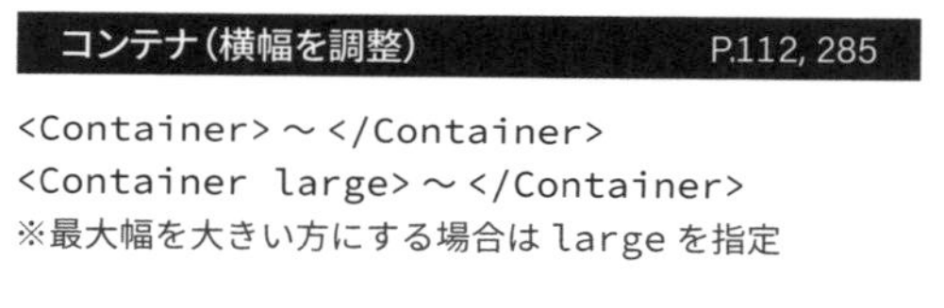

<Container> ～ </Container>
<Container large> ～ </Container>
※最大幅を大きい方にする場合は large を指定

ロゴ　P.67, 92

<Logo />　<Logo boxOn />

ソーシャルリンクメニュー　P.178

<Social iconSize="アイコンサイズ" />
※ iconSize が未指定な場合は 24px で処理

ナビゲーションメニュー（ハンバーガーメニュー）　P.68, 96, 295

<Nav />

記事のヘッダー P.226, 285

Blog Article

スケジュール管理と猫の理論

2022年05月07日

```
<PostHeader
  title=" タイトル "
  subtitle=" サブタイトル "
  publish=" 投稿日（ISO 8601 形式）"
/>
```

※ publish が未指定な場合、投稿日は非表示

日時のフォーマット変換 P.231

```
<ConvertDate dateISO="ISO 8601 形式の日時 " />
```

※「XXXX 年 XX 月 XX 日」に変換

2 段組み P.128, 234

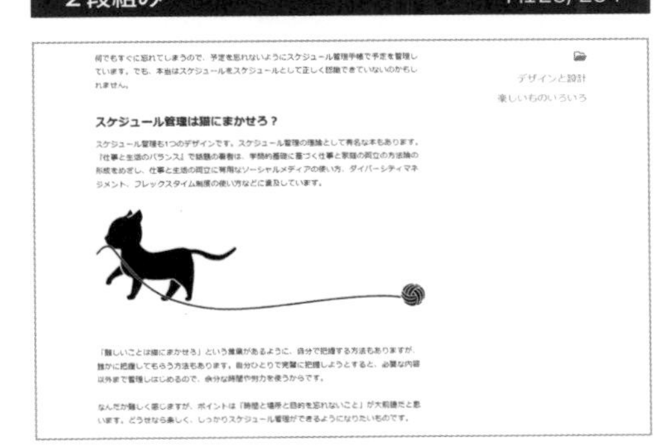

```
<TwoColumn>
  <TwoColumnMain> ～ </TwoColumnMain>
  <TwoColumnSidebar>～</TwoColumnSidebar>
</TwoColumn>
```

ページネーション P.257, 276

‹ カメラが捉えるミクロの世界　　スケジュール管理と猫の理論 ›

```
<Pagination
  prevText=" 前のページへのリンクテキスト "
  prevUrl=" 前のページの URL"
  nextText=" 次のページへのリンクテキスト "
  nextUrl=" 次のページの URL"
/>
```

※テキストと URL をセットで指定したときのみ表示

HTML文字列をReact要素に変換 P.238

```
<ConvertBody contentHTML="HTML 文字列 " />
```

本文のレイアウト P.120, 234

```
<PostBody> ～ </PostBody>
```

記事が属するカテゴリーのリスト P.241

デザインと設計

楽しいものいろいろ

```
<PostCategories
  categories=
   { カテゴリーのデータ }
/>
```

コンタクト情報 P.125, 180

```
<Contact />
```

アコーディオン P.311

プログラミングのポイントについて

プログラミングのポイントについて

プログラミングのポイントは、作りたいものを作ることです。楽しいことから思いつき、目標とゴールを決め、そこに向かってさまざまな課題を設定していきながら、プログラムを作っていきます。

```
<Accordion heading=" 見出し ">
  内容
</Accordion>
```

メタデータ P.189, 246, 290

```
<Meta
  pageTitle=" ページのタイトル "
  pageDesc=" ページの説明 "
  pageImg="OGP 画像の URL"
  pageImgW="OGP 画像の横幅 "
  pageImgH="OGP 画像の高さ "
/>
```

※各属性が未指定な場合、サイト名、サイトの説明、汎用 OGP 画像で処理

索引

! 298, 305
? 95
?? 194
... . 46
'' 65
"" 65
() 37, 165, 224
{} 36, 40, 224, 330
&& 63, 65, 305
`` 65, 192
* + * 121, 123, 229
<> 34, 39
|| 65, 194
${ 変数 } 192

数字
404 .... 265, 333
404.js 333

A
:active 99
addEventListener 333
Akamai 335
animation 81, 320
API 20, 292
api.js 211
API Route 266
API キー 210
API プレビュー 221
App 56
_app.js 56, 82, 99, 171, 300, 331, 343
as 174
aspect-ratio 275
AST 19, 21, 237
async 216
Auto layout 102
AVIF 156
await 216

B
base64 158
baseUrl 51
blocking 207, 264
blur 151, 158, 163
blurDataURL 158, 251, 273, 337
body 200, 305
boolean 64, 65
build 26
button 295, 312

C
clamp 84, 85
class 35
className 35, 75, 94, 95
CLI 25
Cloudinary 335
CLS 139
Code Elimination 217
Component 56
components 49
composes 78, 92, 105, 107
const 40
constants.js 191
contents 221
context 206, 285
Core Web Vitals 139
create-next-app 23
CSS Grid 274
CSS-in-JS 73
CSS Modules 72, 74, 89
CSS 関数 84, 91
CSS 変数 83, 124, 183, 184, 317
current 310, 316

D
dangerouslySetInnerHTML 235, 330
date-fns 230
dev 25
deviceSizes 156
Document 200
_document.js 136, 200
DOM 18, 235, 281
DOM ノード 316, 324
DPR 142
Dynamic Routes 205, 252, 282

E
endpoint 214
eslint 27
export 31, 334
Expression 37
.env.local 211

F
fallback 203, 207, 264
false 65
file-system based router 29, 266
fill 141, 152, 275
filters 221, 287
find 285
findIndex 258
fixed 143, 153
Flexbox 104
Fluid タイポグラフィ 84, 91
Font Awesome 170
FontAwesomeIcon 173, 228
font-family 86, 136
font-size 86, 176
formats 156
for...of 273
Fulfilled 214

G
get 211, 214, 221
getAllCategories 282, 285
getAllPosts 268, 276
getAllPostsByCategory 287
getAllSlugs 254, 264
getLayout 343
getList 211
getListDetail 211
getObject 211
getPlaiceholder 251, 273
getPostBySlug 220, 265

getServerSideProps 204, 206, 341
getStaticPaths 206, 252, 255, 285
getStaticProps 204, 206, 212, 253
:global 77
:global() 77, 309
Google Fonts 136
Google アナリティクス 328

H
hasOwnProperty 273
head 186
Head 188, 200
height 139, 145, 316
Hook 292
:hover 97, 99
hover 特性 99
html 200
__html 235
html-react-parser 236
html-to-text 244
HTML 文字列 234, 235, 237, 244

I
id 81
Image 139, 161, 233
imageSizes 156
img 138
Imgix 335
import 31, 50
index.js 28, 58
initial 183, 184
intrinsic 143, 153
ISO 8601 230
ISR 203, 208

J
Jamstack 209
jsconfig.json 51
JSX 19, 32

K
key 241, 270, 280
@keyframes 320

L
lang 200
layout 141, 152
Layout 54, 57, 119
LCP 149
length 258
let 40
limit 254
Link 66
loader 335
loading 148

M
main 38, 53
map 241, 243, 255, 270
@media 99, 105
microCMS 210, 219, 221, 335

N
NaN 65
next.config.js 150, 232, 335
next/head 188
next/image 138, 232, 335
next/link 66
NEXT_PUBLIC_ 329
next/router 196, 332
next/script 330
next-sitemap 339
Node.js 23, 29
npm 24
npx 23, 24
null 65, 194, 318
Null 合体演算子 194, 250

O
objectFit 153, 275
OGP 187
OGP 画像 198
onClick 298, 315
On-demand ISR 203, 249, 266
On-demand Revalidation 203, 266

P
package.json 25, 27, 29, 334
pageProps 56, 204
pages 28
params 205, 264
paths 207, 255, 286
Pending 214
placeholder 158, 163, 251
plaiceholder 250
position 134, 152, 275
postbuild 339
priority 149, 157, 162
process.env 211
Production 26
Promise 213
props 44, 60, 92, 182, 204
props.children 46, 54, 113
public 28, 138
push 306

Q
quality 157

R
raw 146
React 16
React Developer Tools 281
React.Fragment 34, 39
React 要素 19, 42, 235
ref オブジェクト 310, 316
ref 属性 310, 316
Rejected 214
removeEventListener 333
resolve 214
responsive 141, 152, 161
return 224, 294
revalidate 208
revert 121
routeChangeComplete 332
router.asPath 196
router.events 332, 333
router オブジェクト 196, 332

S
Sass 100
Script 330
scripts 25
scrollHeight 316, 324
setState 293
setTimeout 212
SG 202, 203
sharp 250
sizes 141, 154, 161, 168, 274
slice 245

[slug].js 205, 252, 284
span 146
SSG 140, 334
SSR 202, 203, 264, 341
start 26
startsWith 198
state 293, 306, 322
sticky 134
style 36, 73
styled-jsx 73, 305, 308
styles 74, 89

T
then 214, 215
time 230
title 188
transition 159, 163, 299
true 64, 65
try...catch 216

U
undefined 64, 65, 194, 249
unoptimized 157
unstable_revalidate 266
URL 29, 196, 219
useEffect 326, 332
useRef 310, 316, 325
useState 293, 315

V
var 40, 91, 184

W
WebP 140, 156
Web フォント 136
width 139, 145

あ
アイキャッチ画像 160, 198, 221, 232, 248, 272
アイコン 170
アコーディオン 311
アロー関数 224, 241, 294
アンマウント 279, 281, 327

い
一致 221, 258, 285, 287
イベントリスナー 332, 333
イミュータブル 70
色 83, 176
インデックス 258
インポート 31
インラインスタイル 73

え
エイリアス 52, 174
エクスポート 31
エンコード 186
エンドポイント 266
エンドポイント名 214, 219

お
オートレイアウト 102
オーバーレイ 299
オブジェクト 45, 70, 74, 95, 151, 191, 240, 306
親コンポーネント 43, 322

か
開発モード 25
外部リンク 179
カスタム App コンポーネント 56
カスタム Document コンポーネント 136, 200
カスタムプロパティ 83, 184
画像処理 API 140, 335
画像セット 141, 156
画像フォーマット 156
カテゴリー 240, 282
可変 85, 141
カラー 83
空文字列 65
間隔 85, 123
環境変数 210, 217, 267, 329
関数 70, 220, 224, 243, 245, 292

き
キー 75
キーフレーム 320
記事一覧 270, 276, 288
キャメルケース 81
切り抜き 275

く
クオリティ 157
クライアント 217, 329
クラス名 75, 81, 94, 95
グローバル 77, 309
グローバルスタイル 72, 82

け
ケバブケース 81
言語 200

こ
更新 294, 298, 306
更新日時 342
合成 78
コールバック関数 215, 217, 241
子コンポーネント 43, 322
固定 134, 143
コマンドラインインターフェース 25
子要素 46, 323
コンパイル 20
コンポーネント 30, 42, 281

さ
サーバーサイドレンダリング 202
サービス ID 211
最大幅 113
最適化 139
サイトマップ 339
再レンダリング 293, 310, 322, 327
差分検出処理 279
三項演算子 95
参照 40

し
式 37
システムフォント 86
条件演算子 95
条件付きレンダー 65, 95
状態 293
初期値 63, 183, 325

す
スイッチ 62, 93, 115
スクリーンリーダー 179, 303
スコープ 40, 72
ステート 293
スプレッド構文 45, 46, 307, 341
スペース 85
スラッグ 219, 221, 254, 285

せ

静的サイトジェネレーター 140, 334
静的生成 202
絶対パス 51
セレクタ 75

そ

総数 258
相対パス 50
ソート 254
属性 44, 64

た

代替画像 249, 273
代替テキスト 179
タイトル 188, 221
タイポグラフィ 84
タイムゾーン 230
高さ 275, 316
縦横比 147, 275

ち

遅延読み込み 148
抽象構文木 21

て

ディメンション属性 139
データ型 70
デザイントークン 5, 83
デフォルトインポート 31
デフォルトエクスポート 30, 31, 135
デフォルト引数 64
デフォルトローダー 335
テンプレートリテラル 192, 330

と

投稿日 221, 227, 230
動的なルーティング 205, 252, 282
トグル 298
ドット表記法 95
トランスパイル 20

な

ナビゲーションメニュー 68, 96
名前付きインポート 31, 131, 174
名前付きエクスポート 31, 129

の

ノード 21, 237

は

配列 70, 221, 240, 258, 306
パス 196
パッケージ 24, 29
ハッシュ 75, 308
バンドラー 20
バンドル 217
ハンバーガーメニュー 295

ひ

引数 224
非同期関数 216, 251
非同期処理 212
ビューポート 148, 186
ビルド 26

ふ

フィールド ID 219
フェードイン 159
フォーマット 230
フォールバック値 184
フォントサイズ 84, 176
フォントファミリー 86
副作用 326
フクロウセレクタ 121, 123, 229
フック 292
フッター 49, 69, 110, 180
ブラー画像 158, 163, 250, 273
ブラー表示 278
ブラケット表記法 95
プリフェッチ 66
プリミティブ型 70
プリレンダリング 202, 203
ブレークポイント 105
プレースホルダ 158, 163, 250
プロジェクト 23
ブロックスコープ 40
プロパティ 70, 75, 95, 324
分割代入 44, 46, 192, 293

へ

ページコンポーネント 30, 56, 279
ページネーション 257
ヘッダー 49, 69, 106
変数 33, 40

ほ

ホバースタイル 97, 98
本番モード 26
本文 120, 221, 234

ま

マウント 279, 281, 327

み

ミュータブル 70

め

メソッド 241, 243
メタデータ 186, 244, 290
メディアクエリ 84, 99

も

モジュール 31

よ

横並び 104, 109, 132
横幅 112, 166

り

リセット 87, 302, 314
両端揃え 104, 107
リンク 66, 179

れ

レイアウトシフト 139, 145
レイアウトモード 141, 152
レスポンシブイメージ 139, 140
レスポンスヘルパー 266
レンダリング 281

ろ

ローカルスコープ 75, 308
ローカルの画像 151, 158, 336
ローダー 335
ロゴ 67, 92
論理積 65
論理属性 62, 64, 93
論理否定 298, 305
論理和 65, 194

■著者紹介

エビスコム

https://ebisu.com/

さまざまなメディアにおける企画制作を世界各地のネットワークを駆使して展開。コンピュータ、インターネット関係では書籍、デジタル映像、CG、ソフトウェアの企画制作、WWW システムの構築などを行う。

主な編著書：『作って学ぶ　HTML & CSS モダンコーディング』マイナビ出版刊
『HTML5 & CSS3 デザイン　現場の新標準ガイド【第２版】』同上
『Web サイト高速化のための 静的サイトジェネレーター活用入門』同上
『CSS グリッドレイアウト デザインブック』同上
『WordPress レッスンブック 5.x 対応版』ソシム刊
『フレキシブルボックスで作る HTML5&CSS3 レッスンブック』同上
『CSS グリッドで作る HTML5&CSS3 レッスンブック』同上
『HTML&CSS コーディング・プラクティスブック１～８』エビスコム電子書籍出版部刊
『グーテンベルク時代の WordPress ノート テーマの作り方（入門編）』同上
『グーテンベルク時代の WordPress ノート テーマの作り方
（ランディングページ＆ワンカラムサイト編）』同上
ほか多数

■ STAFF

編集・DTP：　エビスコム
カバーデザイン：　霜崎 綾子
担当：　角竹 輝紀

作って学ぶ Next.js/React Web サイト構築

2022 年 7 月 30 日　初版第 1 刷発行
2023 年 6 月 28 日　第 3 刷発行

著者　エビスコム
発行者　角竹 輝紀
発行所　株式会社マイナビ出版
〒 101-0003　東京都千代田区一ツ橋 2-6-3 一ツ橋ビル 2F
TEL：0480-38-6872（注文専用ダイヤル）
TEL：03-3556-2731（販売）
TEL：03-3556-2736（編集）
E-Mail：pc-books@mynavi.jp
URL：https://book.mynavi.jp
印刷・製本　株式会社ルナテック

ISBN978-4-8399-8017-7